化妆品科学与技术丛书

化妆品
植物原料开发与应用

董银卯　李丽　刘宇红　邱显荣　编著

U0244039

化学工业出版社

·北京·

化妆品中的功效植物原料是决定化妆品科技含量的核心因素之一,本书从化妆品植物原料的现状及发展趋势出发,对相关的政策法规要求、市场热点原料、特殊功效植物原料等做了全面总结,介绍了化妆品植物原料制备工艺、质量控制以及安全性评估的规范化要求;在功效植物原料的应用方面,系统阐述了化妆品功效植物原料的设计开发流程,中医组方思想指导下的保湿、美白、延缓衰老以及作为安全保障体系应用的化妆品功效植物原料开发与应用的案例;最后,针对目前的市场热点,系统介绍了利用发酵技术制备功效植物原料以及植物功能油的研究开发。

　　本书内容丰富,兼具理论性和实用性,可作为化妆品专业本科生的教科书、化妆品配方师的指导书、化妆品相关专业人员的参考书,同时可作为化妆品功效植物原料研发人员的培训教材。

图书在版编目(CIP)数据

化妆品植物原料开发与应用 / 董银卯等编著. —北京:
化学工业出版社,2019.1(2023.7重印)
(化妆品科学与技术丛书)
ISBN 978-7-122-33306-3

Ⅰ.①化⋯　Ⅱ.①董⋯　Ⅲ.①化妆品-植物-原料-开发
②化妆品-植物-原料-应用　Ⅳ.①TQ658

中国版本图书馆 CIP 数据核字(2018)第 259567 号

责任编辑:傅聪智　　　　　　　　　　装帧设计:王晓宇
责任校对:杜杏然

出版发行:化学工业出版社(北京市东城区青年湖南街 13 号　邮政编码 100011)
印　　装:北京科印技术咨询服务有限公司数码印刷分部
710mm×1000mm　1/16　印张 13¼　插页 2　字数 255 千字
2023 年 7 月北京第 1 版第 5 次印刷

购书咨询:010-64518888　　　售后服务:010-64518899
网　　址:http://www.cip.com.cn
凡购买本书,如有缺损质量问题,本社销售中心负责调换。

定　　价:58.00 元

丛书序

健康是人类永恒的追求，中国的大健康产业刚刚兴起。化妆品是最具有代表性的皮肤健康美丽相关产品，中国化妆品产业的发展速度始终超过GDP增长，中国化妆品市场已经排名世界第二。中国的人口红利、消费人群结构、消费习惯的形成、人民生活水平提高、民族企业的振兴以及中国经济、政策向好等因素，决定了中国的皮肤健康美丽产业一定会蒸蒸日上、轰轰烈烈。改革开放40年，中国的化妆品产业完成了初级阶段的任务：消费者基本理性、市场基本成熟、产品极大丰富、产品质量基本过关、生产环境基本良好、生产流程基本规范、国家政策基本建立、国家监管基本常态化等。但70%左右的化妆品市场价值依然是外资品牌和合资品牌所贡献，中国品牌企业原创产品少，模仿、炒概念现象依然存在。然而，在"创新驱动"国策的引领下，化妆品行业又到了一个历史变革的年代，即"渠道为王的时代即将过去，产品为王的时代马上到来"，有内涵、有品质的原创产品将逐渐成为主流。"创新驱动"国策的号角唤起了化妆品行业人的思考：如何研发原创化妆品？如何研发适合中国人用的化妆品？

在几十年的快速发展过程中，化妆品著作也层出不穷，归纳起来主要涉及化妆品配方工艺、分析检测、原料、功效评价、美容美发、政策法规等方面，满足了行业科技人员基本研发、生产管理等需求，但也存在同质化严重问题。为了更好地给读者以启迪和参考，北京工商大学组织化妆品领域的专家、学者和企业家，精心策划了《化妆品科学与技术丛书》，充分考虑消费者利益，从研究人体皮肤本态以及皮肤表观生理现象开始，充分发挥中国传统文化的优势，以皮肤养生的思想指导研究植物组方功效原料和原创化妆品的设计，结合化妆品配方结构从不同剂型、不同功效总结配方设计原则及注册申报规范，为振兴化妆品行业的快速高质发展提供一些创新思想和科学方法。

北京工商大学于 2012 年经教育部批准建立了"化妆品科学与技术"二级学科，并先后建立了中国化妆品协同创新中心、中国化妆品研究中心、中国轻工业化妆品重点实验室、北京市植物资源重点实验室等科研平台，专家们通过多学科交叉研究，将"整体观念、辨证论治、三因制宜、治未病、标本兼治、七情配伍、君臣佐使组方原则"等中医思想很好地应用到化妆品原料及配方的研发过程中，凝练出了"症、理、法、方、药、效"的研发流程，创立了"皮肤养生说、体质养颜说、头皮护理说、谷豆萌芽说、四季养生说、五行能量说"等学术思想，形成了"思想引领科学、科学引领技术、技术引领产品"的思维模式，为化妆品品牌企业研发产品提供了理论和技术支撑。

《化妆品科学与技术丛书》就是在总结北京工商大学专家们科研成果的基础上，凝结行业智慧、结合行业创新驱动需求设计的开放性丛书，从三条脉络布局：一是皮肤健康美丽的化妆品解决方案，阐述皮肤科学及其对化妆品开发的指导，强调科学性；二是针对化妆品与中医思想及天然原料的结合，总结创新的研发成果及化妆品新原料、新产品的开发思路，突出引领性；三是针对化妆品配方设计、生产技术、产品评价、注册申报等，介绍实用的方法和经验，注重可操作性。

丛书首批推出五个分册：《皮肤本态研究与应用》、《皮肤表观生理学》、《皮肤养生技术》、《化妆品植物原料开发与应用》、《化妆品配方设计与制备工艺》。皮肤本态是将不同年龄、不同皮肤类型人群的皮肤本底值（包括皮肤水合率、经皮失水率、弹性、色度、纹理度等）进行测试，并通过大数据处理归纳分析出皮肤本态，以此为依据开发化妆品才是"以人为本"的化妆品。同时通过对皮肤表观生理学的梳理，探索皮肤表观症状（如干燥、敏感、痤疮等）的生理因素，以便"对症下药"，做好有效科学的配方，真正为化妆品科技工作者提供"皮肤科学"的参考书。而"皮肤养生技术"旨在引导行业创新思维，皮肤是人体最大的器官，要以"治未病"的思想养护皮肤，实现健康美丽的效果，并以"化妆品植物原料开发与应用"总结归纳不同功效、不同类型的单方化妆品植物原料，启发工程师充分运用"中国智慧"——"君臣佐使"组方原则科学配伍。"化妆品配方设计与制备工艺"则是通过对配方剂型和配方体系的诠释，提出配方设计新视角。

总之，《化妆品科学与技术丛书》核心思想是以创新驱动引领行业发展，为化妆品行业提供更多的科技支撑。编委会的专家们将会不断总结自己的科研实践成果，结合学术前沿和市场发展趋势，陆续编纂化妆品领域的技术和科普著作，助力行业发展。希望行业同仁多提宝贵意见，也希望更多的行业专家、企业家能参与其中，将自己的成果、心得分享给行业，为中国健康美丽事业的蓬勃发展贡献力量。

董银卯

2018 年 2 月

　　在数千年的发展过程中，中医药不断吸收和融合各个时期先进的科学技术和人文思想，不断创新发展，理论体系日趋完善，技术方法更加丰富，形成了鲜明的特点。十八大以来，党和政府把发展中医药事业摆在了重要的位置，作出一系列重大决策部署。十八届五中全会提出"坚持中西医并重""扶持中医药和民族医药事业发展"的口号。2015 年，国务院常务会议通过《中医药法（草案）》，并提请全国人大常委会审议，为中医药事业发展提供了良好的政策环境和法制保障。2016 年，中共中央、国务院印发《"健康中国 2030" 规划纲要》，作为今后 15 年推进健康中国建设的行动纲领，提出了一系列振兴中医药发展、服务健康中国建设的任务和举措。国务院印发《中医药发展战略规划纲要（2016—2030 年）》，把中医药发展上升为国家战略，对新时期推进中医药事业发展作出系统部署。通过这一系列的决策部署，党和国家描绘出了全面振兴中医药、加快医药卫生体制改革、构建中国特色医药卫生体系、推进健康中国建设的宏伟蓝图，中医药事业已经进入新的历史发展时期。

　　护肤品已经成为人们日常生活必需品，也是大健康产业的组成部分之一。持续快速发展的化妆品市场势必带来了激烈的市场竞争。国内优秀的护肤品生产企业愈来愈重视具有中国特色的品牌内涵和创新科技的产品研发。化妆品植物原料是化妆品功效体系的主要承载，是化妆品品牌文化建设的核心。目前国内规模较大的化妆品品牌，如百雀羚、上海家化、美肤宝均已有将中医药文化应用于品牌建设的典型案例。虽然有些化妆品品牌以及研发人员已经认识到运用中医药原理解决皮肤护理问题的重要性，但目前中医药与化妆品相结合的研究及企业认知尚处于起步阶段。

北京工商大学中国化妆品协同创新中心的专家们近 20 年来不断从事化妆品功效植物原料研究，将中医药理论中与皮肤科学相关的部分应用于指导化妆品功效植物原料的开发与应用，所取得的科技成果在市场应用中得到广大消费者的认可，不断提升相关化妆品品牌的民族文化内涵以及科技含量。

本书从化妆品植物原料的现状及发展趋势、相关政策法规出发，整理归纳了化妆品中常用植物功效原料类型、制备工艺、质量控制、安全性评价等方面的关键技术要求。并以实例阐述了以中医理论为指导的化妆品功效植物原料开发以及利用发酵技术开发和应用化妆品功效植物原料的技术经验。

书末的附录整理了我国迄今已使用的化妆品植物原料目录，由于内容较多，请登录化学工业出版社微信公众号获取电子版。

本书由董银卯、李丽、刘宇红、邱显荣编著，在编写过程中曲召辉、刘有停、赵思琪、薛燕等参加了资料收集和整理工作，在此表示衷心的感谢。

由于编者水平及时间的限制，书中难免有不妥和疏漏之处，敬请读者批评指正。

编者
2018 年 10 月

目录

第一章

化妆品植物
原料概述

001

第二章

植物原料在
化妆品中的
应用

017

03 Chapter

第三章

化妆品植物
原料的制备
工艺与质量
控制

/051

04 Chapter

第四章

化妆品植物
原料安全风
险评估体系
设计与评价
方法

/064

第五章 **05** Chapter

**化妆品植物
原料的开发
流程**

075

第六章 06 Chapter

**安全保障体
系植物原料**

119

07 Chapter

第七章

发酵技术在
化妆品植物
原料开发中
的应用

142

第一章 化妆品植物原料概述

随着人们生活水平提高，可支配收入增加，化妆品在世界范围内，尤其是在亚太、拉美和中东地区变得越来越重要，而且中国、印度、印度尼西亚和巴西这些国家人口众多，是非常大的潜在消费市场。根据尼尔森的研究报告，2015 年中国个人护理品的销售额增长率（7%）远远超过销售量增长率（1%）。2015 年国内护肤品市场容量达到 1701.4 亿元。据相关数据显示，2016 年中国化妆品市场总体规模增长达 116 亿元，其中护肤品类增长达到 12%，彩妆品类增长达到 10%。至 2016 年，我国一线城市整体经济实力较强，受众消费习惯成熟，消费集中度高，整体消费特点与国际经济发达区域类似。我国二、三线城市及新兴城镇经济快速发展，中高端消费群体与低端消费群体均广泛存在，但整体消费习惯尚不成熟、消费集中度低。

化妆品具有的美白、保湿、防晒、抗衰老等功效主要通过所添加的植物原料来实现，各种新技术和新理论在天然原料中的应用也格外引人关注，重视原料的发展是配方设计师的必修课。本章重点阐述化妆品功效植物原料现状及发展趋势，为功效化妆品配方设计和开发应用提供思路和参考。此外，本章阐述近年来中国化妆品法律法规现状，分析现存问题，解读最新版《化妆品监督管理条例（修订草案送审稿）》，探索中国化妆品法律法规的发展趋势，为进一步完善中国化妆品法律法规、加强安全监督管理提供参考，为促进中国化妆品行业更加规范化、更具科学性的发展提供思路。

第一节　化妆品植物原料现状及发展趋势

一、植物原料种质资源与质量控制现状

我国疆域辽阔，河流纵横，湖泊众多，气候多样，自然地理条件复杂，为生物及其生态系统的形成与发展提供了优越的自然条件，形成了丰富的野生动植物区系，是世界上野生植物资源最多、生物多样性最为丰富的国家之一。我国约有30000多种植物，仅次于马来西亚和巴西，居世界第三位。然而并不是所有的植物资源都能用于化妆品当中，国家食品药品监督管理总局（其职能现已并入国家市场监督管理总局）在2014年6月30日公布了8783种已使用化妆品原料，其中植物原料有2000多种。从数据来看，植物原料在已使用化妆品原料中占比较高，但已使用于化妆品的植物原料相对于植物总量来说还偏少，我国的丰富植物资源有待进一步开发利用。

目前，市场上植物原料品种混乱、品质良莠不齐，原因之一是植物原料本身存在地域性差异，"道地药材"与"非道地药材"质量往往差异较大，主要是由于不同地域的种植环境差异较大，而适合药材生长的地域种植的药材往往更地道；原因之二是个别商家为了利益最大化，以假充真，以劣充好。因此，化妆品植物原料的质量控制显得尤为重要，一方面，管理部门需完善植物资源的质量监督管理体系；另一方面，作为化妆品植物原料的生产厂家应该建立原料产地筛选体系。尽管"道地药材"能一定程度反映该地域药材的优越性，但仍需根据理化指标和功效指标进一步验证。关于原料产地的筛选，可根据文献报道待定几个较优产地，对这些产地原料主要化学成分、农药残留、重金属等理化指标进行测定，而应用于化妆品中更为重要的是其功效指标，可根据其清除自由基、抑制酪氨酸酶等效果来进一步判定。因此，并非所有"道地药材"都是用于化妆品的最佳选择，需根据结果综合考虑。

植物原料种质资源既是基础，又是重中之重，完善植物原料的质量控制是化妆品的安全与功效保障，也是整个化妆品产业链发展的基础保障。

二、植物原料提取制备与提取物质量控制现状

目前，植物原料以固体、粉末、液体、凝胶等多种形式作为化妆品添加剂，其中以液体提取物居多，主要原因是液体提取物制备工艺比固体粉末简单，而且方便后续添加到化妆品配方中。并且提取物多以粗提物为主，这是出于对功效性和成本之间的均衡考虑，粗提物性价比可达最高。粗提物制备时一般根据植物的活性成分的极性区域选择合适的溶剂，植物中极性大的活性成分居多时一般选择水提法，极性小的成分居多时一般选择乙醇或油提法。而乙醇提取物有时需要用丙二醇、丁二

醇、甘油等化妆品常用滋润剂来复溶提取物。

化妆品用植物提取物需从安全性、功效性以及稳定性等多方面实现提取物的质量控制。安全性是提取物最基本的保障，需严格评价其毒理、刺激性、致敏性、光毒性等安全指标，安全性是功效性的必要条件，只有在安全的条件下才有考虑其功效性的必要性，而功效性是植物提取物应用于化妆品的必要条件。稳定性差一直是植物提取物最大的问题，主要是指提取物 pH 值变化、色泽不稳定、出现沉淀等现象，其主要原因是粗提物成分的复杂性。某些著名品牌的植物提取物也会出现少量沉淀，厂家也指出均属正常现象，使用前摇匀即可使用。事实上，沉淀并不一定影响其功效性。为了提高植物提取物的稳定性，可采取深度过滤、加入稳定剂等手段。

三、化妆品植物原料市场现状

1. 植物原料成主流趋势

植物原料在化妆品中的使用历史十分悠久，化妆品行业中宣称的植物概念并不是一个新生的事物，这一理念已经被"炒"了很多年。据调查，世界范围内含有植物宣称的产品一直颇受欢迎，亚太市场是含植物宣称的产品最多的地区，虽然近年含植物宣称的产品占比略微下降，但竞争仍然激烈。欧洲、美国等区域含植物宣称的产品一直占据总市场份额的 1/3 左右，比例十分稳定。而中国市场含植物宣称的产品势头强劲，在个人护理用品和化妆品中含有植物宣称的产品占比达到 60%，且仍然呈现上升趋势，整体水平明显高于世界其他地区。

从消费角度来看，中国在 2014 年全球五大面部护肤品消费市场中以 127.91 亿美元成为最大的消费国，接着是日本、韩国、美国及法国。而 2014 年植物类产品以64%的消费占比成为消费者使用最多的产品类型。其主要原因是在中高端和低端面部护肤品中植物宣称比例均较高，由此也覆盖了不同消费水平的消费人群。据统计（见图 1-1）：2011～2014 年中高端面部护肤品中 3/4 的产品含有植物宣称，且这个趋势一直比较稳定；2011～2014 年，低端产品中含有植物宣称的产品也逐步上升；到 2014 年，低端产品和高端护肤产品中含有植物宣称的产品比例已经大致相同。

2. 化妆品常用植物原料现状

植物概念虽然十分火热，但也并非所有植物原料都能被消费者所喜爱。据Mintel 最新国内数据统计（见表 1-1），绿茶成分因其清淡、温和的特性一直受到大众的欢迎，数据显示绿茶提取物在含有植物宣称的化妆品中使用占比最高，且呈现上升趋势。另外，海藻提取物能够给人一种海洋的即视感，这使其成为化妆品植物原料中的新秀。

在世界范围内，绿茶、芦荟和甘草在护肤品中使用频率最高，其中绿茶成分一直高居榜首，这与中国市场内的情况完全一致。近年来，薰衣草精油、迷迭香提取物等的使用也呈现增长的趋势（见表 1-2）。

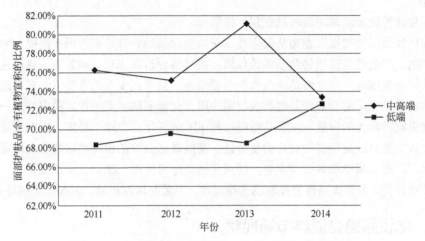

图 1-1　中高端和低端面部护肤品中含有植物宣称的比例

表 1-1　2011～2014 年 9 月中国市场面部护肤品十大植物成分

植物成分	2011	2012	2013	2014	全样本统计
绿茶提取物	10.1%	12.0%	16.3%	14.2%	12.9%
海藻提取物	8.1%	9.6%	12.3%	11.4%	10.1%
库拉索芦荟提取物	10.1%	9.2%	8.6%	10.7%	9.6%
人参提取物	13.1%	8.0%	6.8%	7.9%	9.2%
甘草根提取物	12.7%	6.0%	7.3%	9.6%	8.8%
马齿苋提取物	11.5%	4.9%	4.4%	3.7%	6.6%
黄芩根提取物	6.7%	5.0%	6.0%	7.7%	6.2%
金缕梅提取物	5.2%	6.4%	5.8%	7.9%	6.1%
温州蜜柑果皮提取物	3.2%	9.2%	4.7%	4.0%	5.5%
库拉索芦荟叶汁	5.1%	1.4%	5.3%	7.2%	4.3%

表 1-2　2011～2014 年 9 月全球市场面部护肤品十大植物成分

植物成分	2011	2012	2013	2014	全样本统计
绿茶提取物	10.5%	10.9%	11.3%	11.8%	11.1%
库拉索芦荟提取物	7.1%	6.1%	7.1%	7.1%	6.8%
甘草根提取物	7.6%	5.2%	5.4%	6.3%	6.1%
海藻提取物	5.1%	5.7%	6.7%	6.6%	6.0%
人参提取物	6%	4.8%	4.0%	4.0%	4.7%
洋甘菊精华	3.8%	3.8%	5.3%	5.5%	4.6%
薰衣草油	3.6%	3.8%	4.5%	4.3%	4.1%
迷迭香提取物	3.2%	3.8%	3.9%	4.6%	3.9%
香橙果实提取物	3.4%	3.3%	3.4%	4.1%	3.5%
金盏花提取物	2.7%	3.3%	2.7%	4.2%	3.2%

综合中国市场和世界市场中植物原料的使用情况，可以发现绿茶一直处于护肤品用植物原料的主流地位。但在世界市场中，一些花卉的提取物比较走俏，而中国市场内则偏爱草类提取物。

四、化妆品植物原料应用尚需注意的问题

尽管植物原料越来越受到化妆品配方师和消费者青睐，但化妆品植物原料的应用现状仍存在不少问题：

（1）违背法规对相关禁用语的要求　化妆品属于皮肤日常护理产品范畴，化妆品植物原料在实际应用过程中，禁止使用医学用语以及对功能的夸大宣称。

（2）认为越天然越安全，忽视安全性问题　在产品宣称方面，商家经常以"天然"为打动消费者的手段，实际上，植物原料所含有的成分复杂，一方面有很多未知的成分，另一方面已知的上百种成分中，并不一定完全安全，随着植物原料在市场上的应用时间增长，越来越多的风险成分逐渐被发现并禁止使用。在植物原料开发过程中，应该重视其安全性，按照风险评估的标准进行规范和系统的评估，确保其在使用过程中的安全性。

（3）不够重视植物原料的增效手段　不同植物原料复配，以及植物原料与化学合成原料的复配，都有可能达到增效的效果，在应用过程中，一方面应该依据中医理论的指导进行复配，另一方面通过实验优化，确定适合人体皮肤应用的新组合。

五、中医药理论与技术在化妆品植物原料中的应用

1. 气血理论

气血是中医对饮食和氧气在脏腑协同作用下生成的对人体有濡养作用和温煦、激发、防御作用的"精微物质"及其功能的一种定义。气血既是人体生长发育的物质基础，也是保持健康美容的物质基础，气血化生以后，借助遍布全身的经络系统上荣皮毛，气血上荣是中医美容的基础。并且气血微循环与祛斑美白、抗衰老存在一定的关系，因此在植物原料开发时应当重视行气活血类中药在化妆品中的应用，目前已有不少补气活血类中药（如黄芪、当归、红花等）用于化妆品中，并宣称能改善皮肤血液微循环。当然，法规明确规定化妆品中禁止使用"活血"等与血相关的医用术语，但是值得注意的是科学研究与最后的功效宣称并不冲突。

2. 阴阳理论

天地之理，以阴阳两仪化生万物；肌肤之道，以阴阳二气平衡本元。阴阳失衡，就会引致很多的肌肤问题，所以只有阴阳平衡，注重调理，才能巩固肌肤之本。

结合气血理论，可将两者同时运用于化妆品植物原料。日属阳，以活气血中药作为化妆品植物添加剂可提高皮肤血液微循环，提高皮肤新陈代谢，焕发肌肤活力；

夜属阴，以养气血中药作为化妆品植物添加剂可调理皮肤气血，为肌肤注入养分，修复肌肤日间所造成的损伤。"日活夜养"深刻阐述了阴阳学说所蕴含的丰富哲学意蕴，并提炼出了阴阳学说的核心思想——平衡。

3．五行理论

五行学说是中国古代的一种朴素的唯物主义哲学思想。五行学说用木、火、土、金、水五种物质来说明世间万物的起源和多样性的统一。自然界的一切事物和现象都可按照木、火、土、金、水的性质和特点归纳为五个系统。自然界各种事物和现象的发展变化，都是这五种物质不断运动和相互作用的结果。天地万物的运动秩序都要受五行生克制化法则的统一支配。

著名化妆品品牌百雀羚率先在国内将五行理论应用于化妆品中，这一创新也得到了消费者的一致认可。百雀羚的五行草本系列提出了"五行草本"的产品原料，并融入了"五行能量元"的产品精髓，将五行平衡相生相辅的理念与现代护肤完美结合，开创了护肤新纪元。

五行理论作为一种哲学思想，它的相生相克与自然界及人体存在一定的关系（五行与自然界的关系见表1-3）。笔者认为以五行理论为基础尚可开发一系列创新型化妆品，比如以开发季节型的护肤品为例，可将五行与五季、五色结合起来。春属木，一年护肤之际在于春，五色中对应"青"，结合五行与五季、五色可选择绿茶提取物作为化妆品添加剂，其主要功效成分表没食子儿茶素没食子酸酯（EGCG）能赋予化妆品延缓光老化、美白、祛痘、收敛、保湿等多重功效。夏属火，应该选择美白防晒型植物提取物，五色中对应"赤"，结合五行与五季、五色可选择具有美白防晒功效的红景天提取物作为化妆品添加剂。长夏属土，此时天气炎热且多湿，体内湿热会造成皮肤油腻而产生痤疮，五色中对应"黄"，结合五行与五季、五色可选择具有控油祛痘功效的黄芩提取物作为化妆品添加剂。秋属金，此时天气燥，五色中对应"白"，选择"润"药，结合五行与五季、五色可选择具有补水保湿功效的银耳提取物作为化妆品添加剂。冬属水，天气寒冷代谢水平低，宜选择滋阴系列的药材，五色中对应"黑"，结合五行与五季、五色可选择具有滋阴功效的女贞子提取物作为化妆品添加剂。

表1-3　五行与自然界的关系

五行	五音	五味	五色	五化	五气	五方	五季
木	角	酸	青	生	风	东	春
火	徵	苦	赤	长	暑	南	夏
土	宫	甘	黄	化	湿	中	长夏
金	商	辛	白	收	燥	西	秋
水	羽	咸	黑	藏	寒	北	冬

4．"君臣佐使"组方理论

"君臣佐使"组方理论是中医方剂学界公认的组方原则，被传承并应用至今。

对于化妆品外用美容中药方剂而言，结合皮肤特性有下列的"君臣佐使"科学配伍思想。

君药即对处方的主证或主要症状起主要治疗作用的药物。它体现了处方的主攻方向，其力居方中之首，是方剂组成中不可缺少的药物。化妆品中的君药是指具有美白、抗衰老和保湿等功效，即起主要作用的中药。如桑白皮、当归、乌梅、桂皮、蔓荆子、山茱萸、夏枯草和白头翁等中药可抑制酪氨酸酶活性，美白肌肤。甘草能够抗自由基，从而起到美白作用。益母草叶具有活血作用，可增加面部的血液循环，具有祛斑美白功效。具有这些功效的中药可作诉求美白处方中的君药。

臣药指辅助君药治疗主证，或主要治疗兼证的药物。化妆品中的臣药能辅助君药达到相应的效果，即促进透皮吸收的药物，使药达病所。如果没有透皮吸收，再好的物质也达不到预期效果。促进透皮吸收的中药有很多，归纳为：辛凉解表类，如薄荷；芳香类，如小豆蔻；温里类，如肉桂、丁香；活血化瘀类，如当归、川芎。此外，还可依据皮脂膜的特性选择脂溶性的中药成分，如桉叶油等。

佐药指配合君臣药治疗兼证，或抑制君臣药的毒性，或起反佐作用的药物。针对不同的问题肌肤，抗敏、止痒、刺激和脱屑等兼证需要佐以相应的中药，如牡丹皮、金盏花和龙葵具有天然抗过敏和抗菌等作用，外用可抗过敏和止痛。仙人掌可以舒缓受到刺激的皮肤细胞。黄芩对全身性过敏、被动性皮肤过敏亦显示很强的抑制活性，其抗被动性皮肤过敏的机理是具有强烈的抗组胺和乙酰胆碱作用。杏仁可抗过敏、抗刺激。金缕梅具有消炎、舒缓作用。枳实可抗过敏，并具有祛斑美白、防晒和抗菌杀菌作用。依据不同的诉求应选择具有不同功效的佐药配伍。

使药指引导诸药直达病变部位，或调和诸药使其合力祛邪的药物。化妆品中的使药指具有营养与代谢的基本作用的中药。中药黄芪、灵芝和沙棘等对人体具有多种营养功能，对皮肤具有增加营养、恢复皮肤弹性和促进皮肤代谢的作用。具有这些特性的中药可根据组方的诉求，作为使药，广泛应用于化妆品中。

"君臣佐使"是一个科学配伍的组方思想，不仅仅适用于中药的配伍，也适用于各种植物原料的配伍。科学运用"君臣佐使"的组方思想来组合植物原料即可发挥不同的护肤功效。

六、生物技术在化妆品植物原料中的应用

1. 植物干细胞

干细胞是现代生物和医学中最具吸引力的领域之一，这是由于它们不但有显著的自我更新特性，而且在皮肤再生中也发挥着关键作用。随着 2008 年 PhytoCellTec™Malus Domestica 苹果干细胞的诞生，瑞士米百乐生化公司推出了世界上第一款以"植物干细胞保护皮肤干细胞"为基础的化妆品活性物，这款结合杰出研发成果和高质量生产而成的创新化妆品原料，获得了全球的认可。2011 年，该

公司实现干细胞护肤品的又一突破，成为第一家成功开发及推出针对真皮干细胞的化妆品活性物的公司。并在多项体外和临床测试中证明了该植物干细胞系列产品能有效提升人体皮肤干细胞的活力及再生能力。

2．生物发酵

生物发酵技术是在继承中药炮制学中发酵法的基础上，吸取微生态学研究成果，结合现代微生物工程而形成的高科技中药制药新技术。按照发酵形式它分为液体发酵和固体发酵，而后在固体发酵基础上，又拓展出了药用真菌双向性固体发酵技术，其中液体发酵液较多应用于化妆品中。

从市场现状来看，韩国、日本的护肤品界十分流行发酵化妆品，其中最早出名的就是日本的 SK-Ⅱ，但是它还是停留在人工发酵阶段，随后市面上又出现了自然发酵护肤品——熊津化妆品"酵之美"。发酵护肤品在日本、韩国一直受到追捧，并且在中国也掀起一股"发酵"热潮。从理论上来讲，发酵产品确有其独特优势，主要体现在植物提取物中较多大分子物质（多糖等）并不能轻易被皮肤所吸收，而通过微生物发酵处理后微生物产生的各种酶将大分子有效物质降解为易被皮肤吸收的小分子有效物质（单糖等），从而提高了有效成分的利用率。另外，微生物的分解作用可将有毒物质分解，或者对药材中有毒物质的毒性成分进行修饰使其毒性降低或者消失。

七、化妆品植物原料发展趋势

1．植物防晒剂

目前，全球防晒化妆品占护肤品市场份额的 10%，并以平均每年 9%的速度增长，防晒化妆品已经成为护肤品中不可或缺的一部分，新型防晒剂的研究与开发也随之深入，开发出温和有效的植物防晒剂是未来防晒化妆品的发展趋势之一。目前国内外都致力于天然广谱防晒剂的筛选和开发，近年来对复配型植物防晒剂研究较多，这是由于复配型植物防晒剂较单一植物防晒剂对 UVA、UVB 均有较强的吸收性能，且较单一植物防晒剂有显著的互补效应。并且有学者将复配型植物防晒剂继续与优化的化学防晒剂再进行复配，研究发现此复合防晒剂较化学防晒剂刺激性显著降低，并且达到广谱吸收紫外线的效果。因此，复配型植物防晒剂的协同增效以及低刺激性的独特优势决定了它将成为防晒化妆品的发展趋势。

2．植物防腐剂

随着人们对防腐剂安全性问题的广泛关注，低毒或者无毒的天然防腐剂成为了研究热点。国内外的研究者从不同的植物中提取有抗菌性的天然物质，比如薰衣草精油、金盏花提取液等，并努力将其制成新型的防腐剂。另外有些中药也含有抗菌成分，也进入了研究者的视野中。虽然植物来源抑菌原料已经应用在化妆品中，但品种较少，往往需要复配化学防腐剂来增强抑菌效果，既利用化学防腐剂的强效，又集合植物防腐剂的温和。

但需要指出的是：目前市场上所使用的植物源防腐剂大部分都是粗制品，其有效成分的作用常随着季节和地理环境而改变，防腐效果不够稳定；植物防腐剂的作用机理、抗菌谱以及可应用的范围等研究得不够深入；一些植物防腐剂存在异味和杂色等问题，在使用过程中还会影响产品的气味和品质；除此之外植物源防腐剂的毒理学评价工作尚未完全开展。大多数具有抑菌作用的天然产物在相当长的一段时间内还无法替代化学合成的防腐剂，有两点原因：第一，天然防腐剂的效果跟化学合成防腐剂还存在较大的差距；第二，从国内外研究和应用现状的整体看，很多天然防腐剂的性能只是在离体情况下做研究，具体到加入化妆品中的防腐效果如何，以及会对人体产生何种作用，并没有进行系统的实验研究。这种情况需要从以下几方面进行改善：①系统分析植物源防腐剂与化学合成的防腐剂的差距，进行相应的改进，可以是合成或半合成产物；②系统分析这些抑菌物质加入化妆品中的作用效果，尤其是与化妆品其他组分之间的相互作用关系；③对有效活性成分的分离与鉴定、抗菌机理、构效关系和毒理学评价以及合成等进行深入细致的研究。

3. 植物"防污剂"

我国很多城市空气污染严重，导致很多人出现皮肤过敏等问题，调查结果显示，有 33.16%的消费者表示会选择"解决空气污染导致皮肤受损的护肤品"。因此，抗污染化妆品现已成为市场热点。

抗污染植物原料能在皮肤表面形成具有抵抗力且透明的立体生物保护膜，涂在皮肤上相当于在皮肤上附加一层新的仿真皮肤（膜），可以阻止污染物、空气中的微粒进入皮肤。抗污染化妆品同时能使毛孔等通道适当变小，减少有害物质和病菌等入侵的机会，而不影响其发挥原有的功能。据报道，一种新的全能隔离体系正在研发中，该产品能在肌肤表面形成一层网筛膜，让肌肤自由呼吸，全面隔离汽车尾气和紫外辐射。

4. 植物色素

根据天然植物色素所具有的色彩艳丽明亮、产品较为安全、对身体无毒害、有保健功效等诸多优点，可以开发出使用天然色素染色的一系列化妆品。现如今日本的化妆品界已将紫草素等许多天然的无毒害色素应用于许多化妆品中，如唇彩、腮红和眼影等化妆品。这些植物色素除具有着色剂功能，还兼具消除炎症、抵抗细菌和收敛毛孔等诸多对皮肤有益的功效。

然而，我国现阶段天然植物色素的生产技术比较落后，提取出的大部分天然色素纯度较低，存在较多的杂质，使得天然植物色素无法作为着色剂使用。从天然植物色素的应用来看，天然色素与合成色素相比有着许多优势，人们也尝试着从各种植物资源中获取天然色素来代替合成色素。但是天然色素的理化性质制约了天然色素的开发和利用，使得企业生产成本急剧上升，给天然植物色素投入生产带来了诸多不便。

天然植物色素优点较多，现已成为未来国内色素行业发展的新方向。应对现阶段的提取工艺进行多方面的改进，使生产出的色素成品杂质减少，提高天然植物色素的纯度。此外，还应加大对相关技术型人才的培养，着力于天然植物色素产品的应用开发，根据市场需求，提供优质、具有较高安全性的色素产品，并进一步拓展国外市场。

5. 植物功能油

目前，市场上的化妆品用植物提取物多以水溶性溶剂为介质，如纯水、丙二醇、丁二醇等，以油为介质的提取物较少。植物原料油提取物的优势主要体现在：①快速渗透，油性成分与皮肤的主要成分——脂质成分的"相似相溶"使其能快速渗透皮肤，深入护肤；②无防腐剂，油相体系本身具有防腐作用，并不需要额外添加防腐剂，这是相对于水剂型提取物的最大特点。因此，植物油具有非常广泛的应用前景。

6. 植物源重组胶原

胶原蛋白具有保湿、修复皮肤、美白和润泽头发等美容功效，已广泛应用于化妆品中。目前，胶原蛋白主要来源于猪、牛等动物，然而动物源胶原蛋白具有传播疾病和引发过敏性反应等缺点，因此研究人员不太接受动物来源的胶原蛋白。近年来研究人员把目光转向利用基因工程技术生产胶原蛋白，相比而言，重组胶原蛋白有着可加工性、无病毒隐患、水溶性以及排斥反应低等优势。目前，重组胶原蛋白已开发了许多不同的表达系统，包括酵母、蚕、哺乳动物细胞、转基因动物和细菌系统。而最新研究发现，转基因烟草植物能表达出人源胶原蛋白，这种胶原蛋白在理论上能避免动物源胶原蛋白存在的隐患，并且在加工特性和疗效上优于动物源胶原蛋白。

然而，成本高、产量低并且系统缺少辅因子或酶一直是限制重组胶原蛋白应用的不利因素，重组胶原蛋白只能局限于实验规模，而要满足产业化、大批量需求几乎是不可能的。因此无论是酵母还是植物产生的重组胶原蛋白仍然无法真正地将动物源胶原蛋白取代，方便提取的动物源胶原蛋白一直保持着在研究和临床使用的标准。尽管植物源重组胶原蛋白的生产有限制因素，但是其独特优势决定其将成为发展趋势，如何克服植物源重组胶原蛋白生产的限制因素将是今后需要努力的方向。

7. 仿生植物组合物

以胎脂为例，胎脂是婴儿出生时身上的一层乳白色、硬奶油状的脂质物体，大约是由80%的水、10%的蛋白质和10%的脂质组成。胎脂对胎儿皮肤屏障的形成起着至关重要的作用，并且胎脂对皮肤屏障有保护作用，同时，胎脂对皮肤具有抗菌、抗感染、补水保湿、抗氧化、清洁、调节体温等多方面的作用，因此，有望将其应用于皮肤屏障修复及补水保湿类化妆品中。然而，胎脂的取材并不方便，再者也不能满足工业化生产的需求。于是，模拟其组分的植物来源的组合物将成为开发的趋势，而该仿胎脂植物组合物能否发挥和胎脂一样的功效还有待进一步科学验证。

综上，在化妆品植物原料备受关注之际，我们应该充分关注植物原料生产、制备、质量控制及市场每个环节，重视与植物原料相关的法规、安全及功效问题。再者，秉承中国的传统文化、融中医药传统理论于植物原料之中，赋予化妆品新的开发理念与技术，全面提升产品品质内涵；高效利用现代先进的生物技术与纳米技术，将高新科技应用于植物原料，发挥植物原料优势，开发新型化妆品植物原料。

第二节　化妆品植物原料相关的政策法规

我国是世界上利用植物资源最早的国家之一。千百年来，大量的植物资源被人们用于食用或药用。随着科学技术的发展，植物类化妆品原料的使用也越来越普遍。加强植物类化妆品原料的管理，在确保产品质量安全的基础上促进行业有序发展，已成为当前化妆品监管工作的重点之一。

一、近十年出台的化妆品植物原料相关法规

国家食品药品监督管理总局自 2008 年接手化妆品行业的监管职能以来，非常重视化妆品植物原料的监管工作，陆续出台了化妆品植物原料相关的政策法规，在确保合规的基础上推动化妆品植物原料的开发与应用。表 1-4 为近十年出台的化妆品植物原料相关法规。

表 1-4　近十年出台的化妆品植物原料相关法规（以发布时间先后为序）

编号	政策法规文件	说明
1	《化妆品中可能存在的安全性风险物质风险评估指南》（2010 年版）	是为开展化妆品安全性评价工作而发布的指导性文件，也是一部基于物质毒理学性质进而开展安全性评价工作的专业性文件
2	《国际化妆品原料标准中文名称目录》（2010 年版）	为加强对化妆品原料的监督管理，进一步规范国际化妆品原料标准中文名称命名的指导性文件
3	《化妆品新原料申报与审评指南》（2011 年版）	明确了中国化妆品新原料的定义和基于毒理学评价资料的化妆品新原料的安全性要求；此外还对在中国申请化妆品新原料行政许可的资料要求和审评原则作出了明确阐述
4	《植物类化妆品新原料行政许可申报资料要求》（征求意见稿）（2015 年）	明确了植物类化妆品新原料的定义，按照现行化妆品新原料行政许可申报和审评相关法规要求，结合不同类别植物类化妆品原料的安全风险程度，对植物类化妆品新原料申报资料进行调整，对安全性相对较高的类别，适当减免一些不必要的毒理学试验项目，从而进一步提高植物类化妆品新原料行政许可工作效率

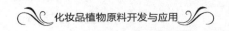

续表

编号	政策法规文件	说明
5	《化妆品安全风险评估指南》（征求意见稿）（2015 年）	是指导化妆品生产企业科学开展化妆品安全风险评估的技术性文件，不作为化妆品监督执法的依据
6	《已使用化妆品原料名称目录》（2015 年版）	对我国上市化妆品已使用原料的收集和梳理，为新原料判断依据
7	《化妆品安全技术规范》（2015 年版）	是在《化妆品卫生规范（2007）》基础上对中国化妆品安全、原料使用和检验方法方面进行的修订

二、植物类化妆品新原料的申报要求

为加强化妆品新原料行政许可工作，指导化妆品新原料的申报和审评，确保化妆品产品质量安全，国家食品药品监督管理总局制定了《化妆品新原料申报与审评指南》（以下简称《指南》），自 2011 年 7 月 1 日起施行。《指南》中明确指出，化妆品新原料是指在国内首次使用于化妆品生产的天然或人工原料。化妆品新原料在正常以及合理的、可预见的使用条件下，不得对人体健康产生危害。

（一）化妆品新原料行政许可申报资料要求

化妆品新原料需经国家食品药品监督管理总局审批后方可应用于化妆品生产。申请化妆品新原料行政许可应按化妆品行政许可申报受理规定提交资料，具体包括以下内容：

（1）化妆品新原料行政许可申请表

（2）研制报告

① 原料研发的背景、过程及相关的技术资料。

② 原料的名称、来源、分子量、分子式、化学结构、理化性质。

a. 名称：包括原料的化学名（IUPAC 名和/或 CAS 名）、INCI 名及其中文译名、商品名和 CAS 号等。原料名称中应同时注明该原料的使用规格。天然原料还应提供拉丁学名。

b. 来源：原料不应是复配而成，在原料中由于技术原因不可避免存在的溶剂、稳定剂、载体等除外。天然原料应为单一来源，并提供使用部位等。全植物已经被允许用作化妆品原料的，该植物各部位不需要再按新原料申报。

c. 分子量、分子式、化学结构：应提供化学结构的确认依据（如核磁共振谱图、元素分析、质谱、红外谱图等）及其解析结果，聚合物还应提供平均分子量及其分布。

d. 理化性质：包括颜色、气味、状态、溶解度、熔点、沸点、相对密度、蒸气压、pH 值、pK_a 值、折射率、旋光度等。

③ 原料在化妆品中的使用目的、使用范围、基于安全的使用限量和依据、注意

事项、警示语等。

④ 原料在国外（地区）是否使用于化妆品的情况说明等。

（3）生产工艺简述及简图 应说明化妆品新原料生产过程中涉及的主要步骤、流程及参数，如应列出原料、反应条件（温度、压力等）、助剂（催化剂、稳定剂等）、中间产物及副产物和制备步骤等；若为天然提取物，应说明加工、提取方法、提取条件、使用溶剂、可能残留的杂质或溶剂等。

（4）原料质量安全控制要求 应包括规格、检测方法、可能存在的安全性风险物质及其控制措施等内容。

① 规格：包括纯度或含量、杂质种类及其各自含量（聚合物应说明残留单体及其含量）等质量安全控制指标，由于技术原因在原料中不可避免存在的溶剂、稳定剂、载体等的种类及其各自含量，其他理化参数，保质期及贮存条件等；若为天然植物提取物，应明确其质量安全控制指标。

② 检测方法：原料的定性和定量检测方法、杂质的检测方法等。

③ 可能存在的安全性风险物质及其控制措施。

（5）毒理学安全性评价资料（包括原料中可能存在安全性风险物质的有关安全性评估资料） 化妆品新原料毒理学评价资料应当包括毒理学安全性评价综述、必要的毒理学试验资料和可能存在安全性风险物质的有关安全性评估资料。毒理学试验资料可以是申请人的试验资料、科学文献资料和国内外政府官方网站、国际组织网站发布的内容。化妆品新原料一般需进行下列毒理学试验：

① 急性经口和急性经皮毒性试验；

② 皮肤和急性眼刺激性/腐蚀性试验；

③ 皮肤变态反应试验；

④ 皮肤光毒性和光敏感性试验（原料具有紫外线吸收特性时需做该项试验）；

⑤ 致突变试验（至少应包括一项基因突变试验和一项染色体畸变试验）；

⑥ 亚慢性经口和经皮毒性试验；

⑦ 致畸试验；

⑧ 慢性毒性/致癌性结合试验；

⑨ 毒物代谢及动力学试验；

⑩ 根据原料的特性和用途，还可考虑其他必要的试验。如果该新原料与已用于化妆品的原料化学结构及特性相似，则可考虑减少某些试验。

以上为毒理学试验资料原则性要求，可以根据原料的理化特性、定量构效关系、毒理学资料、临床研究、人群流行病学调查以及类似化合物的毒性等资料情况，增加或减免试验项目。表1-5为毒理学试验资料要求。

（6）进口化妆品新原料申请人应提交的资料 进口化妆品新原料申请人应提交已经备案的行政许可在华申报责任单位授权书复印件及行政许可在华申报责任单位营业执照复印件并加盖公章。

表 1-5　毒理学试验资料要求

编号	情形	毒理学试验资料要求
1	凡不具有防腐剂、防晒剂、着色剂和染发剂功能的原料以及从安全角度考虑不需要列入《化妆品安全技术规范》限用物质表中的化妆品新原料	①～⑤； ⑥亚慢性经口或经皮毒性试验。如果该原料在化妆品中使用，经口摄入可能性大时，应提供亚慢性经口毒性试验
2	符合情形 1，且被国外（地区）权威机构有关妆品原料目录收载四年以上的，未见涉及可能对人体健康产生危害相关文献的	①～⑤
3	凡有安全食用历史的，如国内外政府官方机构或权威机构发布的或经安全性评估认为安全的食品原料及其提取物、国务院有关行政部门公布的既是食品又是药品的物品	②～④
4	由一种或一种以上结构单元，通过共价键连接，平均分子量大于 1000 的聚合物作为化妆品新原料	②； ④皮肤光毒性试验（原料具有紫外线吸收特性时需做该项试验）
5	凡已有国外（地区）权威机构评价结论认为在化妆品中使用是安全的新原料	申报时不需提供毒理学试验资料，但应提交国外（地区）评估的结论、评价报告及相关资料。国外（地区）批准的化妆品新原料，还应提交批准证明

（7）可能有助于行政许可的其他资料　申请人应根据新原料特性按上述要求提交资料，相关要求不适用的除外。另附送审样品 1 件。

（二）化妆品新原料的审评原则

（1）对于申请人提交的化妆品新原料安全性评价资料的完整性、合理性和科学性进行审评：

①　安全性评价资料内容是否完整并符合有关资料要求；

②　依据是否科学，关键数据是否合理，分析是否符合逻辑，结论是否正确；

③　重点审核化妆品新原料的来源、理化性质、使用目的、范围、使用限量及依据、生产工艺、质量安全控制要求和必要的毒理学评价资料等。

（2）经审评认为化妆品新原料安全性评价资料存在问题的，审评专家应根据化妆品监管相关规定和科学依据，提出具体意见。申请人应当在规定的时限内提供相应的安全性评价资料。

（3）随着科学研究的发展，国家食品药品监督管理总局可对已经批准的化妆品新原料进行再评价。

（三）植物类化妆品新原料行政许可申报资料要求

为推进化妆品原料的精细化管理，解决植物类化妆品新原料行政许可工作中存在的突出问题，提高植物类化妆品新原料行政许可工作效率，国家食品药品监督管理总局药化注册司拟对植物类化妆品新原料行政许可申报资料要求进行调整，于 2015 年 11 月 10 日公开征求调整植物类化妆品新原料行政许可申报资料要求有关事宜意见。根据"科学合理、确保安全"的原则，按照现行化妆品新原料行政许可申报和审评相关法规要求，结合不同类别植物类化妆品原料的安全风险程度，对植物类化妆品新原料申报资料进行调整，对安全性相对较高的类别，适当减免一些不必要的毒理学试验项目，从而进一步提高植物类化妆品新原料行政许可工作效率。

《植物类化妆品新原料行政许可申报资料要求》（征求意见稿）重点对植物类化妆品新原料的定义、不同情形的申报资料要求和施行时间进行了明确。主要内容如下：

1．明确了植物类化妆品新原料的定义范围

在我国境内首次使用于化妆品生产的植物（包括藻类）来源的天然原料为植物类化妆品新原料，但不包括从植物中提取的单一成分或高度纯化的成分。同时明确植物类化妆品原料应当为单一的植物来源，而在单一来源的植物类化妆品原料中加入必要的助剂，如溶剂、稳定剂、防腐剂等，以便于该原料的贮存和使用的情形是可被接受的。

2．对不同情形的植物类化妆品新原料的申报资料要求进行调整

（1）植物类化妆品新原料申报资料一般要求　申报植物类化妆品新原料时，应当使用该原料的标准中文名称。《国际化妆品原料标准中文名称目录》暂未收载该原料标准中文名称的，可参照标准中文名称的命名原则进行命名。申报植物类化妆品新原料时，应当同时标明其来源植物的拉丁学名及其使用部位。不得使用医疗术语对植物类化妆品原料进行功效宣称。

申请植物类化妆品新原料行政许可，应当按照《化妆品行政许可申报受理规定》和《化妆品新原料申报与审评指南》等相关要求，提交行政许可申报资料。其中，毒理学安全性评价资料一般应当包括以下毒理学试验项目：①急性经口或急性经皮毒性试验；②皮肤和急性眼刺激性/腐蚀性试验；③皮肤变态反应试验；④皮肤光毒性和光敏感性试验（原料具有紫外线吸收特性时需做该项试验）；⑤致突变试验（至少应包括一项基因突变试验和一项染色体畸变试验）；⑥亚慢性经口或经皮毒性试验；⑦致畸试验；⑧慢性毒性/致癌性结合试验。

（2）减免部分类别植物类化妆品新原料毒理学试验项目资料要求　结合不同情形的植物类化妆品新原料的安全性特点，对毒理学试验项目相关资料要求进行相应的减免。表1-6为植物类化妆品新原料毒理学试验资料减免要求。

3．安全食用历史的判定原则

取得我国相关监督管理部门食品安全认证或其他相应资质的食品用植物类原料，或经国内外相关监督管理部门、技术机构或其他权威机构发布的可安全食用或药食两用的植物类原料，可被视为具有安全食用历史的植物类原料。

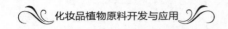

表 1-6　植物类化妆品新原料毒理学试验资料减免要求

编号	情形	毒理学试验资料减免要求
1	国内外首次使用于化妆品，且拟用作防腐剂、防晒剂、着色剂、染发剂、美白剂及其他具有较高风险的特殊用途植物类化妆品新原料，应提交包括上述全部毒理学试验项目的毒理学安全性评价资料	无
2	国内外首次使用于化妆品，且用于上述特殊用途范围之外的植物类化妆品新原料	一般可减少第⑦、⑧项毒理学试验项目
3	国内外首次使用于化妆品，用于上述特殊用途范围之外，且可提供充分证据材料证明该原料具有五年以上安全食用历史的植物类化妆品新原料	一般可减少第①、⑤、⑥、⑦、⑧项毒理学试验项目；制备方法不同于传统安全食用原料的，不得减少①、⑤、⑥项毒理学试验项目
4	国内首次使用于化妆品，拟用于上述特殊用途范围，且可提供充分证据材料证明该原料在国外上市化妆品中已有五年以上安全使用历史的植物类化妆品新原料	一般可减少第①、⑥、⑦、⑧项毒理学试验项目
5	国内首次使用于化妆品，拟用于上述特殊用途范围之外，且可提供充分证据材料证明该原料在国外上市化妆品中已有五年以上安全使用历史的植物类化妆品新原料	一般可减少第①、⑤、⑥、⑦、⑧项毒理学试验项目
6	国内首次使用于化妆品，拟用于上述特殊用途范围之外，且可提供国外权威机构发布的该原料在化妆品中安全使用的安全风险评估结论的植物类化妆品新原料	一般可减免全部毒理学试验项目。申请人应当提交该原料的安全风险评估结论、安全评价报告等相关资料。且该原料的安全风险评估资料中的评估项目、毒理学试验方法、安全评价方法等，应当符合我国化妆品相关法规、标准和规范的要求

第二章 植物原料在化妆品中的应用

02 Chapter

第一节 化妆品已使用原料目录中的植物原料概况

一、化妆品植物原料的概念

植物类化妆品原料是指使用于化妆品生产的植物（包括藻类）来源的天然原料。准确理解和把握化妆品植物原料的概念，需要重点关注以下三个方面：

① 植物类化妆品原料包括原植物及其提取物，真菌类、经发酵或水解处理的植物类原料不属于此定义范畴。

② 从植物中提取的单一成分或高度纯化的成分，不属于此定义范畴。

③ 植物提取物可以是单一植物提取，也可以是多种植物混合提取，通常提取物是复合的化学物质。

二、化妆品植物原料的命名

1.《国际化妆品原料标准中文名称目录》与原料命名原则

《国际化妆品原料标准中文名称目录》（2010 年版）是为加强对化妆品原料的监

督管理，进一步规范国际化妆品原料标准中文名称命名的指导性文件。生产企业在化妆品标签说明书上进行化妆品成分标识，以及进行化妆品行政许可申报时，凡涉及《国际化妆品原料标准中文名称目录》中已有的原料，应当使用《国际化妆品原料标准中文名称目录》中规定的标准中文名称。

国际化妆品原料命名（INCI 名称）中文译名通则中指出：

① 每个 INCI 名称对应一个标准中文名称。

② INCI 名称与《中华人民共和国药典》和《中国药品通用名称》中药品名称相同的原料，除个别药用辅料名称外，译名皆按这两个资料中的中文名称命名。

③ 植物性原料的中文名称后面的括符内加植物拉丁文属名和种加词。

2.《已使用化妆品原料名称目录》与植物原料名称释义

《已使用化妆品原料名称目录》（2015 年版）是对在我国境内生产、销售的化妆品所使用原料的客观收录。《已使用化妆品原料名称目录》中所列原料的标准中文名称，原则上以《国际化妆品原料标准中文名称目录》（2010 年版）为准。目录"INCI 名称/英文名称"栏中，斜体字的表示为英文名称。

《已使用化妆品原料名称目录》中约 1/3 为植物原料。原料名称为"某某植物提取物"形式的，表示该植物全株及其提取物均为已使用原料，使用时应当注明其具体部位。原料名称为"某某植物花/叶/茎提取物"或"某某植物花/叶/藤提取物"形式的，表示该植物的地上部分及其提取物均为已使用原料，使用时应当注明其具体部位。中文名称栏中标注了"*"的原料，其名称为某一类别原料名称，使用时应当标注具体的原料名称。中文名称栏中标注了"**"的原料，其名称表述不规范，且动植物基原不清，使用时应当标注规范的具体原料名称及基原。一个序号后列出了两个名称的，表示为同一原料，使用时应选择 INCI 收录的或以标准中文名称命名原则命名的植物原料名称。

第二节　化妆品禁用植物组分

天然与安全并不等同，天然的并不一定安全。《化妆品安全技术规范》中列明了化妆品禁用组分清单，其中包括禁用的植物组分 92 种，如半夏、细辛、白芷、补骨脂、千里光等；此外还有来源于植物的单体成分，如欧前胡内酯、石榴皮碱、无花果叶净油、巴豆油、土荆皮精油等。有研究证明：有些植物药，如水仙、雪莲、麝香、石竹、苍耳子等，会引起接触性皮炎；无花果、防风、小茴香、旱芹、芸香、毛茛、龙牙草、补骨脂等会引起日光性皮炎。美国 CIR 评估芦荟中"蒽醌成分"含量应小于 50mg/kg。欧盟 SCCS 评估茶树油中"甲基丁香酚"驻留类产品中不得超过 2mg/kg，淋洗类产品中不得超过 10mg/kg。可见植物原料的安全性风险评估将是化妆品工作者今后面临的重要问题。化妆品禁用植（动）物组分见表 2-1。

表 2-1 化妆品禁用植（动）物组分（按拉丁文字母顺序排列）

序号	中文名称	原植（动）物拉丁文学名或植（动）物英文名	安全风险
1	毛茛科乌头属植物	*Aconitum* L. (Ranunculaceae)	毒性
2	毛茛科侧金盏花属植物	*Adonis* L. (Ranunculaceae)	毒性
3	土木香根油	Alanroot oil (*Inula helenium* L.) (CAS No. 97676-35-2)	致敏性
4	尖尾芋	*Alocasia cucullata* (Lour.) Schott	毒性
5	海芋	*Alocasia macrorrhiza* (L.) Schott	毒性
6	大阿米芹	*Ammi majus* L.	光敏性
7	魔芋	*Amorphophallus rivieri* Durieu (*Amorphophallus konjac*); *Amorphophallus sinensis* Belval (*Amorphophallus kiusianus*)	毒性
8	印防己（果实）	*Anamirta cocculus* L. (fruit)	毒性
9	打破碗花花	*Anemone hupehensis* Lemoine	毒性
10	白芷	*Angelica dahurica* (Fisch. ex Hoffm.) Benth. et Hook.f.	光敏性
11	茄科山莨菪属植物	*Anisodus* Link et Otto (Solanaceae)	毒性
12	加拿大大麻（夹竹桃麻、大麻叶罗布麻）	*Apocynum cannabinum* L.	毒性
13	槟榔	*Areca catechu* L.	毒性
14	马兜铃科马兜铃属植物	*Aristolochia* L. (Aristolochiaceae)	毒性
15	马兜铃科细辛属植物	*Asarum* L. (Aristolochiaceae)	毒性
16	颠茄	*Atropa belladonna* L.	毒性
17	芥、白芥	*Brassica juncea* (L.) Czern. et Coss.; *Sinapis alba* L.	刺激性
18	鸦胆子	*Brucea javanica* (L.) Merr.	毒性、刺激性
19	蟾酥（动物组分）	*Bufo bufo gargarizans* Cantor; *Bufo melanostictus* Schneider	毒性
20	斑蝥（动物组分）	*Cantharis vesicatoria* (*Mylabris phalerata* Pallas; *Mylabris cichorii* Linnaeus)	毒性
21	长春花	*Catharanthus roseus* (L.) G. Don	毒性
22	吐根及其近缘种	*Cephaelis ipecacuanha* Brot. and related species	毒性
23	海杧果	*Cerbera manghas* L.	毒性
24	白屈菜	*Chelidonium majus* L.	毒性
25	藜	*Chenopodium album* L.	毒性、光敏性
26	土荆芥（精油）	*Chenopodium ambrosioides* L. (essential oil)	毒性
27	麦角菌（动物组分）	*Claviceps purpurea* Tul.	毒性
28	威灵仙	*Clematis chinensis* Osbeck; *Clematis hexapetala* Pall.; *Clematis terniflora* var. *mandshurica* Rupr. (*Clematis mandshurica* Rupr.)	毒性
29	秋水仙	*Colchicum autumnale* L.	毒性
30	毒参	*Conium maculatum* L.	毒性
31	铃兰	*Convallaria majalis* L. (*Convallaria keiskei* Miq.)	毒性
32	马桑	*Coriaria nepalensis* Wall.	毒性

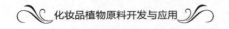
续表

序号	中文名称	原植（动）物拉丁文学名或植（动）物英文名	安全风险
33	紫堇	*Corydalis edulis* Maxim.	毒性
34	木香根油	Costus root oil (*Saussurea lappa* Clarke) (CAS No. 8023-88-9)	致敏性
35	文殊兰	*Crinum asiaticum* L. var. *sinicum*	毒性
36	野百合（农吉利）	*Crotalaria sessiliflora* L.	毒性
37	大戟科巴豆属植物	*Croton* L. (Euphorbiaceae)	毒性
38	芫花	*Daphne genkwa* Sieb. et Zucc.	毒性
39	茄科曼陀罗属植物	*Datura* L. (Solanaceae)	毒性
40	鱼藤	*Derris trifoliata* Lour.	毒性
41	玄参科毛地黄属植物	*Digitalis* L. (Scrophulariaceae)	毒性
42	白薯莨	*Dioscorea hispida* Dennst.	毒性
43	茅膏菜	*Drosera peltata* Sm. var. Multisepala Y. Z. Ruan	毒性
44	粗茎鳞毛蕨（绵马贯众）	*Dryopteris crassirhizoma* Nakai	毒性
45	麻黄科麻黄属植物	*Ephedra* Tourn. ex L. (Ephedraceae)	毒性
46	葛上亭长	*Epicauta gorhami* Mars.	毒性
47	大戟科大戟属植物（小烛树蜡除外）	*Euphorbia* L. (Euphorbiaceae) (except candelilla wax)	毒性
48	秘鲁香树脂	*Exudation of Myroxylon pereirae* (*Royle*) Klotzch (CAS No. 8007-00-9)	毒性
49	无花果叶净油	Fig leaf absolute (*Ficus carica*) (CAS No. 68916-52-9)	致敏性
50	藤黄	*Garcinia hanburyi* Hook. f.; *Garcinia morella* Desv.	毒性
51	钩吻	*Gelsemium elegans* Benth.	毒性
52	红娘子（动物组分）	*Huechys sanguinea* De Geer.	毒性
53	大风子	*Hydnocarpus anthelmintica* Pierre; *Hydnocarpus hainanensis* (Merr.) Sleum.	毒性
54	莨菪	*Hyoscyamus niger* L.	毒性
55	八角科八角属植物（八角茴香除外）	*Illicium* L. (Illiciaceae) (except *Illicium verumt*)	毒性
56	山慈菇	*Iphigenia indica* Kunth et Benth.	毒性
57	叉子圆柏	*Juniperus sabina* L.	毒性
58	桔梗科半边莲属植物	*Lobelia* L. (Campanulaceae)	毒性
59	石蒜	*Lycoris radiata* Herb.	毒性
60	青娘子（动物组分）	*Lytta caraganae* Pallas	毒性
61	博落回	*Macleaya cordata* (Willd.) R. Br.	毒性
62	地胆（动物组分）	*Meloe coarctatus* Motsch.	毒性
63	含羞草	*Mimosa pudica* L.	毒性
64	夹竹桃	*Nerium indicum* Mill.	毒性
65	月桂树籽油	Oil from the seeds of *Laurus nobilis* L.	致敏性
66	臭常山	*Orixa japonica* Thunb.	毒性

序号	中文名称	原植（动）物拉丁文学名或植（动）物英文名	安全风险
67	北五加皮（香加皮）	*Periploca sepium* Bge.	毒性
68	牵牛	*Pharbitis nil* (L.) Choisy.; *Pharbitis purpurea* (L.) Voigt	毒性
69	毒扁豆	*Physostigma venenosum* Balf	致敏性
70	商陆	*Phytolacca acinosa* Roxb; *Phytolacca americana* L.	毒性
71	毛果芸香	*Pilocarpus jaborandi* Holmes	毒性
72	半夏	*Pinellia ternata* (Thunb.) Breit.	毒性
73	紫花丹	*Plumbago indica* L.	毒性
74	白花丹	*Plumbago zeylanica* L.	毒性
75	桂樱	*Prunus laurocerasus* L.	毒性
76	补骨脂	*Psoralea corylifolia* L.	毒性
77	除虫菊	*Pyrethrum cinerariifolium* Trev.	毒性
78	毛茛科毛茛属植物	*Ranunculus* L. (Ranunculaceae)	毒性
79	萝芙木	*Rauvolfia verticillata* (Lour.) Baill.	毒性
80	羊踯躅	*Rhododendron molle* G. Don	毒性
81	万年青	*Rohdea japonica* Roth	毒性
82	乌桕	*Sapium sebiferum* (L.) Roxb.	毒性
83	种子藜芦（沙巴草）	*Schoenocaulon officinale* Lind.	毒性
84	一叶萩	*Securinega suffruticosa* (Pall.) Rehd.	毒性
85	苦参实	*Sophora flavescens* Ait. (seed)	毒性
86	龙葵	*Solanum nigrum* L.	毒性
87	羊角拗类	Strophanthus species	毒性
88	菊科千里光属植物	*Senecio* L. (Compositae)	毒性
89	茵芋	*Skimmia reevesiana* Fortune	毒性
90	狼毒	*Stellera chamaejasme* L.	毒性
91	马钱科马钱属植物	*Strychnos* L. (Loganiaceae)	毒性
92	黄花夹竹桃	*Thevetia peruviana* (Pers.) K. Schum.; *Thevetia neriifolia* Jussieu	毒性
93	卫矛科雷公藤属植物	*Tripterygium* L. (Celastraceae)	毒性
94	白附子	*Typhonium giganteum* Engl.	毒性
95	（白）海葱	*Urginea scilla* Steinh.	毒性
96	百合科藜芦属植物	*Veratrum* L. (Liliaceae)	毒性
97	马鞭草油	Verbena essential oils (*Lippia citriodora* Kunth.)	光敏性
98	了哥王	*Wikstroemia indica* (L.) C.A.Mey.	毒性

注：1. 化妆品禁用组分包括但不仅限于表 2-1 中物质。

2. 此表中的禁用组分包括其提取物及制品。

3. 明确标注禁用部位的，仅限于此部位；无明确标注禁用部位的，所禁为全株植物，包括花、茎、叶、果实、种子、根及其制剂等。

第三节 花类植物作为化妆品植物原料应用

"凝翠晕蛾眉，轻红拂花脸"，人们常用花卉来形容人的容貌。作为天然绿色、温和无刺激的天然植物原料，其更加受到消费者的青睐。天然植物原料与面膜的结合更是顺应了市场发展的潮流，满足了消费者的需求。花卉是以其色泽、香气、娇容而具有无穷魅力的植物精华。不少花卉含有各种生物苷、植物激素、花青素、香精油、酯类、有机酸、维生素和微量元素等，并且这些花类原料也具有保湿、抗氧化、抗炎、抗敏舒缓、美白祛斑、防晒、养发防脱等多重功效。此外花类原料也作为天然香精香料的一种重要来源，广泛地用于化妆品的调香之中。

一、花类原料功效特性

《已使用化妆品原料名称目录》（2015 年版）收录了 355 种已使用的花类原料，本节对其中具有保湿、抗氧化、抗炎、抗敏舒缓、美白祛斑、防晒、养发防脱等功效的花类原料进行了整理，如表 2-2 所示。

表 2-2 《已使用化妆品原料名称目录》（2015 年版）中花类原料的功效分类

功效	中文名称	INCI 名称/英文名称
保湿/皮肤调理剂	白池花籽油	LIMNANTHES ALBA (MEADOWFOAM) SEED OIL
	白睡莲花提取物	NYMPHAEA ALBA FLOWER EXTRACT
	柽柳花/叶提取物	TAMARIX CHINENSIS FLOWER/LEAF EXTRACT
	毛瑞榈花/籽提取物	MAURITIA FLEXUOSA FLOWER/SEED EXTRACT
	木芙蓉花提取物	HIBISCUS MUTABILIS FLOWER EXTRACT
	木棉花提取物	BOMBAX MALABARICUM FLOWER EXTRACT
	南木蒿花/叶/茎提取物	ARTEMISIA ABROTANUM FLOWER/LEAF/STEM EXTRACT
	柠檬百里香花/叶提取物	THYMUS CITRIODORUS FLOWER/LEAF EXTRACT
	素馨花提取物	JASMINUM OFFICINALE GRANDIFLORUM EXTRACT
	晚香玉花蜡	POLIANTHES TUBEROSA FLOWER WAX
	无花果提取物	FICUS CARICA (FIG) EXTRACT
	仙人果花/茎提取物	OPUNTIA TUNA FLOWER/STEM EXTRACT
	依兰花提取物	CANANGA ODORATA FLOWER EXTRACT
	圆锥石头花根提取物	GYPSOPHILA PANICULATA ROOT EXTRACT
抗氧化、抗炎	斑点红门兰花提取物	ORCHIS MACULATA FLOWER EXTRACT
	丹参花/叶/根提取物	SALVIA MILTIORRHIZA FLOWER/LEAF/ROOT EXTRACT
	茶花提取物	CAMELLIA SINENSIS FLOWER EXTRACT
	蝶豆花提取物	CLITORIA TERNATEA FLOWER EXTRACT

续表

功效	中文名称	INCI 名称/英文名称
抗氧化、抗炎	白花百合花提取物	LILIUM CANDIDUM FLOWER EXTRACT
	白叶腊菊花提取物	HELICHRYSUM ANGUSTIFOLIUM FLOWER EXTRACT
	百合花油	LILIUM BROWNII FLOWER OIL
	丁香花提取物	EUGENIA CARYOPHYLLUS (CLOVE) FLOWER EXTRACT
	高山火绒草花/叶提取物	LEONTOPODIUM ALPINUM FLOWER/LEAF EXTRACT
	贯叶连翘花/叶/茎提取物	HYPERICUM PERFORATUM FLOWER/LEAF/STEM EXTRACT
	旱金莲花/叶/茎提取物	TROPAEOLUM MAJUS FLOWER/LEAF/STEM EXTRACT
	荷花玉兰叶提取物	MAGNOLIA GRANDIFLORA LEAF EXTRACT
	欧蓍草花提取物	ACHILLEA MILLEFOLIUM FLOWER EXTRACT
	牡丹花/叶/根提取物	PAEONIA SUFFRUTICOSA FLOWER/LEAF/ROOT EXTRACT
	高山玫瑰杜鹃花提取物	RHODODENDRON FERRUGINEUM EXTRACT
舒缓抗敏	白花春黄菊花提取物	ANTHEMIS NOBILIS FLOWER EXTRACT
	雏菊花提取物	BELLIS PERENNIS (DAISY) FLOWER EXTRACT
	甘菊花提取物	CHRYSANTHEMUM BOREALE FLOWER EXTRACT
	埃及蓝睡莲花提取物	NYMPHAEA COERULEA FLOWER EXTRACT
	百脉根花提取物	LOTUS CORNICULATUS FLOWER EXTRACT
	北美金缕梅花水	HAMAMELIS VIRGINIANA FLOWER WATER
	红花除虫菊花提取物	CHRYSANTHEMUM COCCINEUM FLOWER EXTRACT
	红芒柄花根提取物	ONONIS SPINOSA ROOT EXTRACT
	母菊花/叶/茎提取物	CHAMOMILLA RECUTITA (MATRICARIA) FLOWER/LEAF/STEM EXTRACT
美白祛斑	石榴花提取物	PUNICA GRANATUM FLOWER EXTRACT
	矢车菊花提取物	CENTAUREA CYANUS FLOWER EXTRACT
	万寿菊花提取物	TAGETES ERECTA FLOWER EXTRACT
	细齿樱桃花提取物	PRUNUS SERRULATA FLOWER EXTRACT
	樱花花提取物	PRUNUS SPECIOSA FLOWER EXTRACT
	玉兰花提取物	*MAGNOLIA DENUDATE FLOWER EXTRACT*
	单子山楂花提取物	CRATAEGUS MONOGINA FLOWER EXTRACT
	柳兰花/叶/茎提取物	EPILOBIUM ANGUSTIFOLIUM FLOWER/LEAF/STEM EXTRACT
	玫瑰茄花提取物	HIBISCUS SABDARIFFA FLOWER EXTRACT
	茉莉花花提取物	JASMINUM SAMBAC (JASMINE) FLOWER EXTRACT
防晒	阔叶椴花提取物	TILIA PLATYPHYLLOS FLOWER EXTRACT
	罗勒花/叶/茎提取物	OCIMUM BASILICUM (BASIL) FLOWER/LEAF/STEM EXTRACT
	蜀葵花提取物	ALTHAEA ROSEA FLOWER EXTRACT
	七叶一枝花花提取物	PARIS POLYPHYLLA CHINENSIS EXTRACT

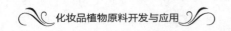

续表

功效	中文名称	INCI 名称/英文名称
控油抗脂溢	库拉索芦荟花提取物	ALOE BARBADENSIS FLOWER EXTRACT
	毛花柱忍冬提取物	LONICERA DASYSTYLA EXTRACT
	欧洲七叶树花水	AESCULUS HIPPOCASTANUM (HORSE CHESTNUT) FLOWER WATER
	乳香色百里香花油	THYMUS MASTICHINA FLOWER OIL
抗菌	大花仙人掌花提取物	CEREUS GRANDIFLORUS (CACTUS) FLOWER EXTRACT
	谷精草花/茎提取物	ERIOCAULON BUERGARIANUM FLOWER/STEM EXTRACT
	芍药花提取物	PAEONIA ALBIFLORA FLOWER EXTRACT
	穗状薰衣草花/叶/茎提取物	LAVANDULA SPICA (LAVENDER) FLOWER/LEAF/STEM EXTRACT
	昙花花提取物	EPIPHYLLUM OXPETALUM FLOWER EXTRACT
	香叶天竺葵花/叶/茎提取物	PELARGONIUM GRAVEOLENS FLOWER/LEAF/STEM EXTRACT
	槐花提取物	SOPHORA JAPONICA FLOWER EXTRACT
	金钮扣花/叶/茎提取物	SPILANTHES ACMELLA FLOWER/LEAF/STEM EXTRACT
祛痘、抗粉刺、痤疮	紫薇花提取物	LAGERSTROEMIA INDICA FLOWER EXTRACT
	朱槿花/叶提取物	HIBISCUS ROSA-SINENSIS FLOWER/LEAF EXTRACT
	杂交玫瑰花提取物	ROSA HYBRID FLOWER EXTRACT
	松花粉	*POLLEN PINI*
防脱养发	狗牙蔷薇花提取物	ROSA CANINA FLOWER EXTRACT
	法国蔷薇花提取物	ROSA GALLICA FLOWER EXTRACT
	黄水仙花提取物	NARCISSUS PSEUDO-NARCISSUS (DAFFODIL) FLOWER EXTRACT
	灰白岩蔷薇花/叶/茎提取物	CISTUS INCANUS FLOWER/LEAF/STEM EXTRACT
	突厥蔷薇花提取物	ROSA DAMASCENA FLOWER EXTRACT
	野蔷薇花蜡	ROSA MULTIFLORA FLOWER WAX

　　常用的花类天然香料，主要是指来源于玫瑰、薰衣草、茉莉、紫罗兰等芳香植物花朵的天然精油。这类天然精油具有强烈的香味，并且对皮肤具有优良的亲和性和保湿性，对皮肤无刺激性、不致敏，安全性高，使用可靠，根据其本身具有的特殊功能，将其添加在化妆品中可以使化妆品具有特殊功效。花类天然香料是香型化妆品中香精的重要原料，也是香气清新的现代百花型香韵和素心兰型香水的主要原料，可用于调配各种洗发香波、润肤露、沐浴皂等，可以起到使皮肤细腻、发质柔顺的功效。

　　玫瑰是最早被应用在化妆品中的花类天然香料。《本草正义》中记载："玫瑰花，香气最浓，清而不浊，和而不猛，柔肝醒胃，流气活血，宣通窒滞而绝无辛温刚燥之弊"。从玫瑰中所提取出的玫瑰精油被誉为鲜花油之冠，具有优雅、柔和、细腻、甜香若蜜的玫瑰花的香气，是一种高品质的香料。玫瑰精油香味很浓郁，1L 上好的香水中只需添加 2 滴玫瑰精油即可，其可调配多种花香型香精，用于生产日常化妆品、高级化妆品。现市售商品有法国契尔氏玫瑰水、自然堂金玫瑰舒活滋养乳、芳草集玫瑰水凝保湿霜、玫瑰活氧保湿精油、珀莱雅新柔皙玫瑰水和兰蔻玫瑰露清滢柔肤化妆水等。

除了玫瑰精油以外，薰衣草精油以其独特的香气和功效，也应用得很广泛。薰衣草花期长、花色艳丽，因其拥有浓烈的香气，纵使没有开花，其枝叶所含的精油香气亦会徐徐散发，当植株受到碰触或摩擦时，香味愈加浓烈，枯而犹存，故有"芳香之王"的美誉。薰衣草精油具有滋润和白嫩皮肤、促进皮肤细胞更新等功效，广泛应用在化妆品、洗涤用品等产品中。现市售商品有欧莱雅薰衣草止痒健肤香浴油、法国琦草薰衣草活力花水、芳草集薰衣草纯露、韩国尚香化妆品薰衣草精油、柏卡姿 KGF-Ⅱ薰衣草修复保湿化妆品等。

二、化妆品中常用的花类原料

1. 金银花

《神农本草经》将金银花列为上品，并有"久服轻身"的明确记载；《名医别录》记述了金银花具有治疗"暑热身肿"之功效；李时珍在《本草纲目》中对金银花久服可轻身长寿作了明确定论；清朝的《御香缥缈录》一书中记载了皇太后慈禧用金银花洗面保养肌肤、养颜美容的生活琐事。

金银花在化妆品中的主要应用有：抑制皮肤黑色素的生成与沉淀；具有良好的抗敏性，可清热去火和消炎止痛；抗菌和抗氧化；清除自由基，抗炎和抗衰老。诸多文献记载金银花与金银花叶都有良好的抗菌、抗氧化和抗衰老等功效。

金银花的主要有效成分是绿原酸类化合物，主要包括绿原酸、异绿原酸、咖啡酸和3,5-二咖啡酰奎尼酸。绿原酸是由咖啡酸与奎尼反应生成的缩酚酸，是植物体在有氧呼吸过程中经莽草酸途径产生的一种苯丙素类化合物。绿原酸有许多异构体，如新绿原酸、隐绿原酸以及异绿原酸等。其中异绿原酸的异构体有 4,5-二咖啡酸酰奎尼酸、3,4-二咖啡酸酰奎尼酸和 3,5-二咖啡酸酰奎尼酸等。此外，金银花中含有黄酮类成分，主要包括木犀草素、忍冬苷、3,5-二甲氧基木犀草素、芹菜素和木犀草素-5-O-β-D-葡萄糖苷、槲皮素-5-O-β-D-葡萄糖苷。另外，不仅金银花的花蕾含有黄酮类物质，其茎和叶也含有黄酮类物质，而且金银花叶子中的黄酮类物质的含量最多。

2. 牡丹花

牡丹是植物界被子植物门双子叶植物纲毛茛目芍药科芍药属植物，为多年生落叶灌木。茎高达 2m；分枝短而粗。花色泽艳丽，玉笑珠香，风流潇洒，富丽堂皇，素有"花中之王"的美誉。

在栽培中，主要根据花的颜色，将其分成上百个品种。其中，以黄、绿、肉红、深红、银红为上品，尤以黄、绿为贵。牡丹花大而香，故又有"国色天香"之称。牡丹的栽培历史早在魏晋南北朝时就已有记载，到了唐宋，牡丹的栽培技术已有很大的发展。在唐朝，牡丹更是艳压群芳，被誉为"花王"。清朝时有一位亲王到极乐寺观赏牡丹，题匾曰"国花寺"，可见远在清朝，牡丹就已戴上国花的桂冠。中国的牡丹蜚声世界，达尔文在《物种起源》一书中，还以中国牡丹的人工栽培创造新品种为例，作为"自然选择与人工选择学说"的论证材料。世界各国人民也非常珍爱牡丹，在8世纪，中国牡丹传入日本，1330年传入法国，1656年传入荷兰，1820年传入美国，至今已有20多个国家栽培中国牡丹。牡丹在长期栽培中，培养了不少品种，并有专著问世，如宋欧阳修著《洛阳牡丹记》、明薛凤翔著《牡丹八书》、清余扶伯著《曹州牡丹谱》等。明代王象晋在《群芳谱》中记载牡丹有180多个品种。20世纪50年代后以山东菏泽、河南洛阳及北京三地栽培品种较多，总数约在300种左右。

牡丹具有很高的药用价值。牡丹的根加工制成的"丹皮"，是名贵的草药。其性微寒，味辛，无毒，入心、肝、肾三经，有散瘀血、清血、和血、止痛、通经之作用，还有降低血压、抗菌消炎之功效，久服可益身延寿。养血和肝，散郁祛瘀，适用于面部黄褐斑、皮肤衰老，常饮气血活肺，容颜红润，改善月经失调、痛经，止虚汗、盗汗。

（1）牡丹花　鲜花中富含蛋白质、脂肪、淀粉、氨基酸以及人体所需的维生素A、维生素B、维生素C、维生素E以及多种微量元素和矿质元素，同时还含有某些延缓人体组织衰老的激素和抗生素等。牡丹花卉中被称为原花色素的物质是目前世界上已知的抗氧化活性最强的物质，其抗氧化能力是维生素E的10倍、维生素C的20倍，对人体具有很强的保健作用。除此之外，牡丹花中还含有紫云英苷、黄芪苷等黄酮类化合物，具有调经活血的功效。

（2）牡丹花粉　牡丹花粉中的碳水化合物主要以糖的形式存在，成熟花粉的内壁还含有半纤维素和果胶，外壁上还有孢粉素和纤维素。花粉中的维生素和矿物质含量虽不高，但比较齐全。除此之外，花粉中还含有大量天然活性物质，包括80多种酶、黄酮类化合物、激素、核酸、有机酸和一些未知成分，这些都是促进健康、增强机体防御能力的重要物质基础。

（3）牡丹皮　牡丹皮为毛茛科植物牡丹的干燥根皮，具有清热凉血、活血化瘀的功效，用于温毒发斑、吐血、夜热早凉、无汗骨蒸、经闭痛经、肿痛疮毒、跌打损伤等症状。现代药理研究表明，牡丹皮有抗凝血、降压、抗炎、抑制中枢神经系统等功能。

（4）牡丹籽　牡丹籽是生产牡丹皮的副产品，含油量丰富，有关其油成分的分析，尚未见报道。牡丹籽油富含的必需脂肪酸，摄入人体内后可转变为EPA（二十碳五烯酸）和DHA（二十二碳六烯酸）而发挥作用，动物缺乏必需脂肪酸会出现很多症状，尤其是中枢神经系统、视网膜和血小板功能异常。

牡丹花中有多种微量元素，能淡化色斑、预防皮肤衰老，可应用于抗衰老型化妆品配方当中。我国多位学者对油用牡丹进行了综合、系统的研究，已从油用牡丹的根、茎、花、籽等各个部位中提炼出牡丹籽油、黄酮、牡丹多糖、多糖胶、牡丹营养粉等许多对人体有益的东西。牡丹籽油在食用油、化妆品、保健品、生物医药等方面应用前景广阔。

3. 金盏花

金盏花属于植物界被子植物门双子叶植物纲菊亚纲桔梗目菊科，两年生草本，全株被毛。叶互生，长圆，花黄色或橙黄色。古埃及人认为金盏花能延缓衰老，印度人则尊奉它为神圣的花。中世纪时人们已将金盏花用于疗伤，更借以对抗瘟疫和黑死病。金盏菊原产于欧洲，在欧洲栽培历史较长，广泛用于家庭小花园和盆栽观赏。我国金盏菊的栽培是 18 世纪后从国外传入的，以后便出现盆栽金盏菊。清代乾隆年间，上海郊区已见批量金盏菊生产。新中国成立后，金盏菊在园林中广泛栽培，应用于盆栽观赏和花坛布置。

（1）食用功效　金盏花适合单泡，或搭配绿茶。用一大匙干燥金盏花花瓣冲泡，焖约 3～5min 即可，金黄色的茶映衬着漂浮的金黄花瓣，清香袅袅，饮来甘中微苦，可加蜂蜜调味。感冒时饮用金盏花茶，有助于退烧，而且清凉降火气。它还具有镇痉挛、促进消化的功效，对消化系统溃疡的患者极适合。此外，它还能促进血液循环，也可缓和酒精中毒，故也有补肝的功效。但孕妇不宜饮用金盏花茶。

（2）化妆品应用　金盏花提取物含有黄酮类物质，具有抗菌消炎、消除自由基、吸收紫外线、促进细胞生长等多种抗衰老生理功能。金盏花富含多种维生素，尤其是维生素 A 和维生素 C，可预防色素沉淀、增进皮肤光泽与弹性、减缓衰老、避免肌肤松弛生皱，被广泛应用于保湿水、乳液、霜等化妆品。金盏花几乎各部位都可以食用，其花瓣有美容之功能，花含类胡萝卜素、番茄烃、蝴蝶梅黄素、玉红黄质、挥发油、树脂、黏液质、苹果酸等；根含苦味质、山金东二醇；种子含甘油酯、蜡醇和生物碱，放入洗发精里可以使得头发颜色变淡；此外，花有抗菌、消炎作用，特别是对葡萄球菌、链球菌效果较好，其抗菌成分溶于醇而不溶于水，在碱性环境中效果较好。

4. 玫瑰花

玫瑰花为蔷薇科植物玫瑰的干燥花蕾。玫瑰花性味甘温，具有行气解郁、疏肝理气、活血散瘀和收敛等多种医疗保健功效，是集药用、食用、美化、绿化于一体的木本植物。目前玫瑰花最主要的用途是作为精油的提取原料，其精油具有优雅、柔和、细腻、甜香若蜜、芬芳四溢的玫瑰花香，有"液体黄金"之美誉。我国在玫瑰花的栽培、利用方面具有悠久的历史，山东省济南市平阴县早在唐朝即开始了玫瑰的人工栽植，距今已有 1300 多年的历史。《西京杂记》中就有汉武帝的乐游苑中栽有"玫瑰树"的记载。在中药中，玫瑰花别名徘徊花、刺玫花。其性甘微苦，温、无毒，入肝脾二经。玫瑰的适应性很强，除花可提取玫瑰油外，干、花蕾、根均可入药，果实富含维生素，可作天然饮料及食品。

（1）理气解郁、活血散瘀　主治肝胃气痛，新久风痹，吐血咯血，月经不调，赤白带下，痢疾，乳痈，肿毒。《食物本草》谓其"主利肺脾、益肝胆，食之芳香甘美，令人神爽。"玫瑰花既能活血散滞，又能解毒消肿，因而能消除因内分泌功能紊乱而引起的面部暗疮等症。

（2）玫瑰花茶　将加工过的花蕾3～5g用沸水冲泡5min，可加糖或蜂蜜，或掺入自己喜欢的任何一种茶叶中一起冲泡，芳香怡人，有理气和血、舒肝解郁、降脂减肥、润肤养颜等作用，特别对妇女经痛、月经不调有神奇的功效。

（3）玫瑰膏　民间有用玫瑰花蕾加红糖熬膏的秘方，服用后可以起到补血养气，滋养容颜的作用。研究表明，玫瑰花中黄酮类化合物含量丰富，这类化合物易溶于水，水溶液色泽鲜艳且具有一定的保健功能，可作为食品添加剂，是一类值得开发的天然色素。水解后的提取物中黄酮苷类的苷元主要为槲皮素。用作高级香料的玫瑰精油即是玫瑰花通过水蒸气蒸馏得到的挥发油类成分，天然玫瑰油主要含萜烯类化合物、含氧化合物、苯系物、烷烃等。玫瑰油裂解产物中主要包括醇类、酯类、萜烯类、脂肪烃类和醚类等致香成分，其中含量较高的物质包括香茅醇、香叶醇和芳樟醇。香茅醇为玫瑰精油的主要成分，相对含量为90.37%。挥发油成分具有良好的理气止痛、活血化瘀作用，还可改善外周及内脏微循环。此外，玫瑰花含丰富的维生素A、维生素B、维生素C、维生素E、维生素K以及鞣酸，其中维生素C含量较高，比中华猕猴桃还高8倍以上，可称作维生素C之王。玫瑰花渣中含有人体必需的8种氨基酸（赖氨酸、亮氨酸、异亮氨酸、蛋氨酸、苯丙氨酸、苏氨酸、色氨酸、缬氨酸）。玫瑰花中含有玫瑰红色素，该色素耐酸，酸性条件下具耐热性，在空气中不易变色，常压下加热浓缩，可得深红色色素膏。玫瑰籽油中亚油酸含量（50.10%）和亚麻酸含量（29.77%）总和接近80%。

目前玫瑰花在化妆品市场上应用比较广泛，例如在膏霜类、粉类、化妆水、面膜以及彩妆用品中。而且玫瑰花挥发油多用于高级香精的配制。玫瑰花提取物在细胞培养中对干细胞的增殖作用，显示它增强细胞活性的效果，结合它的抗氧性，有活肤作用；玫瑰花提取物可抑制尿酸酶，表明它有减少体臭的性能，可用于抑汗类化妆品；玫瑰花提取物还可用作抗炎剂、保湿剂和生发剂。

5. 洋甘菊

洋甘菊属于植物界被子植物门双子叶植物纲菊亚纲菊目菊科，中心黄色，花瓣白色，略为毛茸茸的叶片。洋甘菊依据产地可分为罗马洋甘菊、德国洋甘菊、摩洛哥洋甘菊。洋甘菊在拉丁语中被称为"高贵的花朵"，在古希腊被称为"苹果仙子"，埃及人将洋甘菊献给太阳，并推崇为神草，用它来处理神经疼痛的问题。洋甘菊因产地不同、功效不同而分为两种：罗马洋甘菊和德国洋甘菊。德国洋甘菊是美丽的天蓝色，比罗马洋甘菊更胜一筹，它的叶片有苹果甜味，泛着温暖的草木香；花朵带有苹果香气，呈鲜绿色；花呈金黄色圆锥形；花心芳香结实。挑选干花时，以色泽别太深、叶片完整、干燥不潮湿者为好。据卡尔培波的说法，埃及人把这种药草献祭给太阳，因为洋甘菊能治热病，其他的文献则称它是属于月亮的药草，因为它有清凉的效果。埃及祭司在处理神经方面的问题时，特别推崇洋甘菊的安抚特性，它在历史上被尊称为"植物的医师"，因为它可以间接治疗种在它周围的其他灌木。多年来它被广泛使用于洗发精中，特别是针对浅色头发的滋润和增亮效果。目前它则多用在化妆品及香水里。甘菊茶在解决消化问题上是极受欢迎的帮手，它亦能促进睡眠，改善黄疸及肝脏上的疾病，这也是它被加入饭后酒中的原因。

（1）药理作用　洋甘菊味微苦、甘香，明目、退肝火，降低血压，有助于睡眠，可润泽肌肤，可治长期便秘，能消除紧张，润肺、养生，并可治疗焦虑和紧张造成的消化不良，且对治疗神经痛及月经痛、肠胃炎都有所助益，可减轻头痛。加入漱口水中可缓解牙痛；加入洗发精内可为头发增加亮丽光泽，放松不安的身心；在失眠或常发噩梦的晚上当茶饮用，可有意想不到的帮助。它还可以舒解眼睛疲劳，将冲泡过的冷茶包敷眼睛，更可以帮助去除黑眼圈。

（2）食用功效　洋甘菊有止痛的功能，可缓和闷闷的肌肉疼痛，尤其是因神经紧张引起的疼痛，对下背部疼痛也很有帮助。同样的作用还能镇定头痛、神经痛、牙痛及耳痛。可规律经期，减轻经痛，常被用来减轻经前症候群和更年期的种种恼人症状。使胃部舒适，减轻胃炎、腹泻、结肠炎、胃溃疡、呕吐、胀气、肠炎及各种不舒服的肠疾。据说对肝的问题也有帮助，可改善黄疸及生殖泌尿管道之异常。可改善持续的感染，因为洋甘菊能刺激白血球的制造，进而抵御细菌，增强免疫系统，对抗贫血也颇见效。

（3）活性成分　洋甘菊乙酸乙酯萃取物30%乙醇洗脱物具有抗氧化和抑制酪氨酸酶活性的作用。其中主要活性物质可能为$(1S,2R,3R,5S,7R)$-7-[(E)-咖啡酰甲氧基]-2,3-二[(O)-咖啡酯]-6,8-二氧杂双环-[3.2.1]辛烷-5-羧酸。石油醚萃取物具有保湿效果，从中分离得到一个化合物 2-甲酰(乙氧烯)-4,5-二甲基-2-(3,4-二羟基苯甲酰)异丙酯。

（4）化妆品应用　洋甘菊自古就被视为"神花"，具有很好的舒敏、修护敏感肌肤、减少细红血丝、减少发红、调整肤色不均等作用，洋甘菊富含黄酮类活性成分，具有抗氧化、抗血管增生、消炎、抗变应性和抗病毒的功效。英国高端有机护肤品牌 issofree 对洋甘菊活性成分进行提取并应用于抗敏感类高端护肤品。用化妆棉湿敷洋甘菊提取液可快速安抚发红肌肤，对易痒的肌肤有很好的安抚效果，此外还能温和补充水分、舒缓肌肤。

6. 玉兰花

玉兰花为木兰科落叶乔木玉兰的花，在早春三月开放，鲜用或晒干用。玉兰花是名贵的观赏植物，其花朵大，花形俏丽，开放时溢发幽香。玉兰原产于我国中部长江流域各省，在庐山、黄山、峨眉山等处尚有野生，现北京及黄河流域以南均有栽培。《本草纲目拾遗》（卷七花部）玉兰花："辛夷集解下，惟云有花白者，人呼为玉兰，并不另立主治，即辛夷亦用苞蕊，不及其花之用也。今采龙柏药性考补之。性温、香滑，消痰，益肺和气，蜜渍尤良。"

玉兰花性味辛、温，具有祛风散寒通窍、宣肺通鼻的功效，可用于头痛、血瘀型痛经、鼻塞、急慢性鼻窦炎、过敏性鼻炎等症。现代药理学研究表明，玉兰花对常见皮肤真菌有抑制作用。

（1）药理作用　玉兰花也是中药材辛夷的又一品种，二者性味功用相同，辛夷是木兰科植物望春花、玉兰或武当玉兰的干燥花蕾。其挥发油中含柠檬醛、丁香油酚。主要药理作用包括抗炎、抗变态反应、抗病原微生物、抗氧化以及舒张平滑肌等，临床主要用来治疗急慢性鼻炎、过敏性鼻炎和其他的鼻炎症状。

（2）食用功效　玉兰花含有丰富的维生素、氨基酸和多种微量元素，有祛风散寒，通气理肺之效。可加工制作小吃，也可泡茶饮用。

（3）化妆品应用　玉兰花能够抑制酪氨酸酶的活性，具有抗氧化的功效；还可以消痰、益肺、和气，促进新陈代谢，美白肌肤，使面色红润、容光焕发、皮肤光滑细腻，延缓衰老，可用作美白剂和生发剂。

玉兰花油香气奇妙芬芳，可用于高档化妆品香精的调配。提取物显示出多种活肤作用，被广泛应用于化妆品生产中。玉兰花中的挥发油可以促进局部血管特别是微血管的扩张，起到改善皮肤营养的作用。结合其抗氧性，可用于抗衰老化妆品。另外，玉兰花提取物能抑制细菌生长、消肿止痛、活血，改善敏感肌肤，可用作过敏抑制剂、保湿剂。

7. 桃花

桃花属蔷薇科植物，叶椭圆状披针形，核果近球形，主要分果桃和花桃两大类。桃花原产于中国中部、北部，现已在世界温带国家及地区广泛种植，其繁殖以嫁接为主。性味甘，平无毒，微温，入心、肺、大肠经。可消食顺气、治疗小便不利、经闭，也是极好的美容品。其具有很高的观赏价值，是文学创作的常用素材。桃花中的物质有疏通经络、滋润皮肤的药用价值。其花语及代表意义为：爱情的俘虏。

"人面桃花相映红""艳美如桃花"……古人经常用桃花形容美貌。桃花一直都被认为是美的象征。一朵桃花就代表一个女人，红中泛白，白中透红，姿色娇美。利用桃花美容，古代就已经开始盛行。《千金药方》载："桃花三株，空腹饮用，细腰身"。《名医别录》载："桃化味苦、平、主除水气、利大小便，下三虫"。

中国古人很早就认识到桃花的美容价值。现存最早的药学专著《神农本草经》里谈到，桃花具有"令人好颜色"之功效。《图经本草》记载："采新鲜桃花，浸酒，每日喝一些可使容颜红润，艳美如桃花"。古人也发现在清明节前后，桃花还是花苞时，采桃花 250g、白芷 30g，用白酒 1000mL 密封浸泡 30d，每日早晚各饮 15～30mL，同时将酒倒少许在手掌中，两掌搓至手心发热，来回揉擦面部，对黄褐斑、黑斑、面色晦暗等面部色素性疾病有较好效果。

（1）药理作用

① 治脚气、腰肾膀胱宿水及痰饮。桃花，阴干，量取一大升，捣为散。温清酒和，一服令尽，通利为度，空腹服之，须臾当转可六、七行，但宿食不消化等物，总泻尽，若中间觉饥虚，进少许软饭及糜粥（《外台》桃花散）。

② 治便秘。水服桃花方寸匕（《千金方》）。干粪塞肠，胀痛不通：毛桃花一两（湿者），面三两。上药，和面作馄饨，熟煮，空腹食之，至日午后，腹中如雷鸣，当下恶物（《圣惠方》）。

③ 治产后大小便秘涩。桃花、葵子、滑石、槟榔各一两。上药，捣细，罗为散，每服食前以葱白汤调下二钱（《圣惠方》桃花散）。

④ 治发背疮痈疽。桃花于平旦承露采取，以酽醋研绞去滓，取汁涂敷疮上（《圣济总录》）。

⑤ 治秃疮。收未开桃花阴干，与桑椹赤者等分为末，以猪脂和。先用灰汁洗去疮痂，即涂药（《孟诜方》）。

⑥ 治面上疮黄水出并眼疮。桃花不计多少，细末之。食后以水半盏，调服方寸匕，日三（《海上集验方》）。

⑦ 治足上瘑疮：桃花、食盐等分。杵匀，醋和敷之（《肘后方》）。

（2）食用功效

① 美容养颜。每天将 10g 的新鲜桃花洗净、将桃花兑水捣烂，用清水把自己的脸洗干净，用少量的桃花汁拍打自己的脸部让皮肤吸收，然后脸上一片一片地贴上桃花，保持 7min 即可。

② 食疗缓解便秘。桃花泡水，鲜桃花 4g（干桃花 2g）。连着喝两天可使大便通畅，大便得到改善后立即停止。

③ 减肥瘦身。桃花微苦，中医学认为凡是有点苦味的都有泻下的作用，入肺、入大肠经的往往都有通宿便的作用，所以桃花可以通利二便。

（3）美容功效　桃花的美容作用主要是源于花中含有的山柰酚、三叶豆苷和维生素 A、维生素 B、维生素 C 等营养物质。这些物质能扩张血管，疏通脉络，润泽肌肤，改善血液循环，促进皮肤吸收营养和氧供给，使促进人体衰老的脂褐质素加快排泄，防止黑色素在皮肤内慢性沉积，从而能有效地预防黄褐斑、雀斑、黑斑。另外，桃花提取物中还有丰富的植物蛋白和呈游离状态的氨基酸，容易被皮肤吸收，对防治皮肤干燥、粗糙及皱纹等有效，还可增强皮肤的抗病能力，对皮肤大有裨益。

目前市场上添加桃花的化妆品数量很多，由于桃花对于女性的美容养颜功效已经深入人心，所以开发具有养颜美白、调理气色、治疗面色晦暗、淡化黑斑功效的桃花类化妆品具有非常大的市场应用前景。

8. 月季花

月季属蔷薇科植物，常绿、半常绿低矮灌木，四季开花，一般为红色或粉色，偶有白色和黄色，可作为观赏植物，也可作为药用植物。它被称为花中皇后，别名很多，《群芳谱》云："月季一名长春花，一名月月红，一名斗雪红，一名胜春，一名瘦客。"屈大均《广东新语》称它为"月贵""月记"。

历代文人也留下了不少赞美月季的诗句。唐代著名诗人白居易曾有"晚开春去后，独秀院中央"的诗句，宋代诗人苏东坡诗云"花落花开无间断，春来春去不相关。牡丹最贵惟春晚，芍药虽繁只夏初。惟有此花开不厌，一年常占四时春。"北宋韩琦对它更是赞誉有加："牡丹殊绝委春风，露菊萧疏怨晚丛。何以此花容艳足，四时长放浅深红。"月季花还是一种吉祥花卉，传统吉祥图案"四季平安"即瓶（平）中插月季花；绘有月季、寿石和白头翁的"长春白头图"则是一种很好的生日吉祥物。

中医认为其性味甘温，有活血调经、消肿解毒的功效，主治月经不调、痛经、痈疮肿毒、淋巴结核等。月季中的槲皮素、芹菜苷和没食子酸均具有一定的抗癌、抗肿瘤作用。酚类物质没食子酸具有很强的抗真菌作用。

现代营养学研究表明，月季花瓣富含蛋白质、糖类以及人体所需的全部必需氨基酸、多种维生素和矿物质，具有较高的营养保健价值。月季可以食用，月季茶、月季粥都具有食疗作用，有活血调经等疗效。

在化妆品应用方面，月季花可以做美白面膜，具有美白、滋润肌肤的功效，适用于各种肤质的肌肤。月季花含有黄酮类化合物，可清除自由基，延缓肌肤衰老，可作为功效成分添加至化妆品中。就目前来看，月季花在化妆品中的应用虽然并不广泛，但随着技术的发展和对月季花成分的不断分析研究，相信月季花也会在化妆品中大放光彩。

9. 红花

红花为菊科植物，味辛，性温，具有活血通经，散瘀止痛之功效。

古人有瘀血在体内时，常加红花一小把，纱布包煮开，一天两次泡脚，适用于各种静脉曲张、末梢神经炎、血液循环不好、腿脚麻木或青紫等瘀血症。

目前，从红花当中提取的一些天然色素已经被广泛地应用于食品和化妆品领域。研究表明：红花黄色素不仅对羟自由基呈剂量依赖性抑制，还可以缓解羟自由基引发的红细胞破裂以及抑制小鼠肝匀浆脂质过氧化；而红花红色素则表现为对氧自由基有较好的清除作用。

红花应用于化妆品，其抗氧化、抗炎、延缓衰老等多种功效在化妆品中被广泛认可。目前在市场上应用的红花产品主要分为两类，一类是化妆品级红花油，其为黄色不透明液体，富含人体必需的不饱和脂肪酸亚油酸，具有保湿、活血、脱敏、消炎的作用。红花油肤感凝重不黏腻，润肤性极佳。在皮肤上有很好的扩展性，同时还可用在按摩油中促进皮肤下毛细血管微循环。另一类是红花色素，红花色素是红花花瓣被碾碎后经浸提、浓缩、过滤、精制而成的天然色素，易溶于水、稀乙醇，耐光耐热性好。随着合成色素带来的安全性问题，天然色素必将成为今后开发的重点，红花色素也将有更广泛的用途。

10．樱花

樱花是蔷薇科樱属几种植物的统称，樱花是乔木，高 4～16m，树皮灰色。樱花品种相当繁多，数目超过三百种，全世界共有野生樱花约 150 种，中国有 50 多种。全世界约 40 种樱花类植物野生种祖先中，原产于中国的有 33 种。樱花作为植物的一种，可以入药、作为食材，许多化妆品品牌将樱花作为原料，添加进彩妆、护肤品中。冬季樱花能作用于皱纹底部，集中激活纤维母细胞，从而减淡皱纹。同时，樱花还能通过调整内分泌来起到呵护肌肤的功效。另外，它含有丰富的维生素 A、维生素 B、维生素 E，这些微生素是保持肌肤青春的主要养分。欧舒丹的樱花润肤露、The Body Shop 的樱花身体霜和 Sisley 抗皱活肤修颜精华液等热销产品都采用了樱花的元素。樱花苷和樱花素可有效阻挡阳光、外界侵袭和压力等对细胞造成的损伤，阻断黑色素的生成及沉淀，同时可改善肤色暗沉，达到如樱花般粉嫩透白的理想护肤效果。樱花具有很好的收缩毛孔和平衡油脂的功效，樱叶黄酮还具有美容养颜、强化黏膜、促进糖分代谢的药效，是可以用来保持肌肤年轻的青春之花。此外，樱花具有嫩肤、增亮肤色的作用，是护肤品的重要原料之一。

11．茉莉花

茉莉为木犀科茉莉属植物，原产于印度、阿拉伯一带，现广泛分布于中国南方和世界各地，其中，中国的茉莉栽培面积最大。目前作为香料使用而种植的茉莉品种主要有小花茉莉和大花茉莉，研究较多的是小花茉莉。茉莉的花可做花茶，根可以入药。以茉莉花为原料提取的茉莉精油，香气纯正优雅，是名贵香料之一。

据记载，早在 1700 年之前，茉莉花就已经从亚洲西南部传入我国。据《南越行记》记载，陆贾"出使南越，携苗而归，移植于南海，南人爱其香，竞植之。"我国最早的地方植物志《南方草木状》也有这样的记载。

作为化妆品植物原料，茉莉花的应用主要包括以下几个方面：

（1）茉莉花提取物　能消除超氧自由基，发挥抗氧化功效；具有延缓衰老的作用；有一定的酪氨酸酶抑制作用，可辅助美白。

（2）茉莉花花油　含苯甲醇、芳樟醇、乙酸芳樟醇、茉莉酮、吲哚、邻氨基苯甲酸甲酯、顺茉莉酮、茉莉酮酸甲酯等，由于其气味清香，在化妆品中常用于香精香料的配制；同时有很强的渗透力，帮助其他营养成分被皮肤吸收。

（3）紫茉莉花/叶/茎提取物　有很好的抑菌、排毒养颜的效果，根、叶可供药用，有清热解毒、活血调经和滋补的功效。种子白粉可去面部斑痣粉刺。

茉莉花因优雅、馥郁的香气而被称为"精油之王"，广泛应用于茉莉香型产品的调制，特别是在花茶加工方面，产生了显著的经济效益，在国内香料工业中占有重要的地位。近年来随着现代科技的发展，在茉莉花香气成分的检测和提取方法上有了很大的改进，在茉莉花香气成分的释香机理和影响因素方面也有深入的研究，这对更好地利用茉莉花具有科学指导意义。茉莉花水是茉莉精油生产过程中的副产品，具有和茉莉精油相似的功效，可以直接用作化妆水，也可以作为淡香水，能补水美白、收缩毛孔、平衡油脂分泌、滋养肌肤。此外，茉莉花水用于食品，可以取代香精的作用，在保障食品安全方面有积极的作用。

12．荷花

荷花，又名水芙蓉，是莲属多年生水生草本花卉。"接天莲叶无穷碧，映日荷花别样红"就是对荷花之美的真实写照。荷花"中通外直，不蔓不枝，出淤泥而不染，濯清涟而不妖"的高尚品格，一直是古往今来诗人墨客歌咏绘画的题材之一。我国早在三千多年前即有栽培，在辽宁及浙江均发现过炭化的古莲子，可见其历史之悠久。三国文学家曹植在他的《芙蓉赋》中称赞道："览百卉之英茂，无斯华之独灵"，把荷花比喻为水中的灵芝。

荷花中含有丰富的维生素 C、矿物质、糖类、黄酮类和氨基酸，可改善面部油脂分泌，减轻痤疮，清心凉血，解热解毒。同时它还具有抗氧化活性，可被广泛地应用在药品、食品、化妆品中。

（1）药用价值　《本草纲目》中记载说荷花、莲子、莲衣、莲房、莲须、莲子心、荷叶、荷梗、藕节等均可药用。荷花能活血止血、去湿消风、清心凉血、解热解毒。莲子能养心、益肾、补脾、涩肠。莲须能清心、益肾、涩精、止血、解暑除烦、生津止渴。荷叶能清暑利湿、升阳止血、减肥瘦身，其中荷叶碱成分对于清洗肠胃、减脂排瘀有奇效。藕节能止血、散瘀、解热毒。荷梗能清热解暑、通气行水、泻火清心。这些中药品来自同一种植物，但不同的部位作用却不相同，由于莲的品种繁多，不同品种的不同部位，其药效可能略有差异。

（2）化妆品应用　通过研究发现，荷花花瓣中含有大量的黄酮类和多酚类化合物，同时还含有大量花青素，因此荷花花瓣具有很强的抗氧化活性，有显著的还原能力，具有美白防晒、治疗痤疮、保湿、延缓衰老等功效。此外，包括山奈酚、山奈酚-3-半乳糖葡萄糖苷、山奈酚-3-二葡萄糖苷等在内的荷花黄酮具有较强的抑菌作用。

荷花蜂花粉精油中的苯甲醛、苯乙醛、α-萜品醇等可用作食用香料；茉莉酮广泛应用于茉莉系列香精中；己酸可作为调味品；对苯二甲醚可用作定香剂；壬醛可用作食品添加剂；石竹烯氧化物具有镇痛和抗炎作用。

关于美白功效，莲花的甲醇提取物可以抑制黑色素细胞内黑色素的生成，同时从莲花的甲醇提取物中分离得到了 12 种生物碱，都可以抑制酪氨酸酶 mRNA 的表达。此外，荷花提取物对组成蛋白纤维的胶原蛋白、弹性蛋白的生成均有刺激作用，显示其增强皮肤活性的能力，结合抗氧化性，可用于抗衰防皱化妆品。

第四节　高海拔植物作为化妆品植物原料应用

气候变化是强烈影响生物进化、适应与发展的重要因素之一，高海拔植物对高寒低温、缺氧干旱和强烈的太阳辐射以及紫外线等极端环境胁迫的响应和适应性，无论在科学价值或生产实践上都具有重要的意义。长期忍耐冰点以下低温胁迫而又不受损伤的生理生态适应特性已引起科学家的极大兴趣。

高海拔地区的低气压、低氧分、高紫外线辐射以及寒冷的气候特征，为处在该地区的植物提供了天然的抗逆环境。因此高海拔地区的植物大多数具有主动抵抗外界压力源的能力，具有能够适应不良环境的生理学特性及生成有效抵抗外界环境的次生代谢产物类群。高山植物虽然地处恶劣的环境条件，但其光合作用等生命过程仍能进行，表现出对不利环境条件的适应性，这可能与其体内的抗氧化系统的有效运行有很大关系。诸多实验表明，随着海拔升高，植物受到的过氧化伤害及紫外线伤害均在不断加剧，高山植物往往具有较高的类胡萝卜素含量，用来抵抗高强度的UVB辐射。

高海拔地区低温、强 UVB 辐射、高寒缺氧的环境条件，使得长期处在这种高海拔极端生态环境下的高寒植物在长期自然选择和自身遗传变异作用下，细胞中抵御恶劣气候条件的植物代谢产物含量高，内含活性成分（如黄酮类、萜类、酚类和氨基酸等）也较高。

我国高海拔植物物种丰富，本书总结归纳高海拔植物的这种抗逆、抗氧化、抗紫外线辐射等生理特性、物质基础，用于指导化妆品功效植物原料开发。

一、具有抗衰老功效的高海拔植物化妆品原料

目前高海拔植物在抗逆、抗紫外线辐射的过程中形成的物质基础，被广泛应用于延缓衰老化妆品开发中，本节总结了目前国家食品药品监督管理总局公布的《已使用化妆品原料名称目录》（2015 年版）中收录的具有抗衰老功效的高海拔植物原料，如表 2-3 所示。

表 2-3　高海拔植物原料

中文名	英文名称	海拔	分布
大花红景天	RHODIOLA CRENULATA	2800~5600m	西藏、云南西北部、四川西部
滇黄精	POLYGONATUM KINGIANUM	700~3600m	云南
滇山茶	CAMELLIA RETICULATA	2200~3200m	云南
峨参	ANTHRISCUS SYLVESTRIS	低山丘陵至海拔 4500m	辽宁、河南、湖北、湖南、四川
滇龙胆	GENTIANA RIGESCENS	1000~3000m	贵州、云南、西藏

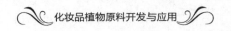

续表

中文名	英文名称	海拔	分布
升麻	CIMICIFUGA FOETIDA	1700~2300m	辽宁、吉林、黑龙江、河北、山西、陕西、四川、青海
素方花	JASMINUM OFFICINALE	1800~3800m	四川、贵州西南部、云南、西藏
天麻	GASTRODIA ELATA	1000m以上	中国、尼泊尔、不丹等
喜马拉雅旌节花	STACHYURUS HIMALAICUS	1500~2900m	西藏、云南西北部、四川西部
亚洲白桦	BETULA PLATYPHYLLA	1300~2700m	东北大、小兴安岭，长白山及华北高山地区
高山黄芩	SCUTELLARIA ALPINA	1700~2000m	黑龙江、辽宁
高山火绒草	LEONTOPODIUM ALPINUM	1700m以上	亚洲和欧洲的阿尔卑斯山脉一带
高山玫瑰杜鹃花	RHODODENDRON FERRUGINEUM	2600~4200m	青藏高原
高山亚麻	LINUM ALPINUM		
欧白英	SOLANUM	3000~3300m	云南西北部（德钦）及四川西南部，常见于林边坡地
欧活血丹	GLECHOMA	2000~2900m	新疆
欧洲越橘	VACCINIUM	1500~2500m	欧洲、俄罗斯、亚洲北部、北美（美国和加拿大）和阿尔卑斯山脉一带
藏菖蒲	ACORUS CALAMUS	1500~1750m（2600m）	西藏、云南西北部、四川西部
番红花	CROCUS SATIVUS	5000m以上	西藏
朝鲜白头翁	PULSATILLA KOREANA		辽宁南部、吉林东部
冬虫夏草	CORDYCEPS SINENSIS	5000m以上	西藏
红景天	RHODIOLA ROSEA	1800~2500m	西藏、新疆等地
沙棘	HIPPOPHAE RHAMNOIDES	800~3600m	青海、甘肃
西伯利亚落叶松	LARIX SIBIRICA	1200~2600m	西伯利亚
新疆筋骨草	AJUGA TURKESTANICA	2500~4800m	新疆
新疆紫草	ARNEBIA EUCHROMA	2500~4200m	新疆
雪花莲	GALANTHUS NIVALIS		黑龙江、吉林、辽宁、内蒙古
雪莲花	SAUSSUREA INVOLUCRATA	4300m以上	西藏

二、常见高海拔植物原料应用

1. 红景天

红景天（*Rhodiola rosea*），别名蔷薇红景天，为多年生草本植物。我国古代第一部医学典籍《神农本草经》将红景天列为药中上品，服用红景天轻身益气，不老延年，无毒，多服久服不伤人。能补肾，理气养血，主治周身乏力、胸闷等；还具有活血止血、清肺止咳、解热、止带下的功效。《千金翼方》言"景天味苦酸平，无毒。主大热大疮，身热烦，邪恶气，诸蛊毒痂疕，寒热风痹，诸不足，花主女人漏下赤白，清身明目，久服通神不老。" 红景天为藏族常用传统藏药材，具有抗高原反应、抗氧化、抗缺氧、抗疲劳、抗肿瘤、抗辐射、改善心脑血管功能、提高记忆等多方面功能，效果显著，以其为君药的复方治疗高原红细胞增多症、冠心病、高原肺水肿等疾病具有较好的效果。《现代实用本草》言其作用有七，即：①中枢抑制作用；②抗疲劳作用；③强心作用；④抗炎作用；⑤抑制血糖升高作用；⑥抗过氧化作用；⑦抗微波辐射作用。

红景天萃取物中含有各种类型的二次代谢产物——苯丙酯类、黄酮素类、苯乙醇类、单萜、三萜以及酚酸类，其在抗老化、抗辐射、抗肿瘤、抗氧化、抗疲劳等方面具有良好作用，使其成为药品保健品开发领域的新宠。在日化领域，红景天及其有效成分被广泛应用于皮肤护理、洗发液、护发素、面膜、剃须液、防晒增效等众多日化产品中。由于其具有良好的抗自由基及高山植物抗紫外线的特性，其在延缓皮肤衰老及抗紫外线辐射方面，具有非常广泛的应用前景。

2. 大花红景天

大花红景天为景天科植物，产于西藏、云南西北部、四川西部。藏《四部医典》言其"性平、味涩、善润肺、能补肾、理气养血。主治周身乏力、胸闷、恶心、体虚等症。"明代李时珍《本草纲目》记载"红景天，本经上品，祛邪恶气，补诸不足"，是"已知补益药中所罕见"。

现代药理研究表明，大花红景天具有抗氧化、抗衰老、抗辐射、抗病毒、抗肿瘤、抗疲劳、抗缺氧、改善心血管系统功能、增强免疫力、增强脑机能、保护器官免受自由基损伤等多方面的药理作用。网络药理学分析发现，其中 26 个化合物为潜在有效成分，主要以木脂素苷类、酚酸类及黄酮类成分居多，其中儿茶素、红景天苷、没食子酸乙酯等成分的抗氧化作用有相关文献报道。通过研究发现：红景天苷能抑制 H_2O_2 所诱导的氧化应激损伤，降低细胞内 ROS 过度生成，在氧化应激的条件下提高 HIF-1α 蛋白稳定性、增强其转录活性并促进细胞增殖；没食子酸乙酯能有效提高过氧化氢损伤后的 SH-SY5Y 细胞的存活率，对神经细胞的氧化应激损伤具有一定保护作用。

在化妆品应用方面，其主要具有抗氧化及延缓衰老的作用。研究发现，大花红景天中的"红景天苷"成分能够有效清除皮肤中的自由基，效率丝毫不逊于大家所熟知的自由基清除剂维生素 C，同时没有维生素 C 在空气中不稳定、易氧化的弊端。自由基是在空气、光照及皮肤代谢共同作用下产生的，会对皮肤机体造成极大损害，尤其会伤害到皮肤中的成纤维细胞，减缓皮肤新陈代谢，从而加速皮肤衰老。同时，大花红景天能够修补毛细血管的受损血管壁，帮助皮肤进行晒伤修复，提高 SOD 的活性。现在大气中的臭氧层变薄，导致紫外线增多，而紫外线能够使皮肤中的酪氨酸酶活性增强，加速酪氨酸的合成，而酪氨酸正是皮肤中黑色素形成的关键因素。

大花红景天能够抑制酪氨酸酶的活性，促进肌肤微循环，从而减少黑色素的合成及色素沉着，避免色斑、皮肤变黑的现象，达到美白的目的。大花红景天同时能提高细胞活性及增殖能力，预防紫外线辐射对皮肤的伤害。

3. 滇山茶

滇山茶，又名滇茶、云南山茶或南山茶，山茶科山茶属，常绿乔木，分布于我国云南西部高地和滇中高原，为云南特产。其品种多达百余个，如狮子头、恨天高、童子面等。滇山茶植株各部分均含有丰富的生物活性物质，如黄酮类、三萜类、有机酸、皂苷、鞣质等。国家食品药品监督管理总局颁布的《已使用化妆品原料名称目录》已将滇山茶花提取物、滇山茶叶提取物、滇山茶籽油等 3 种滇山茶原料收录其中。

滇山茶提取物有水溶性物质的特性，可添加至清洁产品中，清除面部油腻，收敛毛孔，具有抗皮肤老化、减少日光中的紫外线辐射对皮肤的损伤等功效。滇山茶花提取物中含有维生素 E 和抗氧化成分，能保护皮肤，防止皮肤损伤和衰老，使皮肤具有光泽。滇山茶花中含有的角鲨烯和茶多酚等具有很强的抗氧化性和生理活性，是人体自由基的清除剂，可阻断脂质过氧化反应，清除活性酶的作用。另外，滇山茶花提取物中含有的茶皂素是优良的天然表面活性剂，具有乳化、分散、润湿等表面活性。茶皂素可以作为一种性能较好的表面活性剂应用于洗发水生产。早期研制开发的茶皂素洗浴净等产品均具有养发护肤及洗浴的功能。茶皂素在水中能产生持久的泡沫且能降低水的表面张力，这种特性不会随着水质的改变而变化，而且它对蛋白质和纤维素没有明显的损伤，因此它常作为优良的洗涤剂，适用于丝织品、棉织品以及羽绒制品。

（1）滇山茶花提取物　野生滇山茶花提取物富含茶皂素、茶多酚等功效成分。茶多酚作为一种天然的抗氧化剂，可清除自由基，保护细胞膜结构，抑制组胺释放和细胞因子生成，对抗细菌、真菌感染。茶多酚还能促进角质细胞生长，维持细胞增殖周期，有效防止紫外线对皮肤的损伤，因此对干燥性皮炎有辅助治疗作用，安全性好。

研究表明，山茶属的山茶花水提物（CSWEs）在黑素细胞中可对黑色素合成起作用，一定浓度下 CSWEs 可抑制黑色素聚积和合成以及抑制酪氨酸酶活性，其抑制效果优于熊果苷，并且可通过清除人体角质形成细胞内活性氧 ROS 和增强抗氧化酶活性达到抗氧化功效。

（2）滇山茶籽油　古籍《随之居饮食谱》曾记载："茶油烹调看馔，日用皆宜，蒸熟食之，泽发生光，诸油惟此最为轻清，故诸病不忌"。古人早把茶油视为延年益寿和养颜美容的佳品。滇山茶籽油可食用且有着比其他食用油更优越的药用及营养品质，能有效改善心脑血管疾病、降低胆固醇和空腹血糖、抑制甘油三酯的升高，提高人体免疫力。山茶属植物经压榨后的茶油作为化妆品用植物油之一，除含有油酸甘油酯外，还包括多种脂溶性维生素，与皮肤易融合，易吸收，无刺激且不易氧化变质，安全无毒副作用，可用于香脂、中性膏霜、乳液原料，具有滋润、营养、杀菌、止痒、护发作用，是一种优质的天然植物油脂。将野生滇山茶花提取精华油添加至医学护肤品中，利用其中富含的不饱和脂肪酸、茶皂素、茶多酚、鱼鲨烯等功效成分，对慢性唇炎进行辅助治疗，取得良好的效果，其中含有的茶油与皮肤的亲和性好，有较好的渗透性。

4．素方花

素方花为木兰纲玄参目木犀科素馨属植物，生长于海拔 1800～3800m 的山谷、沟地、灌丛中或林中，或高山草地。素方花分布于四川、贵州西南部、云南、西藏等地。素方花味辛、苦、温，温肾壮阳，可食用及化妆品应用。其提取物有很好的护肤作用，可以对抗自由基，帮助减少皮肤胶原蛋白的流失，改善细纹还有其他的皱纹。一般在市场上经常能看到含有这种植物精粹的化妆品。

5．天麻

天麻为兰科天麻属多年生寄生草本植物，种加词 elata 意为"高的"，所以又名高赤箭。《本草纲目》记载："天麻，乃肝经气分之药。"《素问》云："诸风掉眩，皆属于木。故天麻入掘阴之经而治诸病。"按罗天益云："眼黑头眩，风虚内作，非天麻不能治。天麻乃定风草，故为治风之神药。今有久服天麻药，遍身发出红丹者，是其祛风之验也。"

天麻富含天麻素、香荚兰素、蛋白质、氨基酸、微量元素、麻苷、天麻醚苷、对羟基苯甲醇、对羟基苯甲醛、天麻多精以及酚类、有机酸、多肽等多种化学成分。国家食品药品监督管理总局颁布的《已使用化妆品原料名称目录》已将天麻根提取物、天麻提取物 2 种原料收录其中。在化妆品中，天麻常于其他植物复配使用，在乌发、舒敏止痒等方面均有成熟产品在市场中应用。

6．高山火绒草

高山火绒草为菊科火绒草属的植物，又叫作高山薄雪草、小白花，高山火绒草分布在亚洲和欧洲的阿尔卑斯山脉一带，是欧洲著名的高山花卉，被许多国家列为受保护的植物，瑞士尊为国花。火绒草具有高度的自御能力，能抵抗恶劣的天气及其他生长环境。这种花在阿尔卑斯山脉中通常生长在海拔 1700m 以上的地方，由于它只生长在非常少有的岩石地表上，因而极为稀少。由于高海拔气候和生长环境的限制，顽强的高山火绒草选择了在岩石的小洞、缝隙中生存。

高山火绒草中含有咖啡酸（caffeic acid）、香草酸（vanillic acid）、原儿茶醛、反式桂皮酸、阿魏酸（ferulic acid）等酚酸类成分以及木犀草素（luteoin）、木犀草素-7-O-β-D 葡萄糖苷（luteolin-7-O-β-D-glucoside）、大波斯菊苷（cosmosin）等黄酮类成分。国家食品药品监督管理总局颁布的《已使用化妆品原料名称目录》已将高山火绒草花/叶提取物、高山火绒草提取物、高山火绒草愈伤组织提取物等 3 种原料收录其中。

高山火绒草的精华成分蕴含丰富的矿物质，对肌肤具有舒缓、镇静、美白及滋养保护作用，是女性的天然美容圣品。高山火绒草美白类产品萃取高山火绒草之精华成分予以应用，能有效舒缓、镇静肌肤，排出皮肤内有害物质，有较佳的美白、补水、保湿及抗皱效果，可给予肌肤周到的滋养呵护。

7. 番红花

《本草纲目》将番红花列入药物之类，中国浙江等地有种植。番红花为著名的珍贵中药材，主要药用部分为小小的柱头，其味甘性平，能活血化瘀，散郁开结，止痛。

番红花中的挥发油为著名的香料，其色素类成分为重要的天然着色物质藏花素，此外，番红花中还含有番红花苷-1,2,3,4（crocin-1～4）、番红花苦苷（picrocrocin）、番红花酸二甲酯（crocetin dimethyl ester）、α-番红花酸（α-crocetin）、番红花醛（safranal）等。

在化妆品应用方面，番红花由于具有抑制酪氨酸酶活性以及抑制黑色素形成的能力而主要被应用于美白类化妆品，如佰草集、美肤宝等品牌均有选择其作为主要原料并进行植物组方应用的化妆品系列。

8. 冬虫夏草

冬虫夏草属虫草科，是由肉座菌目蛇形虫草科蛇形虫草属的冬虫夏草菌寄生于高山草甸土中的蝙蝠蛾幼虫，使幼虫身躯僵化，并在适宜条件下，夏季由僵虫头端抽生出长棒状的子座而形成的，即冬虫夏草菌的子实体与僵虫菌核（幼虫尸体）构成的复合体。《本草纲目拾遗》对其记载："夏草冬虫，出四川江油县化林坪，夏为草，冬为虫，长三寸许，下跌六足，屈以上绝类蚕，羌俗采为上药。"冬虫夏草在我国主要产于青海、西藏、四川、云南、甘肃五省的高寒地带和雪山草原。冬虫夏草是我国传统的名贵中药材，与人参、鹿茸并称"中药三大宝"。冬虫夏草主要有调节免疫系统功能、抗肿瘤、抗疲劳、补肺益肾、止血化痰、秘精益气、美白祛黑等多种功效。药理学现代研究结果表明，冬虫夏草含有虫草酸、糖类、脂肪、蛋白质。其中冬虫夏草中的脂肪酸 82.2%为不饱和脂肪酸，此外还含有维生素 B_{12}、麦角脂醇、六碳糖醇、多种生物碱等。国家食品药品监督管理总局颁布的《已使用化妆品原料名称目录》已将冬虫夏草菌丝粉、冬虫夏草提取物等原料收录其中。

9. 沙棘

沙棘为胡颓子科沙棘属，是一种落叶性灌木，其特性是耐旱、抗风沙，可以在盐碱化土地上生存。植物沙棘国内分布于华北、西北、西南等地。

沙棘是地球上生存超过两亿年的植物，沙漠和高寒山区的恶劣环境中能够生存的植物，"地球癌症"——砒砂岩地区唯一能生长的植物，西部大开发生态环保价值最高的植物，完全在无污染环境中生长的绿色植物，被称为维 C 之王，一个被中国中医药典和世界药典广泛收录的植物。我国是世界上记载沙棘药用状况最早的国家，早在唐朝时期，沙棘就被用来治疗冻伤，修复受损皮肤。

国家食品药品监督管理总局颁布的《已使用化妆品原料名称目录》已将沙棘果壳粉、沙棘果提取物、沙棘果油、沙棘果汁、沙棘仁提取物、沙棘水、沙棘提取物、沙棘油、沙棘籽粉、沙棘籽油等原料收录其中。

沙棘油为天然镇痛药，能促进组织再生，可用于治疗烧伤、烫伤、辐射损伤、褥疮及其他皮肤病。沙棘籽被认为是很好的原花青素的来源，它的提取物含有更多的二聚体、三聚体，而二聚体和三聚体较单体和多聚体具有更强的抗氧化性。而沙棘籽油中的甾醇类对维持皮肤水分的正常代谢有重要作用，可以维持毛细血管韧性，防止皮肤的小血管硬化，改善表皮微循环。

10. 雪莲花

因其顶形似莲花，故得名雪莲花，简称雪莲，为多年生草本。《本草纲目拾遗》载：雪莲"性大热，能补精益阳"。《新疆中草药》载："雪莲性温、微苦，功能祛风除湿"。其功效有散寒除湿、止痛、活血通经、暖宫散瘀、强筋助阳等，以滋补、保健、增强抵抗力为主要功效。国家食品药品监督管理总局颁布的《已使用化妆品原料名称目录》已将雪莲花籽提取物、雪莲花提取物等原料收录其中。

雪莲花是理想的天然抗衰老剂。它含有的雪莲内酯、氨基酸、维生素、糖分、矿物质、甾醇类化合物、生物酶等活性物质自古以来就是治疗皮肤病的良药。雪莲花粉浸泡液能营养皮肤，并能抑制表皮癣菌、星形努卡菌等皮肤真菌，有较好的治疗作用，还可以遮挡紫外线。雪莲花的这些优良特性用于护肤护发，对皮肤有滋润、灭菌、消炎、生肌、防晒、软化、平滑和净白作用。

长期紫外线照射会诱导角质形成细胞和成纤维细胞产生和分泌大量基质金属蛋白酶，引起皮肤光老化。雪莲花主要分布在高海拔寒冷地区，是藏药中常用的药材。雪莲花具有抗炎、抗辐射、清除自由基等功能。天然的雪莲花中含有黄酮类成分、雪莲内酯、雪莲多糖等，可有效地保护皮肤免受紫外线侵害，并具有抗炎、组织修复和抗超氧化物自由基的功效，对防御由生理或非生理因素（如疾病）诱发的自由基长期慢性进行性损伤有着积极意义。这种功效，在内服时表现为保健和增强免疫功能，外用时可达到美容、祛斑、延缓皮肤衰老的目的。雪莲花能通便，加强胃肠功能；能调理肠胃，平衡内分泌；花蕊含有丰富的多种维生素，有消炎灭菌等功能，正适合治疗青春痘。当脸上长出青春痘时，可采用内服外用双结合的方法，效果较佳。

第五节　特殊功效植物原料

由于世界各国对功效化妆品的分类、定义和法规略有不同，在功效化妆品归属于化妆品、药品或独立成一类产品的问题上，存在不同的观点和管理法规。在美国，这类产品多按非处方药（OTC）管理；在日本，这类产品属医药部外品；在韩国，将这类产品称为机能性化妆品；在我国台湾则称为含药化妆品；在欧洲，对这类产品没有明确规定，但大多在药房销售。

我国《化妆品卫生监督条例》将此类化妆品称为特殊功效用途化妆品，包括育发、染发、烫发、脱毛、美乳、健美、除臭、祛斑、防晒化妆品，这9类化妆品必须经国务院卫生部门批准，取得批准文号后方可生产上市，其介于化妆品与药品之间，是含有药效成分的化妆品。

植物来源的活性成分由于迎合人们的安全需求而成为近年来研究、应用的焦点。很多植物成分具有长期使用的历史和文化沉淀，绿色、环保、可生物降解，安全性相对比较高，并且多种成分能够产生相互协同的功效或降低毒性的功用。植物活性成分对皮肤屏障和健康皮肤的功效确立了功能性化妆品的范畴，并赋予化妆品多种生理功能，本节总结了在美白、防晒、染发、生发、瘦身、祛痘等特殊功效上具有应用价值的一些植物活性原料。

一、美白功效植物原料

爱美之心人皆有之，"肤如雪，凝如脂"是中国古典女性追求的理想境界，也几乎是所有东方女性孜孜以求的目标，而且欧美消费者也有老年斑、黄褐斑等色素沉着性皮肤问题，所以美白是个经久不衰的话题。广大消费者的需求，刺激了美白化妆品市场的发展。

目前已经商业化使用的化妆品美白剂按来源分为合成类、生物发酵类和动植物提取类，其中合成类及生物发酵类美白剂由于纯度高、颜色浅和性能稳定而占据美白剂主要市场。而植物来源的美白剂由于人们回归自然的心态以及对安全的需求，成为近年来研究应用的热点。市面上的美白类化妆品的美白机理大体可以分为：抑制酪氨酸酶活力、抑制黑色素形成、阻断黑色素运转或黑色素还原剂。常见的具有抑制酪氨酸酶活力的植物有甘草、人参、黄芪、白芍、桑白皮、当归、地榆、川芎、防风、续随子、西洋参、苦瓜、虎杖等。植物提取物中的熊果苷、维生素C及其衍生物、植物类黄酮等都是酪氨酸酶的非破坏型抑制剂，具有较好的美白效果，对于皮肤也相对安全。常见抑制黑色素形成的植物有洋甘菊、姜黄、风毛菊、槟榔、牡丹（皮）、灯心草等。表2-4总结了目前韩国保健福利部、中国台湾卫生福利部和日本厚生劳动省的医药部外品中已经核准使用的植物美白原料，包括小构树根提取物、甘草提取物、母菊花提取物、杜鹃醇、四氢木兰醇和甘菊花提取物，除此之外也总结了《已使用化妆品原料名称目录》（2015 年版）中的一些常用植物来源美白活性成分。

表 2-4 植物来源美白活性成分

皮肤美白活性物	INCI 名称/英文名称
小构树根提取物	BROUSSONETIA KAZINOKI ROOT EXTRACT
熊果苷	ARBUTIN
甘草根提取物	GLYCYRRHIZA URALENSIS (LICORICE) ROOT EXTRACT
红没药醇	BISABOLOL
母菊花提取物	CHAMOMILLA RECUTITA (MATRICARIA) FLOWER EXTRACT
鞣花酸	ELLAGIC ACID
四氢木兰醇	TETRAHYDROMAGNOLOL
甘菊花提取物	CHRYSANTHEMUM BOREALE FLOWER EXTRACT
阿魏酸	FERULIC ACID
绣球叶提取物	HYDRANGEA MACROPHYLLA LEAF EXTRACT
药蜀葵提取物	ARUTEA EKISU
光果甘草提取物	GLYCYRRHIZA GLABRA EXTRACT
虎杖提取物	POLYGONUM CUSPIDATUM EXTRACT
姜黄根提取物	CURCUMA LONGA (TURMERIC) ROOT EXTRACT
荆芥提取物	NEPETA CATARIA EXTRACT
欧蓍草提取物	ACHILLEA MILLEFOLIUM EXTRACT
桑树皮提取物	MORUS ALBA BARK EXTRACT
地衣提取物	LICHEN EXTRACT
佩兰提取物	EUPATORIUM FORTUNEI EXTRACT
凤仙花花/叶/茎提取物	IMPATIENS BALSAMINA FLOWER/LEAF/STEM EXTRACT
蛇婆子叶提取物	WALTHERIA INDICA LEAF EXTRACT
葡萄柚提取物	CITRUS PARADISI EXTRACT
余甘子提取物	PHYLLANTHUS EMBLICA EXTRACT
豌豆提取物	PISUM SATIVUM EXTRACT

二、防晒及防晒增效作用原料

植物化妆品中的紫外线防晒品主要是利用植物提取物吸收紫外线。一些天然植物成分如黄酮类和酚类，具有双键、共轭双键或三键结构，能吸收紫外线的能量，再以热能或可见光等形式释放出来，减少对皮肤的损伤。如黄芩苷、黄芩素、芦丁、汉麻籽油、甘油三酯等植物提取物均有较好的紫外线吸收效果。此外，有些植物提取物还具有抗色素沉着、抗变态反应等晒后修复作用。植物天然来源的防晒剂一般稳定性较差、抗紫外线功效较弱，在实际配方应用中常常需要和物理或化学防晒剂复配来提高其 SPF 值。

通过检索 Scifinder、Pubmed、知网等文献网站，以及 UL Prospector、CosDNA、COSMETICSINFO 等原料信息网站，笔者收集整理了一些在防晒化妆品中常使用的植物原料，按功效将其划分为具有紫外吸收作用的植物原料（表 2-5）和具有防晒修复与防晒增效作用的植物原料（表 2-6）。

表 2-5　具有紫外吸收作用的植物原料配方

SPF 值	具体成分
<10	10%木犀草素、10%黄芩苷膏霜、10%芹菜素、10%水飞蓟素、2%镰形棘豆黄酮提取物+1%纳米二氧化钛+0.5%维生素 E 复配、1%根皮素+3%丁基甲氧基二苯甲酰甲烷+5%甲氧基肉桂酸-2-乙基己酯复配、5%蜂胶提取物、10%西洋接骨木提取物、10%余甘子乙醇提取物、10%姜黄乙醇提取物、1.42%番木瓜提取物、20%粗提物（菊花提取物、番红花提取物）、0.1%橄榄油、1%白藜芦醇+3%丁基甲氧基二苯甲酰甲烷+5%甲氧基肉桂酸-2-乙基己酯复配、石榴籽油、松萝酸、4%藏花醛纳米脂质体、3%γ-谷维素
10～15	10%绿原酸、100μg/mL 的北州花椒木提取物、5%金盏花油、3%米糠油纳米脂质体+7%丁基甲氧基二苯甲酰甲烷+0.3%奥克立林、3%覆盆子油纳米脂质体+7%丁基甲氧基二苯甲酰甲烷+0.3%奥克立林
15～20	10μmol/L 白杨黄素、10%藤黄果提取物、3%锡兰肉桂提取物、3%积雪草提取物、0.01%红厚壳油
20～30	2%山楂提取物、24%ZnO+5%黄芩丁醇提取物
30 以上	0.2%木犀草素脂质纳米粒和 0.8%奥克立林复配、0.1%芦丁+6%二苯酮-3、4.5%咖啡酸和 10%二氧化钛复配、1%褪黑素+20%二氧化钛+5%氧化锌+35%绿咖啡豆油
其他无具体SPF 值	蛇床子素、欧前胡素、苹果多酚、石榴皮多酚、鼠尾藻多酚、阿魏酸酯、厚朴酚、丹皮酚、异鼠李素、盐酸小檗碱、大黄素、丹参酮ⅡA、芦荟苷、地衣提取物、沙棘油、山奈油、芥子酸酯、黑麦酮酸 B、苯亚甲基二甲氧基二甲基茚酮

表 2-6　具有防晒修复与防晒增效作用的植物原料

机理	具体成分
DNA 修复	水飞蓟素、绿茶提取物、松树皮提取物、DN-Age™ LS 9547
抗炎抗氧化	可可提取物、黄芩苷、褐藻多酚、萝卜硫素、绿茶提取物、β-胡萝卜素、白藜芦醇、余甘果提取物、石榴提取物、姜黄根提取物、异鼠李素、PHOTONYL LS、Phytosoothe™ LS 9766、VitaI ET、Nucleolys（前色素醇）、BIOTIVE®PHLORETIN 根皮素
抑制红斑产生	迷迭香和柑橘提取物、刺山柑、萝卜硫素、染料木素、金丝桃素、荠蓝油
抑制光老化	葡萄提取物、大豆提取物、青石莲提取物、类胡萝卜素、白茶提取物、甘草酸、维生素 E、Sphingoceryl™ VEG LS 9948、SymGlucan®燕麦葡聚糖 151719、Sensolene® Care DD（月桂基橄榄油酸酯）、Olivem® 1000（鲸蜡硬脂橄榄油酸酯、山梨糖醇橄榄油酸酯）、Helioguard 365 抗 UV 红海藻萃取物、Litchiderm™ LS 9704 丁二醇、荔枝（Litchi chinensis）果皮提取物、燕麦萃取物

三、染发功效植物原料

1. 植物染发成分的历史与发展

人类利用色素植物进行染发的历史可以追溯到公元前 3000 多年。根据历史记载，古代印度人、埃及人、罗马人、日耳曼人、中国人很早就已经开始使用植物染发。散沫花（*Lawsonia inermis*）是一种优质高效、资源丰富的色素植物。其染发历史最悠久，染色功效最齐全，全球最流行。散沫花英文名为 henna，通常译为海娜，其提取物染色功效成分是 2HPN（2-羟基-1,4-萘醌）。在古代欧洲，有用植物草木灰汁和羊脂混合将白发染黑，用胡桃（*Juglans regia*）果皮提取物将头发染成浅棕色，用春黄菊（*Anthemis tinctoria*）提取物将头发染成黄色的记载。

天然植物染发剂在中国已有将近 2000 年的使用历史了。有文字可考的中国首例用植物草药染须发的是汉代的王莽。据《汉书·王莽传》记载，王莽篡夺王位自称新朝皇帝，公元 23 年他册立淑女史氏为皇后，时年 58 岁的王莽已是皓首白须，为掩饰其衰老的形象和岌岌可危的心态，欲外视自安，乃染其须发。在东汉时期，我国最早的药物专著《神农百草经》中已记载了一些可使白发变黑的植物，如黑桑、墨旱莲等。我国自唐代至清代漫长的历史长河中，在唐《千金翼方》、宋《太平盛惠方》、元《御药院方》、明《本草纲目》和清《本草类方》等经典药物专著中记载了大量的天然植物染发方剂，为我们研究开发色素植物原料和植物染发剂提供了重要的历史依据和参考文献。

当今人们崇尚天然，出于安全考虑，乐用天然植物染发剂，因此天然植物染发剂再度复兴，重新崛起。近年来，欧洲、美国、日本等国家及地区根据各自传统优势的色素植物资源相继推出了具有典型特色的植物染发剂新产品。例如，德国推出了以春黄菊（*Anthemis tinctoria*）提取物为特色的春黄菊植物染发剂，法国推出了以泽苏木（*Caesalpinia sappan*）提取物为特色的泽苏木植物染发剂，英国推出了以西洋茜草（*Rubia coudifolia*）提取物为特色的西洋茜草植物染发剂，美国推出了以西洋接骨木（*Sambucus nigra*）提取物为特色的接骨木植物染发剂，日本推出了以金合欢（*Acacia concinna*）树皮提取物为特色的金合欢植物染发剂，印度推出了以余甘子（*Phyllanthus emblica*）提取物为特色的余甘子植物染发剂等。

2. 植物染料的相关法规

我国对于植物染料的应用具有悠久的历史传统，自古以来，人们从黑桑、黑莓、黑芝麻、紫苏、紫草、紫芝、诃子、栀子、金樱子、菘蓝、蓼蓝、苏木、接骨木、茜草、鼠尾草等植物中提取染色功效成分，将其广泛地应用于染发、美甲、染布以及食品上色等方面。但值得注意的是，并非天然来源的色素就一定安全。我国最新的《化妆品安全技术规范》（2015 年版）中就明确地规定了 98 种禁用的天然来源植（动）物组分。一些在过去古方中常用的植物染发原料，由于对人体具有明显的毒副作用，已经在化妆品中被禁止使用。如在《本草纲目》中记载，乌桕子油涂头，变白为黑；但乌桕子油绝对禁用于植物染发剂产品中。此外，在早期的一些植物染发剂发明专利中也不难看到乌桕和含羞草的身影。我国《化妆品安全技术规范》（2015年版）中禁止使用的植物原料中的植物染料如表 2-7 所示。

表 2-7 《化妆品安全技术规范》（2015 年版）中禁止使用的植物染料

植物名称	拉丁名
槟榔	*Areca catechu* L.
紫堇	*Corydalis edulis* Maxim.
玄参科毛地黄属植物	*Digitalis* L.
麻黄科麻黄属植物	*Ephedra* Tourn. ex L.
含羞草	*Mimosa pudica* L.
乌桕	*Sapium sebiferum*
龙葵	*Solanum nigrum* L.
萝芙木	*Rauvolfia verticillata*
藤黄	*Garcinia hanburyi* Hook. F.; *Garcinia morella* Desv.
补骨脂	*Psoralea corylifolia* L.

从 20 世纪 80 年代起至 21 世纪初，在全球性绿色革命浪潮的影响下，欧盟及一些发达国家对环境和健康问题日益关注，认识到化学合成芳香胺染料和苯胺类氧化染发剂存在致敏、致癌和生殖毒性问题。天然植物染料安全性高、生物降解性好，同时兼有营养、保健和药用功效，市场前景广阔。现将欧盟、美国、日本允许使用的植物着色剂列于表 2-8 中。根据《化妆品安全技术规范》（2015 年版），在染发剂中允许使用的天然植物来源的着色剂归纳于表 2-9 中。表 2-10 总结了不同颜色染发剂对应的相关植物组分，虽然植物成分的染发剂在民间和市场上有着广泛的应用，如海娜、槟榔等，但在实际应用中还需要根据法规进行安全添加。

表 2-8 欧盟、美国和日本允许使用的植物着色剂

序号	欧盟	美国	日本
1	CI 75120	胭脂树橙	胭脂树橙
2	CI 75130	β-胡萝卜素	β-胡萝卜素
3	CI 75100		番红花提取物
4	CI 75300		姜黄素

注：本表摘自 CTFA 编辑出版的《国际化妆品原料字典和手册》（第 10 版）2004。

表 2-9 我国化妆品染发剂中允许使用的天然植物来源的着色剂

着色剂索引号（color index）	着色剂索引（通用中文名）
CI 40800	食品橙 5（β-胡萝卜素）
CI 75100	天然黄 6（8,8′-diapo,psi,psi-胡萝卜二酸）
CI 75120	天然橙 4（胭脂树橙）
CI 75125	天然黄 27（番茄红素）
CI 75130	天然黄 26（β-阿朴胡萝卜素醛）
CI 75135	玉红黄（$3R$-β-胡萝卜-3-醇）
CI 75300	天然黄 3（姜黄素）
CI 75470	天然红 4（胭脂红）

续表

着色剂索引号（color index）	着色剂索引（通用中文名）
CI 75810	天然绿 3（叶绿酸-铜络合物）
	花色素苷（矢车菊色素、芍药花色素、锦葵色素、飞燕草色素、牵牛花色素、天竺葵色素）
	甜菜根红
	辣椒红/辣椒玉红素
	高粱红
	五倍子（GALLA RHOIS）提取物

表 2-10　作为染色剂应用的天然植物色素

色系	中文名称	INCI 名称/英文名称	染色有效成分
黑色	何首乌根提取物	POLYGONUM MULTIFLORUM ROOT EXTRACT	蒽醌衍生物
	五倍子提取物	GALLA RHOIS GALLNUT EXTRACT	鞣质
	胡桃种皮提取物	JUGLANS REGIA (WALNUT) SEEDCOAT EXTRACT	核桃青皮色素
	槐花提取物	SOPHORA JAPONICA FLOWER EXTRACT	芦丁
	皂荚提取物	GLEDITSIA SINENSIS EXTRACT	皂荚皂苷
	鳢肠叶提取物	ECLIPTA PROSTRATA LEAF EXTRACT	鞣质
红色	苏木树皮提取物	CAESALPINIA SAPPAN BARK EXTRACT	苏木红或苏木精
	茜草提取物	RUBIA CORDIFOLIA EXTRACT	茜草素、紫茜素
	番红花提取物	CROCUS SATIVUS EXTRACT	番红花苷
	量天尺果提取物	HYLOCEREUS UNDATUS FRUIT EXTRACT	甜菜苷色素
	辣椒红/辣椒玉红素	CAPSANTHIN/CAPSORUBIN	辣椒红色素
	五味子果提取物	SCHIZANDRA CHINENSIS FRUIT EXTRACT	五味子红色素
黄色	姜黄素	CURCUMIN	姜黄素
	栀子果提取物	GARDENIA JASMINOIDES FRUIT EXTRACT	栀子黄色素
	姜根提取物	ZINGIBER OFFICINALE (GINGER) ROOT EXTRACT	生姜提取物姜烯酮、姜酚、姜烯
	黄皮树树皮提取物	PHELLODENDRON CHINENSE BARK EXTRACT	小檗碱色素
	槐花提取物	SOPHORA JAPONICA FLOWER EXTRACT	芦丁
其他	紫草根提取物	LITHOSPERMUM ERYTHRORHIZON ROOT EXTRACT	紫草素、异紫草素
	甘菊提取物	DENDRANTHEMA LAVANDULIFOLIUM EXTRACT	甘菊蓝
	栀子果提取物	GARDENIA JASMINOIDES FRUIT EXTRACT	栀子蓝色素

四、生发功效植物原料

有关生发制品的管理法规，世界各国有较大的差别，在我国，生发制品被归类为特殊用途化妆品。在欧盟，生发制品被归类为化妆品，尽管需要通报，但没有相关法规,只有化妆品禁用组分表,产品的安全性由生产厂家负责。在美国生发制品被归类为药品,必须向 FDA 提交包括产品名称、浓度和标称容量在内的文件,获取 FDA 批准。在日本,根据组分、宣称和功效,生发制品可被归类为化妆品、准药、药品,大多数被归类为准药;作为化妆品生发制品,需将产品名称、标准、配方组分、制造方法、使用方法的文件提交给厚生省,只要已进行安全性评价,可批准生产;作为准药和药品的生发制品,必须提交产品安全性和功效评价申请文件,由于含有活性组分,生产必须经过审批,在申请审批时还需额外提供产品功效和实测值等文件。

参考《已使用化妆品原料名称目录》(2015 年版)和《化妆品安全技术规范》(2015 年版),并剔除在化妆品中禁用的成分,根据活性组分的功能,在表 2-11 中列出一些生发制品中使用的植物活性成分。

表 2-11　一些生发制品中使用的植物活性成分

功能	中文名称	INCI 名称/英文名称
细胞活化	人参提取物	PANAX GINSENG EXTRACT
	赤芝提取物	GANODERMA LUCIDUM EXTRACT
	贯叶连翘提取物	HYPERICUM PERFORATUM EXTRACT
	水解原花青素	HYDROLYZED PROANTHOCYANIDIN
	玉米提取物	ZEA MAYS EXTRACT
	棕榈酰葡萄籽提取物	PALMITOYL GRAPE SEED EXTRACT
	连翘提取物	FORSYTHIA SUSPENSA EXTRACT
	虾脊兰提取物	CALANTHE DISCOLOR EXTRACT
加速微循环	日本当归提取物	ANGELICA JAPONICA EXTRACT
	银杏叶提取物	GINKGO BILOBA LEAF EXTRACT
抑制皮脂分泌	何首乌提取物	POLYGONUM MULTIFLORUM EXTRACT
	锯叶棕果提取物	SERENOA SERRULATA FRUIT EXTRACT
	药鼠尾草提取物	SALVIA OFFICINALIS (SAGE) EXTRACT
	薏苡仁提取物	COIX LACRYMA-JOBI MA-YUEN EXTRACT
	啤酒花提取物	HUMULUS LUPULUS (HOPS) EXTRACT
	辣薄荷提取物	MENTHA PIPERITA EXTRACT

五、减肥瘦身功效植物原料

一些草药,如大麦、常春藤、假叶树、蘑菇和柠檬等都含有一些对静脉血管有营养作用的组分。这些草药的使用可以改善皮肤末梢的微循环,使不易透滤排泄物排出,使组织变化,并能提供收敛、营养和局部加固的作用。表 2-12 为一些具有瘦身功效的天然植物原料。

表 2-12 一些具有瘦身功效的天然植物原料

中文名称	INCI 名称/英文名称
羽衣草提取物	ALCHEMILLA VULGARIS EXTRACT
昆布提取物	ECKLONIA KUROME EXTRACT
泽泻提取物	ALISMA ORIENTALE EXTRACT
红花提取物	CARTHAMUS TINCTORIUS EXTRACT
蓟属植物花/叶/茎提取物	CIRSIUM (THISTLE) FLOWER/LEAF/STEM EXTRACT
积雪草提取物	CENTELLA ASIATICA EXTRACT
柠檬提取物	CITRUS LIMON EXTRACT
山楂果提取物	CRATAEGUS PINNATIFIDA FRUIT EXTRACT
木贼提取物	EQUISETUM HIEMALE EXTRACT
茴香提取物	FOENICULUM VULGARE EXTRACT
墨角藻提取物	FUCUS VESICULOSUS EXTRACT
活血丹提取物	GLECHOMA LONGITUBA EXTRACT
常春藤提取物	HEDERA NEPALENSIS SINENSIS EXTRACT
大麦提取物	HORDEUM VULGARE EXTRACT
巴拉圭茶叶提取物	ILEX PARAGUARIENSIS LEAF EXTRACT
掌状海带提取物	LAMINARIA DIGITATA EXTRACT
草莓提取物	FRAGARIA CHILOENSIS ANANASSA EXTRACT
牛至提取物	ORIGANUM VULGARE EXTRACT
肾茶提取物	ORTHOSIPHON STAMINEUS EXTRACT
月见草提取物	OENOTHERA BIENNIS EXTRACT
车前提取物	PLANTAGO ASIATICA EXTRACT
葡萄提取物	VITIS VINIFERA EXTRACT
何首乌提取物	POLYGONUM MULTIFLORUM EXTRACT
假叶树提取物	RUSCUS ACULEATUS EXTRACT
大叶海藻提取物	SARGASSUM PALLIDUM EXTRACT
使君子果提取物	QUISQUALIS INDICA FRUIT EXTRACT
芦荟维斯内加果提取物	VISNAGA VERA FRUIT EXTRACT

六、抗痤疮（祛痘）功效植物原料

痤疮是毛囊皮脂腺单位的一种慢性炎症性皮肤病，俗称青春痘、粉刺，多发于面部、颈部、前胸后背等皮脂腺丰富的部位，由于毛囊皮脂腺的一种皮肤滤泡失调，导致疮疱丙酸杆菌诱发的炎症。

痤疮的形成与皮脂腺分泌过多、细菌过度生长、毛孔堵塞、内分泌因素、遗传、饮食生活习惯、环境因素、化妆品使用不当等相关。对痤疮的防治主要就是抑制疮疱丙酸杆菌的感染，抑菌消炎。具有防治痤疮功能的植物在化妆品配方中所起的作

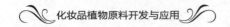

用大体可以分为调理皮肤、收敛、抗菌消炎、减少油脂分泌等，表 2-13 总结了 UL Prospector 数据库中的祛痘产品中常使用的一些植物祛痘活性原料。

表 2-13　常用的植物祛痘活性原料

功效分类	植物名称	INCI 名称/英文名称
调理皮肤	中华猕猴桃籽提取物	ACTINIDIA CHINENSIS (KIWI) SEED EXTRACT
	积雪草提取物	CENTELLA ASIATICA EXTRACT
	木瓜果提取物	CHAENOMELES SINENSIS FRUIT EXTRACT
	扫帚叶澳洲茶枝/叶油	LEPTOSPERMUM SCOPARIUM BRANCH/LEAF OIL
抗菌消炎	印度楝叶提取物	AZADIRACHTA INDICA LEAF EXTRACT
	中华猕猴桃籽提取物	ACTINIDIA CHINENSIS (KIWI) SEED EXTRACT
	互生叶白千层叶油	MELALEUCA ALTERNIFOLIA (TEA TREE) LEAF OIL
	松薄子木油	LEPTOSPERMUM PETERSONII OIL
	丹参花/叶/根提取物	SALVIA MILTIORRHIZA FLOWER/LEAF/ROOT EXTRACT
	蛇床果提取物	CNIDIUM MONNIERI FRUIT EXTRACT
	贯叶连翘提取物	HYPERICUM PERFORATUM EXTRACT
	无患子果提取物	SAPINDUS MUKUROSSI FRUIT EXTRACT
	棕榈酰茶提取物	PALMITOYL CAMELLIA SINENSIS EXTRACT
	毛果一枝黄花提取物	SOLIDAGO VIRGAUREA (GOLDENROD) EXTRACT
	黑莓叶提取物	RUBUS FRUTICOSUS (BLACKBERRY) LEAF EXTRACT
	来檬果皮提取物	CITRUS AURANTIFOLIA (LIME) PEEL EXTRACT
	皱叶酸模根提取物	RUMEX CRISPUS ROOT EXTRACT
	斑点老鹳草提取物	GERANIUM MACULATUM EXTRACT
	柚籽提取物	CITRUS GRANDIS (GRAPEFRUIT) SEED EXTRACT
	葡萄果提取物	VITIS VINIFERA (GRAPE) FRUIT EXTRACT
	蓝桉叶提取物	EUCALYPTUS GLOBULUS LEAF EXTRACT
	朱槿花提取物	HIBISCUS ROSA-SINENSIS FLOWER EXTRACT
	菠萝果提取物	ANANAS SATIVUS (PINEAPPLE) FRUIT EXTRACT
	茶叶提取物	CAMELLIA SINENSIS LEAF EXTRACT
减少油脂分泌	旱芹籽提取物	APIUM GRAVEOLENS (CELERY) SEED EXTRACT
	牛蒡提取物	ARCTIUM LAPPA EXTRACT
	虎杖根提取物	POLYGONUM CUSPIDATUM ROOT EXTRACT

第三章　化妆品植物原料的制备工艺与质量控制

03 Chapter

第一节　化妆品植物原料的制备工艺

近年来，源于人们对"回归自然""绿色"消费观的重视，植物活性成分在医药、食品、保健品、化妆品等领域得到了广泛应用。植物活性成分种类繁多，有效成分的提取、分离、纯化是化妆品植物原料生产过程中不可或缺的关键环节，其制备工艺的选择、优化和设备配置将会直接影响最终产品的质量，从而影响产品的稳定性、有效性等。

一、传统制备工艺

传统制备工艺主要有浸渍法、煎煮法、回流/连续回流法、渗滤法、水蒸气蒸馏法等。

1. 浸渍法

浸渍法是将药物加入溶剂中，进行提取制备的方法。浸渍法根据溶剂的温度有热浸、温浸、冷浸之分。溶剂可按被提取成分的极性大小进行选择，依据相似相溶原理，将所需成分溶出。此法操作简单，可将药粉装入适当容器中，加入适当溶剂（多用水或乙醇），以浸透药材稍有过量为度，时常振摇或搅拌，放置一日以上过滤，药渣加溶剂，再提取 2~3 次，合并提取液，浓缩后可得提取物。该法不需加热，适用于有效成分遇热易被破坏以及含大量淀粉、树胶、果胶、黏液质的天然药物的提取。但该法提取时间长，效率不高，特别用水浸渍时，水提取液易发霉变质，应加一定的防腐剂。

2. 煎煮法

煎煮法是我国最早使用的传统的提取方法。取特定药材，经切碎和粉碎后，置于适宜煎器（如砂锅、陶瓷等，应避免铁器）中，加水浸没后，加热至沸，保持一定时间，分离出煎出液，药渣可重复煎煮数次，至煎出液味淡为止，合并煎出液，浓缩至规定浓度。煎煮法适用于有效成分能溶于水，且对湿、热均稳定的药材，对于含挥发性成分及有效成分遇热易被破坏的中药不宜用此法；但用水煎煮时，浸出成分较复杂，除有效成分外，部分脂溶性物质及其他杂质也有溶出，不利于精制。此外含淀粉、黏液质、糖等成分较多的药材，加水煎煮后，其浸出液比较黏稠，过滤较困难。

3. 回流/连续回流法

回流法采用低沸点或低沸程的有机溶剂将有效成分溶出，需要借助于回流加热装置，以免溶剂挥发损失。实验室操作时，将药材按特定需求进行炮制后，装入大小适宜的烧瓶中，按照一定的料液比加溶剂，使其浸液面高出药材 1~2cm，烧瓶上接一冷凝器，实验室加热装置可采用电加热套或水浴加热，沸腾后溶剂蒸气经冷凝器冷凝又流回烧瓶中，回流 1~2h，滤出提取液；药渣重新加入溶剂回流 1~2h。如此再反复 2 次，合并提取液，回收溶剂得浓缩提取物。大量生产亦可采用类似的装置。此法提取效率较冷渗法高，但受热易被破坏的成分不宜用此法，且溶剂消耗量大，操作麻烦，一般工业上生产较少采用连续回流法，主要采用常规的回流提取法。

4. 渗滤法

渗滤法：经炮制后的中药，装入渗滤筒中，用适当的溶剂润湿膨胀 24~48h，然后不断地添加新溶剂，使其自上而下渗透过药材，自渗滤筒的下口收集提取液。当溶剂渗进药粉，溶出成分相对密度加大而向下移动时，上层的溶液或稀浸液便置换其位置，产生良好的浓度差，使扩散较好地进行，提取的过程是一种动态过程，故浸出效果优于浸渍法。但应控制流速（宜成滴不宜成线），在渗滤过程中随时自药面上补充新溶剂，直到药材中有效成分充分浸出为止。或当渗滤液颜色极浅时，基本上认为提取完全。在工业生产中常将收集的稀渗滤液作为另一批新原料的溶剂之用。该法溶剂消耗量大，用时长，操作相对麻烦，目前工业上应用较少。

5. 水蒸气蒸馏法

水蒸气蒸馏法是提取中药中挥发油和挥发性成分如麻黄碱、槟榔碱、丹皮酚等的常用方法，有时也用于成分的分离和精制以及挥发性杂质的去除。水蒸气蒸馏的原料可以是中药材，也可以是溶剂提取物。若是从中药材直接提取挥发性成分，在用水蒸气蒸馏前，先要加适量水使之充分浸润后再进行操作，这样才能有效地将挥发性成分蒸出。有时在中药水浸液中加入一定量食盐以提高其沸点，将有利于挥发性成分的蒸出。经冷凝后收集馏出液，一般需再蒸馏一次，以提高馏出液的纯度和浓度，最后收集一定体积的蒸馏液。该法只适用于具有挥发性的、能随水蒸气蒸馏而不被破坏、与水不发生反应且难溶或不溶于水的成分的提取。

6．其他方法

此外，传统的制备工艺还有物理压榨法，它是通过机械压缩力将液相从液固两相混合物中分离出来的一种单元操作。压榨技术主要用于油脂工业以及果蔬制汁。

二、现代制备工艺

1．超声提取技术

超声波是频率为 20kHz～50MHz 的电磁波，能产生并传递强大能量，作用于提取介质，当介质处于稀疏状态时，就会被撕裂成空穴，这些空穴瞬间闭合，产生高达 3000MPa 的瞬间压力，产生空化效应。产生的高压就像一连串小爆炸不断地冲击物质颗粒表面，使表面及缝隙中的可溶性活性成分迅速溶出。超声提取是借助超声波所产生的空化效应、热效应、机械振动，空化效应所产生的瞬间高压击破细胞壁，从而增大介质分子运动速度，加强介质穿透力，加速药物有效成分进入溶剂，同时超声波产生的振动作用加强了细胞内产物的释放、扩散及溶解，加快了提取过程，提高了药物有效成分的提取率。

目前，超声提取技术已广泛应用于中药活性成分提取。用超声提取橘红皮多糖（料液比 1∶40，功率 120W，超声 40min），相比传统热回流法，时间由 3h 降到 40min，产物由 8.63mg/100g 增加至 9.13mg/100g，使提取时间大大降低，产率提高。在采用超声提取法、水蒸气蒸馏提取法和微波法提取大蒜中的挥发油时，研究发现超声法相比其他两种方法，不仅降低了对热敏性物质的破坏，而且易工业化。

影响超声提取的因素有提取时间、提取频率、提取温度。一般超声时间为 15～90min，时间过长，可能会导致活性成分结构被破坏，大分子物质降解。提取频率较低时，有利于提取；超声频率较高时，空化阈增大，导致空化效应压力降低，不利于中药活性成分快速溶出。提取温度一般为常温，温度过高可能造成溶剂损失，同时使活性成分变质等。

超声提取技术现阶段面临一些问题，如设备本身存在较强的热效应，可能导致被提取的活性成分变质；超声波在工艺上噪声污染严重；设备控制参数仍然不够灵敏，比如温度灵敏度不够精确。今后需要深入研究超声提取的动力学、工艺参数的自动化控制、设备优化以及与其他技术的联合应用。

2．微波辅助提取技术

微波是一种频率在 300MHz～300GHz 之间的电磁波，具有穿透性、高频性、热特性和非热特性四大特性。凭借微波热特性，通过微波辐射的"介点加热""离子传导"实现胞内的极性物质尤其是水分子吸收能量而产生大量的热量，使细胞内温度迅速上升，液态水汽化产生的压力将细胞膜和细胞壁冲破，形成微小的孔洞。再继续加热，细胞内部和细胞壁水分减少，细胞收缩，表面出现裂纹。孔洞和裂纹的存在使细胞外溶剂易于进入细胞内，溶解并释放细胞内的产物。微波具有很强的穿透力，可以在反应物内外部分同时均匀、迅速地加热，故提取效率较高。因此微波提取植物有效成分具有简便、快速、高效、加热均匀的优点，但不适用于热敏性成分的提取。

微波提取由于其快速、高效及选择性的特点，在天然活性成分提取方面有广泛应用。采用微波法提取赤芍、黄芩配伍中的芍药苷和黄芩苷，并与超声法和回流法做了对比，结果显示，超声法所得芍药苷和黄芩苷提取率分别为 1.71% 和 2.78%，回流法为 1.67% 和 2.72%，微波法为 1.84% 和 2.91%，可见，优化后的微波法在苷类提取方面具有潜在优势。采用微波技术提取黄芪总黄酮，提取率有了明显提升。以青蒿中的青蒿素为目标产物，对比索氏提取法和微波提取法，结果表明微波法提取的青蒿素量明显高于索氏法，且微波提取法操作简便快捷，溶剂用量少，成本低，得率高。因此，微波提取法应用于青蒿素的提取很有研究意义。

影响微波提取的主要因素有辐射时间、物料含水量、溶剂极性。一般辐射时间为 5～15min，时间不宜过长，否则将会导致溶剂热损失严重。要求物料含一定水分，可有效吸收微波能，促使细胞壁溶胀破裂，有利于活性物质溶出。要求溶剂和提取的活性成分有良好的溶解性，且相对介电常数在 10～30 之间。

微波提取仍存在一定局限性：一方面，微波对中药各部位细胞的作用效果不同，因此细胞内的产物的释放效果不同，并不适合所有天然产物的提取；另一方面，微波提取仅适用于热稳定成分的提取，易造成热敏性成分变性、失活，且易使富含淀粉类的物质糊化；此外，微波提取要求被提取的物料有良好的吸水性，否则无法使得细胞吸收足够的能量将其细胞击破，难以将其胞内活性成分释放出来。微波提取现阶段主要停留在实验室阶段，工业化生产的设备短缺，加强与化学分析的在线检测技术联合，将有利于微波提取技术的快速发展。

3．动态循环阶段连续逆流提取技术

动态循环阶段连续逆流提取是针对中药常规提取方法中溶剂用量大、效率低的缺点，将多个提取单元科学组合，使单元之间的浓度梯度（物料和溶剂）合理排列并进行相应的流程配置，以及通过物料粒度、提取温度、提取单元组数等技术参数的控制，逐级将药材中的有效成分扩散至起始浓度相对较低的套提溶液中，以最大限度转移物料中的溶解成分，缩短提取时间和降低溶剂用量，并可实现全封闭操作的一种中药提取新技术。

动态循环阶段连续逆流提取设备是集萃取、重渗滤、连续、动态、逆流提取技术为一体，具有多种用途的新型中药提取设备。其各提取单元既可独立地进行各项提取作业（浸提、回流提取、动态提取），也可组合使用（连续逆流提取、阶段连续逆流提取），具有提取效率高、提取温度低、节省溶剂等特点。有学者研究了丹参动态循环阶段连续逆流提取工艺，以丹参素钠、总酚酸含量及固形物收率为指标，对丹参动态循环阶段连续逆流提取温度、时间、溶剂用量、提取单元组数等技术参数进行筛选，并与普通浸提、煎煮法进行对比。研究发现：丹参动态循环阶段连续逆流提取在保证有效成分提取效果的情况下，溶剂用量较温浸法、煎煮法减少 2/3，且低温提取有效防止了丹参酚酸类成分的降解或聚合。

动态循环阶段连续逆流提取技术因提取时间较长、设备外观笨重、占地面积较大，使其应用受限，今后该技术应将其设备进行改进，缩小占地，优化工艺，实现自动化，使其能更好地应用于中药的提取工艺中。

4. 超临界流体萃取技术

超临界流体萃取技术是在一定的温度、压力条件下时，物质兼有气体的流动性和液体的溶解性双重特点，从而将被提取的有效成分从生物细胞和组织中萃取出来，再将有效成分处于另一温度、压力下，改变流体对其的溶解性，最后在解析塔中将目标产物与流体进行分离，回收流体进行循环使用。该方法安全、无毒害，且在低温下进行，使生物活性成分得到保护。

有学者进行了超临界 CO_2 萃取万寿菊中叶黄素的研究，以大豆油作为助溶剂，考察压力、温度、CO_2 流量以及豆油浓度对叶黄素得率的影响，并采用响应面分析法优化分析工艺条件。最优工艺条件：压力 35.5MPa，温度 58.7℃，CO_2 流量 19.9L/h，用 6.9%的大豆油作溶剂。在这样的条件下，叶黄素的得率最高为 1039.7mg/100g。

超临界提取技术快速高效，且产物无溶剂残留，对提取的热敏性物质起到了良好的保护作用；但超临界提取要求设备投资较大、工艺复杂，在工业生产中应用有一定的困难。

5. 超高压提取技术

超高压提取是在常温下用 100～1000MPa 的流体静压力作用于提取溶剂和中药混合液上，并在预定压力下保持一段时间，使植物细胞内外压力达到平衡后迅速卸压。由于细胞内、外渗透压骤增，细胞膜结构发生变化，使得胞内有效成分能够穿过细胞膜而转移到胞外的提取液中，实现中药有效成分的提取。

近年来，超高压技术在中药提取中有广泛应用。采用超高压技术提取番茄渣中的番茄红素，通过单因素和正交优化，得出最佳工艺条件：超高压压力 300MPa、保压时间 5min、固液比 1∶10（g/mL）、提取次数 3 次。番茄红素的提取率可达 83.2%。超高压提取方法得率高、提取时间短，是一种提取番茄渣中番茄红素的适宜方法。

采用超高压法提取人参皂苷，以 50%乙醇为提取溶剂，1∶75 料液比，500MPa 作用 2min。与水煮法、回流法和超声法对比，超高压法提取 2min 的人参皂苷得率为 7.33%，水煮法提取 4h 得率为 5.75%，超声法提取 30min 得率为 5.89%。可见，超高压技术具有耗时短、能耗低、效率高等优点。

影响超高压技术提取效率的因素有溶剂类型及其浓度、超高压压力、作用时间、物料比等，因此在试验前务必要了解被提取成分的属性，同时结合试验加以优化，使其达到最佳的提取率。现阶段，超高压技术在中药提取领域具有绝对优势，但仍存在一些不足：设备费用高；富含淀粉、蛋白质等的中药易受高压影响，可能会造成活性成分损失，诸如蛋白质变性失活、淀粉类物质发生糊化等，从而影响产品质量。

6. 生物酶解技术

生物酶解技术是采用酶的催化选择性来提取生物活性成分的一项新型提取技术，通过酶的催化专一性来选择性地提取所要的目标产物，破坏被提取物组织细胞的完整性，从而加速活性成分快速释放。

分别采用水提法、水提醇沉法、酶解法、醇提法提取金银花中的绿原酸，酶解法的提取效果最好，提取物得率可达 37.91%，明显高于常规提取法。对比酶解法和未加酶提取香菇多糖的提取效果，结果表明：混合酶解法提取香菇多糖最高提取率为 12.90%，比传统水浴浸提法高出 6.26%，在时间上仅用了常规提取法的 1/3。

生物酶解法集半仿生技术、酶高效选择及作用条件温和于一体，显著提高了中药有效成分的浸出率，最大限度地保留了热敏性成分的活性，同时可降解大分子物质，利于中药提取液的过滤，使液体制剂稳定性提高。酶法在中药活性提取中有较大的优势，但同时也面临一定的局限性，如受酶种类、温度、pH 影响较严重；同时酶对中药制剂的有效成分、药物疗效、安全性、稳定性等方面的影响尚且未知，仍需进行深入的研究。

7. 闪式提取技术

闪式提取是以组织破碎原理来进行提取的，凭借闪式提取高速转动时所产生的机械剪切作用、振动作用和负压涡流，迅速将植物组织细胞粉碎至细微粒度（40～60 目），从而使组织内的有效成分与提取溶剂充分接触，在闪式提取器产生的振动作用下强化组织细胞内可溶性活性成分的释放、扩散及溶解，从而达到快速、高效提取。

采用闪式提取技术，提取葫芦巴多糖，通过单因素和响应面优化，确定优化条件：料液比 1∶27（g/mL），电压 150V，提取时间 136s，提取温度 58℃。最佳工艺条件下得率为 21.23%，得到了葫芦巴多糖快速、高效、可放大生产的工业化条件。采用闪式提取法、浸渍法、索氏提取法、超声提取法和超临界 CO_2 流体萃取法从紫苏籽油中提取活性脂肪酸，研究发现：闪式提取法相比其他 4 种方法，显著降低了提取时间，而且提高了总活性脂肪酸的得率。

闪式提取技术应用于天然活性成分开发，有效克服了传统提取耗能费时、效率低、活性物长时间受热易损失的缺陷，可在数秒内完成提取，高效、快速、适宜于各类天然活性成分的提取。在闪式提取应用研究过程中，现阶段主要面临以下问题：①物料在提取过程中，刀刃受质地坚硬药材的影响，堵塞刀头，且转头高速旋转，将药物磨碎过程中会产生热量，存在提取液发热问题；②有效成分后续处理方面，受物料破碎颗粒大小影响，难以过滤。针对目前闪式提取存在的问题，今后设备的发展方向：①完善闪式刀头的设计，改进闪式提取设备，增加冷却和加热装置，针对低沸点溶剂或温敏型成分，可降低温度；针对热稳定成分，可升高温度，从而使闪式提取在提取方面发挥更强的作用；②增加离心匹配设备，以实现连续化生产。

三、中药炮制技术

炮制技术主要针对中药植物而言，炮制中药是用烘、炮、炒、洗、泡、漂、蒸、煮等方法加工而成的中药。在传统中药作为化妆品功效植物原料的应用过程中，炮制技术发挥富集功效物质、减少有毒有害物质的作用。

1. 炮制技术富集功效物质

（1）炮制技术富集延缓衰老功效物质　自由基学说是目前国际公认的一种衰老理论，该学说认为自由基产生过多或清除过慢会加速机体衰老进程并诱发各种疾病。很多生物活性物质有清除羟基自由基（·OH）、超氧阴离子自由基（O^{2-}）及二苯代苦味酰基自由基（DPPH·）三种自由基中的一种或多种的能力，从而达到延缓皮肤衰老的目的。

多糖是重要的生物活性大分子，是人体皮肤真皮层的重要组成成分，许多多糖在皮肤新陈代谢过程中具有突出的调节作用。生物活性多糖可具有保湿、延缓衰老、促进上皮纤维成细胞增殖和美化肤色等多种功能。有研究者对当归不同炮制品的自由基清除能力进行了比较，结果表明，生当归、油当归和酒当归水提液在 5～80mg/mL 的质量浓度内对·OH 有明显的抑制作用，随着当归及其炮制品水提液质量浓度的增加，抑制率明显升高。生当归、油当归和酒当归水提液对·OH 清除作用的顺序为：酒当归>油当归>生当归。生当归、油当归和酒当归水提液在 25～200mg/mL 的质量浓度对 O^{2-} 有明显的清除作用，随着当归及其炮制品水提液质量浓度的增加，抑制率明显升高，且呈现剂量依赖性。生当归、油当归和酒当归水提液对 O^{2-} 清除作用的顺序为酒当归>生当归>油当归，所以酒当归的自由基清除率最佳。而当归中阿魏酸和多糖是抗氧化的主要成分，对羟基自由基和超氧阴离子自由基都有较强的清除作用。通过炮制技术可富集当归多糖和阿魏酸，有实验报道当归及其炮制品中水溶性粗多糖的量大小依次为酒当归>生当归>土炒当归>清炒当归>当归炭；另有研究表明，酒当归挥发油、阿魏酸含量略有降低，但可提高挥发油、阿魏酸的提取率。

不同炮制方法亦对黄芪、当归、党参中多糖含量有显著影响，实验结果显示，在炮制品中酒炙、蜜炙、盐水炙黄芪，酒炙、清炒当归，酒炙、蜜炙党参的多糖含量均高于生品，其中均以酒炙品多糖含量最高。而大多数植物生物活性多糖成分均有抗衰老功效，研究发现，黄芪多糖可显著提高 D-半乳糖致衰老模型小鼠血超氧化物歧化酶（SOD）、过氧化氢酶（CAT）、谷光甘肽（GSH-PX）的活力，降低血浆及肝匀浆、脑匀浆过氧化脂质（LPO）水平，具有显著的抗氧化作用，从而起到抗衰老作用。另有报道指出党参多糖能改善 D-半乳糖致衰老模型小鼠皮肤组织的病理形态、增强抗氧化能力及增加胶原蛋白含量，同时通过调节小鼠皮肤多个基因及多条信号通路的活性发挥延缓皮肤衰老的作用。这对于开发以复合多糖为主要功效物质的中药方剂具有实际指导意义。

炮制对黄酮类化合物含量也有明显影响，对吴茱萸炮制品中总黄酮的含量及其清除羟基自由基的作用研究发现，吴茱萸不同炮制品中总黄酮的含量不同，清除羟基自由基的作用也有差异。吴茱萸黄酮类成分具有较强的清除羟基自由基的作用，生药及炮制品的作用效果略强于维生素 C；炮制品中除姜炙吴茱萸外均与生药的效果相当。炮制品中以汤洗七遍和汤洗七遍文火干燥吴茱萸清除羟基自由基的效果最差，姜炙吴茱萸效果最好。维生素 C 清除羟基自由基 50%时的浓度（IC_{50}）为 187.5μg/mL，生药吴茱萸 IC_{50} 为 173.1μg/mL，姜炙吴茱萸 IC_{50} 为 132.1μg/mL，由此可知吴茱萸经过姜炙后可增强其清除自由基的能力。

白藜芦醇是一种生物活性很强的天然多酚类物质，主要来源于葡萄、虎杖、花生、桑椹等植物，在研究中它被发现具有清除自由基、抗氧化等功效，已规模化地应用到了美白、抗衰老等多类化妆品中。通过炮制技术可增加白藜芦醇在中药中的含量，研究报道，不同虎杖炮制品中虎杖苷含量由高到低的顺序为盐制>醋制>酒制>豆汁制，而白藜芦醇和大黄素的含量由高到低的顺序为豆汁制>酒制>醋制>盐制，其中以豆汁制白藜芦醇含量最高，研究者同时对黑豆、绿豆、红豆和黄豆做平行试验，结果发现，在提高白藜芦醇和大黄素的含量中，黄豆的作用效果最为显著。据文献报道，黄豆中含有大量的 β-葡萄糖苷酶、纤维素酶等，此实验通过辅料的加入，利用辅料中酶的催化作用，使虎杖苷转化为白藜芦醇，从而使白藜芦醇的含量显著升高。

（2）炮制技术富集美白功效物质　通过减少黑色素的生成可达到皮肤增白的效果，而酪氨酸酶是黑色素合成反应的主要限速酶，其异常表达过量和催化活性升高会引起黑色素生成过多，从而引发黄褐斑、老年斑等色素性疾病。氧自由基是酪氨酸酶催化 L-酪氨酸最终生成黑色素的引发剂和反应物。体内氧自由基产生过多或清除过慢不仅会使皮肤血管老化、营养成分不能及时输送到肌肤，使面色萎黄无华，同时也会促进酪氨酸酶催化氧化，生成脂褐素，因其不溶于水，不易排除，在细胞内大量堆积，故而形成斑点。清除氧自由基不仅可及时滋养肌肤，也可进一步抑制酪氨酸酶的催化活性，减少皮肤中色素生成，阻止色素沉着，达到美白皮肤的目的。

葛根黄酮类物质具有抑制酪氨酸酶的作用和抗氧化作用，实验结果表明，葛根黄酮类物质对酪氨酸酶的抑制作用明显强于熊果苷，其半抑制浓度（IC_{50}）为 1.72g/L。葛根黄酮类物质的总还原能力较强，对超氧阴离子自由基和 DPPH·均有一定的清除作用，对超氧阴离子自由基和 DPPH·的 IC_{50} 分别为 0.98g/L 和 0.81g/L，说明葛根黄酮类物质有一定美白祛斑作用。另有研究报道，生葛根、麸煨品及麸烘品的总黄酮含量分别为 3.09%、3.54%、3.78%，葛根素含量分别为 1.81%、2.43%、2.62%；结果表明，葛根经加热炮制后总黄酮及葛根素含量均高于生品，总黄酮及葛根素含量以麸烘法较高。这表明麸烘法炮制葛根后其美白祛斑效果更佳。

据报道，4-羟基-3-甲氧基苯基的结构具有抑制酪氨酸酶的功效，川芎中阿魏酸效应物（4-羟基-3-甲氧基苯丙烯酸）在较低浓度下能显著降低酪氨酸酶的单酚酶活力，能明显地延长酪氨酸酶反应的迟滞时间，是一种强效的酪氨酸酶抑制剂。而通过不同炮制技术可富集中药中的阿魏酸效应物，有研究表明，酒炙川芎中的游离阿魏酸和总阿魏酸（游离阿魏酸及其衍生物水解所得阿魏酸之和）含量均高于生品，水煎液中阿魏酸含量也以酒炙川芎最高。阿魏酸亦是当归的主要成分，通过测定当归及油炒当归中阿魏酸的含量发现当归经油炒炮制可使阿魏酸含量提高。

（3）炮制技术富集抗敏功效物质　过敏反应是病理性免疫反应，即体机受抗原性物质刺激后引起的组织损伤或生理功能紊乱。在抗过敏中药的研究中，发现多种单味药、中药复方和中成药具有抗过敏作用，能在保护和稳定靶细胞膜（减少或防止其脱颗粒、释放过敏介质，提高细胞内 cAMP 水平）、抑制免疫球蛋白（IgE）产生、对抗过敏介质、中和变应原等多环节起作用。

甘草作为较佳的抗敏中药，其中的甘草酸有抗变态反应作用，能延长移植组织的存活时间，能抑制巨噬细胞对枯草杆菌 α-淀粉酶（BaA）的摄入，甘草酸能显著抑制鸡蛋清引起的豚鼠皮肤反应并减轻过敏性休克的症状。通过波长切换 HPLC 法同时测定甘草及其炮制品中 7 个物质的含量，发现蜜炙品中的甘草酸含量比生品稍高，并以清炒品甘草酸含量最高。

在对紫苏子的研究中发现，紫苏子和炒紫苏子都含有多元酚类物质，而这类物质表现出明显的抗过敏作用，其中炒紫苏子无论其活性，还是多元酚的含量，都明显高于紫苏子。血液中 IgE 水平是过敏反应的基础，研究显示过敏模型小鼠血清总 IgE 水平明显高于正常对照组，抑制或降低体内 IgE 水平是防治 I 型过敏反应性疾病的关键。研究表明，炒紫苏子醇提取物能明显降低小鼠血清中总 IgE 水平，也可明显降低小鼠血清特异 IgE 水平。

（4）炮制技术富集其他功效物质　能改善皮肤血液微循环的功效物质亦可通过炮制技术富集。对枳实生品及不同炮制品中橙皮苷进行定量分析，结果证实枳实各炮制品的内在质量有明显差异，其中橙皮苷的含量以醋炙品最高，麸炒品最低。而橙皮苷对促进皮肤的微循环有很好的效果，研究局部外用 8 种天然植物提取物对皮肤微循环的影响，在8种药物中，与基础值比较，在不同的检测时间点，红花、丹参、银杏、人参、假叶树、金雀花等6种传统应用于改善微循环的药物对受试者皮肤血液灌注量变化的影响无显著性差异（$P>0.05$）。在相同的时间点与对照组比较，涂药20min，β-七叶皂苷显著增加了血液灌注量（$P<0.05$）。研究表明，皮肤微循环速度加快，在单位时间内通过皮肤血管的红细胞数量增多，红色的氧化血红蛋白也随之增多，从而增加皮肤的红色色素含量，肤色就会变得红润。改善皮肤的微循环可以为皮肤的角质形成细胞、成纤维细胞等提供充足的氧分和营养物质，并将细胞的代谢产物和各种有害物质如超氧阴离子等及时清除，减少胶原纤维的氧化，维持皮肤中各种细胞良好的功能。由此提示可用麸炒枳实富集橙皮苷来达到利用其提取物增强皮肤血液微循环的目的。

2. 炮制技术减少负面物质

劣质土地中的重金属和农药残留可被植物吸收并慢慢累积在植物体内，植物原料提取物作为添加剂添加到化妆品中自然会将重金属和农药残留带入化妆品中，因此降低或去除原料中的重金属和农药残留显得尤为重要。通过不同炮制技术可有效减少植物原料中的重金属和农药残留。白芍作为经典组方桃红四物汤中的一味中药，具有很好的治疗黄褐斑的效果，对杭白芍（浙江产）生品与炒黄白芍、炒焦白芍、醋炒白芍、酒炒白芍以及土炒白芍中的16种元素含量进行了比较，重金属Pb、Cd含量以醋制品最低。有报道指出，炮制技术也可去除中药材中的农药残留，主要通过在适当的设备中加热至适当的温度，在不破坏中药材中有效药用成分的前提下，使中药材中的农药残留污染物分解或降解为无害的物质，从而达到去除农药残留的目的。此法适用于脱除分解温度或降解温度不太高的农药。

综上所述，在植物源化妆品飞速发展之际，植物原料品质显得尤为重要，这样也就有了炮制技术的一席用武之地。炮制能够导致植物的功效成分含量变化，或升或降，升为所需，降也无碍，如前文所提到的酒炙当归后阿魏酸含量略有降低，但可提高其提取率，因此，权衡一种炮制方法是否适合该植物是一个综合衡量的过程。对于中药组方而言，通常其组方由多味药组成，而研究者在进行化妆品中药原料开发时需根据中药组方所诉求的功效来选择其中一味药炮制或多味药分别用不同方法炮制，或富集有效成分，或减少负面成分，最终实现中药组方安全高效利用。

第二节　化妆品植物原料的质量控制

化妆品植物原料的质量控制，对于其在化妆品中的应用具有重要的意义。

一款好的化妆品植物原料，除自身的功效性、安全性以外，通常必须具备以下特性：①化妆品植物原料的理化指标控制稳定，并易加入化妆品配方；②化妆品植物原料中的活性物含量控制稳定，并易于跟踪、监测；③化妆品植物原料的色泽、气味批次间保持稳定，并容易应用于不同体系的化妆品中；④化妆品植物原料的防腐体系，符合法规要求，并能够有效地控制各种微生物的繁殖；⑤化妆品植物原料自身稳定，并可以稳定地应用于化妆品中。

一、常规理化指标控制

化妆品植物原料下线时，需要对其常规理化指标进行测定或控制，既可以明确其固有属性，同时也可用于后期产品稳定性监控。一般来说，水剂型产品常规理化指标有 pH 值、电导率、可溶性固形物等，油剂型产品常规理化指标有折射率、相对密度、酸值、过氧化值等。

pH 值是产品的固有属性之一，通过 pH 值可以了解产品在何种环境下处于稳定状态。通过电导率可以了解产品是否含有可自由移动的电荷，进而判断产品的应用性，电导率高的植物原料添加至化妆品配方中可能会造成乳化效果差，甚至破乳的现象。可溶性固形物、折射率、相对密度可以用于定性，鉴别产品真伪。酸值是植物干性油中游离脂肪酸含量的计量单位，过氧化值是油脂和脂肪酸等被氧化程度的一种指标，可用于判断其质量和是否变质。

二、活性物含量控制

对于化妆品植物原料，提取所用的植物来源不同，所得产品的活性物种类和含量也不同。常见的活性物有：总糖/多糖、黄酮、多酚、皂苷、蛋白质、多肽、氨基酸等。常用的检测方法有紫外可见分光光度法、高效液相色谱法、凝胶色谱法等。

紫外可见分光光度法是根据物质对紫外光和可见光选择性吸收而进行分析的方法。由于各种各样的无机物和有机物在紫外可见区都有吸收，因此可借此法加以测定。一般黄酮、多酚含量的控制常选用紫外可见分光光度法进行测定。

高效液相色谱法具有高效、高灵敏度、样品量少、易于回收的优点，百分之七十以上的有机化合物可用高效液相色谱分析，特别是高沸点、大分子、强极性、热稳定性差的化合物，所以应用范围非常广。对于起着特殊功效的中药或植物原料，可以同时选择控制其标志物含量，比如苦参中的氧化苦参碱、藤茶中的二氢杨梅素、山茱萸中的马钱苷等，都可以用高效液相色谱法进行定量分析。

凝胶色谱法主要用于高聚物的分子量分级分析以及分子量的分布测试，可用于多肽、多糖的分子量定性定量分析。

活性物含量直接关系着化妆品植物原料的功效性，所以不仅要在产品在线生产过程中、产品下线时进行分析控制，还需要对其储存期间的活性物含量进行追踪，以保证产品在整个货架期的有效性。

三、色泽、气味控制

1．色泽控制

依据不同植物源的物质属性，可筛选其有效部位加以开发。其中对某些提取物颜色深，且存在变色、受环境因素影响而分解、聚合等不稳定问题的原料进行研究时，应在保证产品功效的同时，运用脱色、护色工艺处理，以保证产品批次色泽的稳定性。

（1）脱色体系　为了满足消费者需求，保证产品色泽均一、无附加色，需建立脱色体系。目前，可用于植物源的脱色体系有：①物理吸附，如活性炭脱色，不会引起原料物质属性改变；通过物理吸附，降低产品颜色，利用活性炭特有的大孔效应，吸附有色金属离子、不稳定的杂质等；②化学脱色，如过氧化氢氧化还原脱色，通过物质之间的化学反应达到脱色目的；③树脂交换，如大孔树脂洗脱，进行物质内离子、分子等交换，脱除易变色的物质成分，保证产品体系色泽稳定性。

（2）护色体系　中药提取液在提取、储存过程中，存在活性物质变色问题，致使提取物功效降低甚至是失去了原有的抗氧化、抗炎等功效。存在变色问题的主要原因是：天然活性成分自身存在不饱和键、结构异构化、酶促降解、褐变等。针对不同物质的变色，选择性地避免接触空气中氧气、酶、光、热等，同时采取包埋、防氧化剂、防褐剂等加以保护。

现有护色体系：①加入包埋剂，如用环糊精、壳聚糖等大分子物质对其进行包埋，避免活性基团直接暴露于空气中氧化变色；②调节体系 pH，如受酸、碱环境影响，功效物质的结构会发生变化，调节体系的 pH，一方面，保证产品在护肤品可使用的环境下，维持固定的色系，同时可以螯合易被氧化的金属离子；另一方面，改变 pH 抑制酶的活性，使产品免受酶的影响；③加入抗氧化剂，如易受氧化作用的物质，建议加入维生素 C 及其衍生物、亚硫酸盐、半胱氨酸等阻止其变色；④加入络合剂，如 EDTA-2Na、六偏磷酸钠、焦磷酸盐等，通过螯合易氧化金属离子，加以护色；⑤加盐，降低体系的溶氧量，实现产品的稳定性。

2．气味控制

气味是伴随中药提取物的药理而言的，气味是产品特有的属性，根据人类的嗅觉体现出来的，如桂花，有"十里飘香"的美誉；青瓜，独居"清爽幽香"。不同的中药有不同的气味，通过嗅觉定性产品特征。

如何在开发过程中，对提取物的气味加以控制，避免出现其他特征气味？这就需要在产品开发过程中，对制备工艺过程的温度、组方间物质并存与否、吸附剂等设置关键控制点，避免受其影响改变气味。

四、防腐体系建立

防止植物提取物在开发及储存过程中微生物的肆意滋生，需要在提取开发过程中，依据产品体系的特点和属性，建立相应的防腐体系。

按提取介质的极性大小，将体系分为以下几类：

① 体系以纯水为介质，根据提取物本身是否有一定抑菌功效，决定是否加入防腐剂及其添加量；依据《化妆品安全技术规范》（2015 年版），确保是否可使用以及使用量的多少，对于限用防腐剂，务必保证防腐剂用量不能超过限量值。

② 体系以多元醇或油剂为介质，无须额外加入防腐剂，提取介质本身就具有防腐能力；除非个别植物本身特别难防腐，需要加入防腐剂。

③ 体系为多元醇水溶液，是否需要加入防腐体系，取决于溶剂体系和活性成分占比以及活性物质是否具有抑菌功效。一般当体系多元醇含量高达 50% 以上时，无须再添加防腐剂；当体系的多元醇含量 < 50% 时，需要根据活性物质是否具有微生物繁殖的环境，决定其防腐体系添加量，此时需要加入水溶性较好的防腐剂，避免产品与防腐剂不兼容，同时，需要兼顾产品本身的特性，避免防腐剂与体系发生作用，引起变色、不稳定、有害物质的释放等问题。

此外，在建立产品的防腐体系时，需要考虑防腐剂在微生物各方面的最低抑菌浓度，将抗细菌和抗真菌类防腐剂加以组合，防止细菌或真菌任一菌落的滋生。

五、稳定性控制

化妆品植物原料的成分相对复杂，产品的稳定性更是关乎产品有效性和应用性。为了快速预测产品是否稳定，可在产品下线后模拟不同的储存环境进行稳定性观测。比如将样品分别置于日常（室温）、避光（室温）、光照（28℃）、冷藏（4℃）、冷冻（-20℃）、加热（45℃）、冷热交替（-20℃与45℃交替变化）等条件下进行观测，日常、避光可延长观测至 2～5 年，其余较为苛刻的环境观测至 90d。在此期间需定期观测产品外观是否稳定，比如透明度、颜色、是否有沉淀产生等，同时还需定期测定产品理化指标、活性物含量，从而为建议产品储藏环境、预测货架期提供依据。

第四章 化妆品植物原料安全风险评估体系设计与评价方法

第一节 安全评估体系设计

在国际上，美国、日本、欧盟等发达国家和地区，已经广泛运用风险评估手段进行产品安全性评价。欧盟（European Union，EU）于 2016 年 7 月发布了《在欧盟草药专论编写中评估公认的和传统的草药产品临床安全性和有效性的指导原则（第一次修订版）》。其中最值得注意的是，草药产品申请注册时可用文献资料替代试验资料，并且可根据文献资料科学性不同，获准不同的适应证。

在我国，2011 年《化妆品新原料申报与审评指南》指出：凡有安全食用历史的，如国内外政府官方机构或权威机构发布的或经安全性评估认为安全的食品原料及其提取物、国务院有关行政部门公布的既是食品又是药品的物品等，应提交的文件减少到 3 个局部耐受性方面的资料，即皮肤和急性眼刺激性/腐蚀性试验、皮肤变态反应试验及皮肤光毒性和光敏感试验（原料具有紫外线吸收特性时需做该项试验），而无须全套毒理试验资料。2013 年 12 月，国家食品药品监督管理总局发布了《关于调整化妆品注册备案管理有关事宜的通告》（2013 年第 10 号通告），明确国产非特殊用途化妆品"风险评估结果能够充分确认产品安全性的，可免予产品的相关毒理学试验，国产特殊用途化妆品和进口化妆品注册也要求企业提交安全风险评估报告"。2015 年 11 月 10 日《化妆品安全风险评估指南》(征求意见稿)指出:"化妆品安全风险评估报告结论不足以排除产品对人体健康存在风险的,应当采用传统毒理学试验方法进行产品安全性评价。"

综上,如果植物组方功效原料安全风险评估能有效地反映出原料的潜在风险,指导安全使用,是可以替代终产品毒理学试验的。

一、产品可能引起的主要有害作用以及化妆品不良反应

从毒理学意义上讲,有害物质经皮(穿过表皮、真皮)、经口或吸入后,带来的不良反应或毒害作用可以归结为 3 个方面:急性毒性、局部毒性和系统毒性。为完整评价可能的毒害作用,《化妆品安全技术规范》(2015 年版)第六章明确了我国化妆品行业整套毒理学测试由十几个动物试验或体外试验组成,包括生殖毒性、致突变性/基因毒性和致癌性等评价方法。

① 急性毒性:包括经口、经皮或吸入后产生的急性毒性效应。

② 局部毒性:发生在涂抹处。带来的不良反应包括皮肤刺激、眼刺激、皮肤过敏和光毒。

③ 系统毒性:毒害可能发生在非涂抹处。有害物质经皮、经口或吸入后进入血液循环,引起全身(系统)毒性。这些毒性包括:

a. 重复剂量毒性;

b. 亚急性(28d);

c. 亚慢性(90d);

d. 慢性(85%寿命);

e. 生殖毒性;

f. 毒代动力学;

g. 致突变性/基因毒性;

h. 致癌性。

这些毒性效应在化妆品中的表现,被称为化妆品不良反应。化妆品不良反应是指由于使用化妆品而引起的皮肤及其附属器的病变,例如:皮肤红斑、丘疹、瘙痒、刺痛、黏膜干燥、脱屑及色素沉着等。从临床上看,化妆品不良反应是一组有不同具体表现、不同诊断和处理原则的临床症候群。发生化妆品皮肤病的原因主要涉及化妆品本身和使用者机体素质两方面因素。除了个人体质敏感及化妆品的选择或使用不当外,化妆品质量、金属或杂质含量、微生物污染情况、某些成分的毒性刺激及其不良反应等均可促使发病。

中国卫生部和国家技术监督局在 1997 年联合发布了《化妆品皮肤病诊断标准及处理原则 总则》等 7 项强制性国家标准(GB 17149.1~GB 17149.7),这些标准涉及的病变类型包括:化妆品接触性皮炎[2009 年进行修订,目前最新的文件为《化

妆品皮肤病诊断标准及处理原则 化妆品接触性皮炎》（报批稿）]、化妆品光感性皮炎、化妆品痤疮、化妆品皮肤色素异常、化妆品毛发损害、化妆品甲损害等类。近年来出现了化妆品引起接触性荨麻疹、接触性唇炎的病例报道，多发生在使用香波、护发素、沐浴液及口唇产品之后。中国国家标准化管理委员会 2007 年曾计划建立 GB 17149.8—2008 化妆品唇炎及 GB 17149.9—2008 化妆品接触性荨麻疹两个诊断标准，但至今未建立官方的标准。

据统计，2016 年北京市化妆品不良反应监测报告表共计 723 份，大部分诊断为化妆品接触性皮炎（或包括），约为 90.87%，不良反应以瘙痒、灼热感、干燥居多，部分伴有疼痛、紧绷感。可以看出化妆品接触性皮炎发生率很高，但有些患者并非接触过敏性皮炎，不能依靠斑贴试验确诊，例如接触性荨麻疹、化妆品导致的痤疮等，还有一部分化妆品光敏感性皮炎，需要采用可疑化妆品进行光斑贴试验才能确诊。

二、化妆品植物原料安全风险评估体系设计

1. 风险评估基本原则

进行风险评估，不论是单一物质（例如西药）还是混合物（例如植物提取物），不论是合成物质还是天然物质，基本原则是不变的，都是建立在风险评估基础上的，在毒理学安全评价框架内工作，具体包括以下 4 个组成部分：

（1）危害识别　基于毒理学试验、临床研究、不良反应监测和人类流行病学研究的结果，从原料或风险物质的物理、化学和毒理学本质特征来确定其是否对人体健康存在潜在危害。

（2）剂量反应评定　剂量反应评定用于确定原料或风险物质的毒性反应与暴露剂量之间的关系。因此，需要明确暴露的强度、浓度和时间的关系。当涉及致癌物质时，要知道导致癌症的最小剂量是多少。NOAEL（未观察到有害作用的剂量）是剂量反应评定环节的基本要素。其意义是在规定的暴露条件下，通过试验和观察，化学物质不引起机体可检测到的有害作用的最高剂量或浓度。NOAEL 数值来自动物试验，通常选择最敏感的动物，进行重复剂量毒理试验，包括亚急性（28d）、亚慢性（90d）和慢性口服试验，或者进行发育毒性试验。

（3）暴露评定　暴露评定指通过对化妆品原料或风险物质暴露于人体的部位、强度、频率以及持续时间等的评估，确定其暴露水平，用 SED（全身暴露量）表征。

$$SED=A \times C \times DAp$$

式中，SED 为全身暴露量（以每日单位体重的暴露量计），mg/(kg·d)；A 为考虑了使用频率、面积等因素的、以单位体重计的化妆品每天使用量，mg/(kg·d)，欧盟有现成的数值可供查阅和使用，我国目前尚属空缺；C 为化妆品原料在成品中的浓度，%；DAp 为经皮吸收率，%，在无透皮吸收数据时，吸收率以 100%计，当原

料分子量＞500 且脂水分配系数 $\lg P_{ow} \leqslant -1$ 或 $\geqslant 4$ 时，吸收率取 10%。

（4）风险特征描述 一旦危害、剂量反应评定和暴露量确定后，就可以判断风险了，亦即判断产生危害的概率是多少、危害的本质（类型、持续时间、量级，以及是否可以恢复）是什么。通过计算 MoS（安全边际）值的方式进行描述。

$$MoS = \frac{NOAEL}{SED} = \frac{NOAEL}{日暴露量(化妆品) \times 浓度(原料) \times 经皮吸收率}$$

考虑到物种间（动物到人）和人（性别、年龄、人种）间的不同性和不确定性，毒理学上采用系数 100。当原料的 MoS≥100 时，可以判定是安全的。如化妆品原料的 MoS＜100，则认为其具有一定的风险性，对其使用的安全性应予以关注。

2．植物提取物安全评价决策树

决策树（图 4-1）根据"是"或"否"的回答，来决定哪些毒理学试验可以免除，哪些必须进行。一般来说，植物组方功效原料（有时简称为植物提取物）都是复杂的混合物，其成分也随着品种和产地的差异而不同，相比化工来源的化妆品添加剂，具有难于评价的特点。同一种植物的提取物，由于加工方式不同，其成分含量可能存在较大差异，需要建立一套评价方法，使它们之间具有可比性。

根据该植物提取物是否为传统食品或草药，可分为两种情况，分别进行评价，见图 4-1。

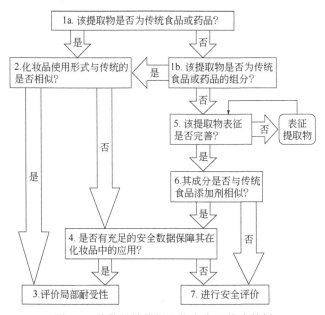

图 4-1 化妆品植物提取物安全评价决策树

（1）植物提取物是传统食品、草药或是其组分 若植物提取物是传统食品或其组成成分，则说明它具有很长的食用历史，组成、形态、质量等指标明确，安全性得到了验证。中医药宝库是中国得天独厚的优势，几千年对于植物资源的使用和毒理数据的积淀，很多植物还具有药食同源的特质，这些都是详实的安全证据。植物提取物可能来源于野生或种植的植物的各个部位，比如种子、果实、叶子等；当然，也包括那些通过综合评价证明其安全性，并记录在案的新型食品及食品添加剂。若植物提取物是传统草药或其组成成分，则应掌握能充分保障其质量和安全性的数据，并按规定记录在案。若植物提取物应用于化妆品中时，与传统食品或药品中的使用形式相似，则该植物提取物不必进行毒理学试验，可直接进行局部耐受性的评价。通过体内试验、体外试验、计算机模拟试验或人体试验，可以获得可靠充分的安全性数据，保障植物提取物在化妆品中的应用。若通过上述试验仍不能保证植物提取物的安全性，则需要通过毒理学试验等其他安全评价方法进行评价，直到获得能够保障化妆品应用的充分可靠的安全性数据。

（2）植物提取物不是传统食品、草药或其组分　若植物提取物既不是传统食品或药品，也不是其组成部分，应用于化妆品中时，无法保证其安全性，这类植物提取物必须通过严格的安全评价才能使用。

若植物提取物的特征明确，成分与传统食品添加剂相似，且具有足够的安全性数据，能够保障其在化妆品中的应用，则可以进行局部耐受性的评价。

（3）局部耐受性测试　尽管通过食用摄入能够证明绝大多数食品或草药的安全性，但是植物中含有的某些未知物质，可能具有潜在风险，导致诸如接触刺激、光毒性、皮肤过敏等问题。因此，用于化妆品中的植物提取物，需要进行局部耐受性的评价。局部耐受性试验可以参考《化妆品安全技术规范》（2015年版），包括皮肤刺激性/腐蚀性试验、急性眼刺激/腐蚀性试验、皮肤变态反应试验、光毒性试验和人体皮肤斑贴试验等，其中除人体斑贴试验外，其他试验需要借助动物试验完成。以欧美为代表的不少国家已经不支持或全面禁止动物试验，各种动物替代方法在我国化妆品行业安全评价和功效评价中发挥着越来越重要的作用。

3．实施策略

在风险评估4步骤基础上，结合决策树灵活多变的特点，能够满足植物提取物的安全评价需求，可以作为日常工作的指导工具。

如果植物提取物位于决策树最左侧（见图4-1），可以免除系统毒理试验，而代之以文献查阅或（计算机模拟）构效关系等途径，获得必要的毒理学数据，计算得出系统毒性"安全剂量"；若植物提取物位于决策树最右侧（见图4-1），其系统毒性"安全剂量"必须通过完整的毒理学测试或严格的安全评价方能获得；其他类植物，情况居中。但不论哪类植物，在通过了系统毒性评估后，接下来都需要进行产品局部耐受性测试和毒素分析，这是结合化妆品施用于人体皮肤的这一产品特点而决定的。

毒素分析在前面章节未予述及，我们知道，植物是有机的整体，为皮肤提供功效成分的同时，也会产生和累积内源性毒素，例如芦荟蒽醌，同时，植物生长过程中会积累诸如重金属等外源性毒性物质。实际工作中，我们对内源性毒素采取主动排查的方式予以排除；外源性毒素检测项目比较固定，例如农药残留、重金属富集、致病菌等，需要定期检测。

化妆品植物组方功效原料安全风险评估体系设计还要延伸到风险管理和风险交流两个环节，而这两个环节往往是被人们所忽视的。前者保证风险是受控的以便使其最小化；后者是通过与相关组织之间的交流，以便使用者知晓毒理学数据以及暴露危害，使风险最小化。

对植物提取物进行安全评价时，可以单独使用某一种方法，或将几种方法（体内、体外、临床）有机结合，综合评价，获得可靠的安全性数据，形成安全风险评估报告，从而保障消费者使用的安全。

三、影响化妆品安全性的主要环节

影响化妆品安全性的主要环节概括起来包括两个：生产环节和使用环节。生产环节主要包括原料、生产过程和包材等方面。关于原料，化妆品的安全要细化到各个原料，欧盟化妆品安评报告是基于每一个组分，每一个成分安全。关于生产过程，须按照 GMP 生产以避免生产过程中产生或带入的危害。关于包材，可以考虑进行包材迁入试验、选择适合包材和遵守包材法规等，以保证化妆品包材的安全性。最后，对于化妆品成品，要检查终产品的局部耐受性，最后形成总的化妆品安评报告，送达使用者，以便使用者知晓毒理学数据以及暴露危害，使风险最小化。而在使用环节产生的安全问题主要包括：美容院对消费者施用化妆品不当；消费者本身有过敏体质，并且在使用化妆品前没有详细阅读产品说明书或没有做相应的皮肤敏感试验，造成了因为选择化妆品不当或使用不当而产生的不良反应；消费者对化妆品不良反应认识不够，出现不良反应后没有及时得到正确的诊治和处理。

第二节　安全评价方法

本节主要从细胞水平、三维皮肤组织水平、离体器官水平以及化学分析水平分别阐述目前常用的安全评价方法。

一、细胞水平

1. 细胞短期暴露试验
细胞毒性是由细胞或化学物质引起的单纯细胞杀伤事件，不依赖于凋亡或坏死的细胞死亡机理。它是指一个化学物质（药物）作用于细胞基本结构和/或生理过程，如细胞膜或细胞骨架结构，细胞的新陈代谢过程，细胞组分或产物的合成、降解或释放，离子调控及细胞分裂等过程，导致细胞存活、增殖和/或功能的紊乱，所引发的不良反应。细胞毒性检测主要是根据细胞膜通透性发生改变来进行的检测，常用以下几种方法：

（1）细胞增殖能力分析试剂盒　原理：正常细胞代谢旺盛，其线粒体内的琥珀酸脱氢酶可将四唑盐类物质（如 MTT、XTT、WST-1 等）还原为紫色的结晶状的物质，沉积在细胞周围，然后通过酶标仪读取 OD 值，从而检测到细胞增殖状态。

（2）荧光素发光法细胞生存能力检测　原理：腺苷酸激酶（AK）存在于所有真核和原核细胞的胞浆中，AK 具有激活 ADP 生成 ATP 的作用。当细胞受损后，细胞膜发生破损，AK 会释放到培养上清液中。该试剂盒利用萤光素酶和荧光素在 ATP 作用下可以发光，再通过化学发光仪进行定量检测。

（3）LDH 法细胞毒性检测　原理：LDH（乳酸脱氢酶）是一种稳定的蛋白质，存在于正常细胞的胞质中，一旦细胞膜受损，LDH 即被释放到细胞外；LDH 催化乳酸形成丙酮酸盐，再和 INT（四唑盐类）反应形成紫色的结晶物质，可通过 500nm 酶标仪进行检测。通过检测细胞培养上清液中 LDH 的活性，可判断细胞受损的程度。

2．3T3 中性红摄取光毒性试验

光毒性是指应用于机体的物质经暴露于光线后诱发或增强（在低剂量水平时明显）毒性的反应，或全身应用一种物质后由皮肤光照引起的毒性反应。该试验方法通过测定 3T3 成纤维细胞经化学物质和紫外线照射联合作用后细胞吸收中性红的能力或细胞毒性的变化来判断该化学物质是否具有光毒性。中性红是一种弱的阳离子染料，极易以非离子扩散的方式穿透细胞膜并在细胞溶酶体内聚集，正常状态下，细胞能够吸收中性红，当细胞膜受到伤害后，吸收的中性红很容易漏出。某些化学物质和外界条件作用可引起细胞表面或溶酶体膜敏感性的改变，导致溶酶体脆性增高等不可逆的细胞毒性变化，从而导致细胞吸收中性红的能力下降。此方法已被经济合作与发展组织（Organisation for Economic Co-operation and Development，OECD）接受为指南（TG432），并于 2016 年 11 月 7 日被国家食品药品监督管理总局批准作为第 18 项毒理学试验方法纳入《化妆品安全技术规范》（2015 年版）第六章。

3．h-CLAT 皮肤致敏试验

人细胞系激活试验（human cell line activation test，h-CLAT）主要通过朗格汉斯细胞（LC）功能类似细胞——人急性单核细胞（THP-1）接触化学物后细胞表面标志物以及信号通路的变化判断化学物是否具有致敏性。当与致敏物接触时，THP-1细胞表面的 CD86 和 CD54 表达增强，可以在 THP-1 细胞中或培养液中检测到，通过检测 CD86 和 CD54 的变化可以判断化学物的致敏性。选取基于细胞活力 75%（cell viability，CV75）剂量的 8 个剂量组进行试验，样品处理细胞时间为 24h。使用 FITC（fluorescein isothiocyanate，异硫氰酸荧光素）标记的抗 CD86、抗 CD54 以及同型

对照的单克隆抗体培养测试样品处理过的细胞 30min，然后用流式细胞仪分析 CD86 和 CD54 的荧光强度。最终通过计算 RFI 值来评估测试样品的致敏性。该方法通过欧洲替代方法验证中心（European Centre for the Validation of Alternative Methods，ECVAM）的验证，2015 年成为 OECD TG442E 方法。

4. KeratinoSensTM 致敏试验

KeratinoSensTM 是一个基于转染了选择性质粒的 HaCaT（human keratinocytes）角质细胞作为检测系统的方法。HaCaT 是人类永生化角质细胞，包含有抗氧化反应元件（antioxidant response element，ARE）的萤光素酶报告基因，Nrf2-ARE 检测就是利用 HaCaT 细胞检测萤光素酶的活力水平来判断细胞是否有致敏反应的。Nrf2-亲电体-感应通路包含表达蛋白 Keap1、传递子 Nrf2 以及 ARE，形成了由皮肤致敏剂诱导的毒性应答路径。当机体处于氧化应激状态，或体内的氧化磷酸化作用可以促使 Nrf2 与 Keap1 解体时，Nrf2 转位进入细胞核，在各个功能区的密切配合下，与抗氧化反应元件 ARE 结合，启动 Nrf2-ARE 信号通路，定量检测由 Keap1-Nrf2-ARE 反应通路激活引起的萤光素酶基因的表达情况，以此作为量化皮肤致敏反应的标准。该方法通过了 ECVAM 的验证，2015 年成为 OECD TG442D 方法。

5. U-SENSTM 皮肤致敏试验

U-SENSTM 皮肤致敏试验为体外测试方法，使用人体骨髓细胞系 U937 细胞模拟树突状细胞（dendritic cells，DC）激活引起 T 细胞增殖的关键步骤。当 U937 与致敏物接触后，细胞激活反应特异性标志物 CD86 的表达会增强，接触 45h 后，对细胞进行异硫氰酸荧光素标记抗体［fluorescein isothiocyanate (FITC)-labelled antibodies］染色标记，用流式细胞仪检测 CD86 表达的变化。计算测试物与溶剂或空白对照相比 CD86 的相对荧光强度，通过预测模型预测致敏物与非致敏物。U-SENSTM 方法被 ECVAM 推荐在 IATA 框架下，帮助区分皮肤致敏物与非致敏物。

6. 荧光素漏出试验

荧光素漏出（fluorescein leakage，FL）是欧洲近年发展起来的评价兔眼刺激性的一种替代方法，它通过检测暴露于受试物后渗透过培养的单/多层细胞的荧光素量来评价受试物的刺激性，并用于评价受试物对细胞屏障功能的影响。生长在半渗透性嵌入式培养皿上的 MDCK CB997 肾小管上皮细胞，可以形成与体内非增殖状态的眼角膜上皮相似的具有紧密连接和桥粒连接的单层，正如在结膜和角膜上皮的顶层细胞一样。体内紧密连接和桥粒连接能阻止溶质和外来物质穿透角膜上皮细胞。当暴露于受试物后，培养于嵌入式培养皿上的 MDCK 细胞紧密连接和桥粒连接的损伤、跨膜抗渗性的缺失，可以通过测量荧光素钠渗透情况来评估荧光素漏出情况。荧光素漏出的量与化学物质引起的紧密连接、桥粒连接和细胞膜损伤程度成正比，用于评估受试物的眼刺激性。欧洲替代方法验证中心 DB-ALM 数据库共收录了 4 个版本的 FL 方案——71、82、86 和 120，不同的方案对应不同的预测模型，详细内容参考 ECVAM 数据库。

7. 胚胎干细胞毒性试验

根据胚胎干细胞（embryonic stem cell，ES）的特性而发展起来的胚胎干细胞试验（embryonic stem cell test，EST）可以从细胞毒性、分化抑制以及分子生物学水平反映胚胎发育毒性。胚胎毒性作用中最重要的特点是胚胎组织和成体组织对胚胎毒性物质的敏感性存在明显差异，这种差异在体外试验表现为 ES 细胞对毒性物质的反应比成体细胞更为敏感，而且可用抑制胚胎分化的程度不同反映毒性作用的强弱。该试验采用两种永生化的小鼠细胞系：mES 小鼠胚胎干细胞（代表胚胎组织）和 3T3 成纤维细胞（代表成体组织）。试验由三个程序组成，分别是检测受试物 mES 的细胞毒性、3T3 细胞毒性及检测抑制胚胎干细胞分化为心肌细胞的能力，通过以上三个程序的结果预测受试物可能的胚胎毒性。1997 年德国动物实验替代方法研究中心（Center for Documentation and Evaluation of Alternative Methods to Animal Experiments, ZEBET）建立了胚胎毒性测试的替代方法，2003 年优化后的 EST 方法通过了 ECVAM 的验证，2009 年正式发布成为 SN 标准。

8. 雌激素受体结合方法测定雌激素激动剂和拮抗剂

BG1 Luc ER TA 测试方法是一种采用体外细胞优先筛查内分泌干扰素的方法，此方法利用了一个稳定转染 ER 报告基因的人类卵巢癌细胞株，即 BG1 细胞，转染了萤光素酶报告基因，其上游插入了 4 个雌激素反应单元，然后将上述细胞株转入小鼠的乳腺癌细胞的上游启动子部分（MMTV），当化学物质与特定的受体结合并激活萤光素酶报告基因的表达，添加荧光素以后，系统的发光量与被测定物质的量成正比，从而可以说明雌激素受体激动剂或拮抗剂的活性。

二、三维皮肤组织水平

1. 基于 3D 模型的皮肤腐蚀性测试

目前以重建人表皮模型（reconstructed human epidermis，RHE）为基础的皮肤腐蚀性测试已被接受用于区分腐蚀性物质和非腐蚀性物质或无分类物质（参照 OECD TG431 和测试方法 B40.bis）。其中一种测试方法 EpiSkin 被 ECVAM 验证为可以将腐蚀性区分为亚分类 1A（强腐蚀性）和 1B/1C（中/弱腐蚀性），在 2015 年被 OECD 认为是唯一一个可以预测化学品腐蚀性亚分类的重建人表皮模型测试方法，见 OECD 指南 431。该表皮模型由基底层、基底上层、棘层、颗粒层和具备屏障功能的角质层组成，在限定的刺激或腐蚀阈剂量水平之下，经过皮肤接触后，通过 MTT 试验测定在不同暴露时间点使细胞存活率下降的百分率，评价受试物腐蚀性的强弱及其亚分类。目前，OECD 指南认可的皮肤刺激方法中，有 4 种商业化皮肤模型已经被认可，EpiSkinTM、EpiDermTMSIT (EPI-200)、SkinEthic

TMRHE 及 LabCyte EPI-MODEL24 SIT。

2．重建人角膜样上皮测试方法

重建人角膜样上皮（reconstructed human crnea-like epithelium，RHCE）是一种体外细胞毒性试验，利用体外重建的角膜上皮测试受试物的眼刺激性，现有常用的商业化角膜模型为 EpiOcularTMRHCE 人角膜上皮模型。RHCE 具有与人角膜上皮类似的组织学、形态学和生化生理特征，将受试物添加到角膜外表皮，模拟人体角膜接触受试物的方式，采用 MTT 法测定细胞存活率，判断受试物的眼刺激性。此测试方法在 OECD 指南中被称为验证参考方法（validated referencn method，VRM），指南序列号为 TG492。

3．体外重建表皮光毒性试验

该实验的目的是通过 3D 人重建表皮模型检测化学物质的潜在光毒素。该实验的基本原理是通过比较暴露于和不暴露于无毒性剂量的 UVA 光照射下的化学物质的细胞毒素来预测化学物质的光毒性大小。暴露于化学物质和 UVA 对细胞造成的毒性大小可以通过线粒体将 MTT 还原为蓝紫色结晶甲瓒的能力来判断。3D 模型具有屏障功能，提高了 UVA 的耐受剂量，但也限制了潜在的光毒物质与细胞的直接接触（模型批次也会有一定的差异），所以基于 3D 模型的光毒性测试并未获得正式验证。

三、离体器官水平

1．牛角膜通透性试验

牛角膜通透性试验（BCOP）主要用于鉴定严重刺激和腐蚀性。BCOP 是一个离体器官试验方法，牛角膜可在体外短期内维持正常生理和生化功能，当受试物与牛角膜接触后，牛角膜受到刺激并产生相应的损伤，通过浊度仪和可见光度计分别测量牛角膜浊度值和渗透率的变化，通过计算受试物的体外刺激评分（in vitro irritation score，IVIS），可评价该受试物的眼刺激作用。

此方法于 2009 年被 OECD 接受为指南（TG437），并在 2013 年进行了修订。

2．大鼠经皮电阻试验

大鼠经皮电阻试验是将 28～30 日龄的大鼠进行安乐死处理，取大鼠背部皮肤（小心去除脂肪）进行皮肤板的制备，试验时用受试物处理制备好的皮肤并进行电阻值测试。皮肤表面的角质层可起到保护皮肤屏障的作用，产生稳定的电阻值。当腐蚀性化学物作用于离体皮肤时，会破坏皮肤屏障作用，增加皮肤离子通透性，使电阻值降低，产生的不可逆皮肤组织损伤表现为皮肤角质层缺失及皮肤屏障功能降低，即经皮电阻（transcutaneous electrical resistance，TER）值降低。通过惠斯通电桥的装置，可检测离体皮肤经皮电阻值的改变，从而判断受试物是否具有皮肤腐蚀性。

该方法于 2004 年 4 月 13 日被 OECD 认可发布为试验指南（OECD TG430），并在 2015 年进行了修订。该方法于 2017 年 8 月 27 日被国家食品药品监督管理总局批准作为第 19 项毒理学试验方法纳入《化妆品安全技术规范》（2015 年版）。

3. 鸡胚绒毛尿囊膜试验

鸡胚尿囊膜表面血管丰富，类似于人和哺乳动物的结膜，可以看作一个完整的生物体，不像单纯在细胞系上进行的试验，在作为眼刺激替代方法上有较好的潜力。鸡胚绒毛尿囊膜试验 HEM-CAM（hen's egg test-chorioallantoic membrane）通过观察尿囊膜暴露于化学物质后血管的变化（充血、出血、凝血）并计算刺激分值，根据结果对受试物的眼刺激性进行预测和评价。

ECVAM 对 HET-CAM 试验完成了验证评估，此方法在国外已被较多采用，目前可参照 ECVAM 推荐的 HET-CAM 方法进行测试。

四、化学分析水平

直接多肽反应试验（DPRA）：由宝洁公司 Gerberick 开发，可用于皮肤致敏源的筛查，可将化合物按照致敏程度不同进行分类。在皮肤致敏的发生过程中，化学物质穿透皮肤与蛋白质相结合，形成稳定的免疫复合物并启动免疫反应。大多数化学致敏源（半抗原）都是亲电性的，能与赖氨酸的亲核中心发生结合反应。直接多肽反应试验通过受试物与特征多肽共孵育，采用高效液相色谱（HPLC）分析反应液中谷胱甘肽（GSH）或多肽的消耗，以评估受试物的肽反应性。

将待测样品与 GSH 和含有半胱氨酸/赖氨酸的合成肽反应。具体步骤为：在 25℃环境下，样品与 GSH 以 1:100 的比例混合反应 15min，样品与含有半胱氨酸/赖氨酸的合成肽以 1:10/1:50 的比例混合反应 24h。用 HPLC 检测计算样品中肽的消耗量。通过与 LLNA 的数据库比对建立一个分级树，将肽反应分为微、低、中、高 4 个级别。微级至低级表明样品为非致敏剂或者弱致敏剂，中级到高级表明样品为强致敏剂。此方法通过了 ECVAM 的验证，2015 年成为 OECD TG442C 方法。

第五章 化妆品植物原料的开发流程

05 Chapter

第一节 设计开发流程

化妆品研发是一个复杂而有趣的过程,它的成功不仅取决于掌握相关科学技术的程度,而且涉及对化妆品本身的感悟、对相关市场的了解和对消费受众需求的关注,更需要灵感的迸发和逻辑的推理与归纳。

要想研发出一个或一系列被市场认可的产品不仅仅是设计一个可用配方,而是需要从产品创意、产品研发到市场导入,对各个环节进行细致的规划与设计,最终才能形成一个或一系列好产品。而作为化妆品行业的科研工作者,化妆品科研开发流程也需要多方面、全方位的考虑,才能形成有效、有应用价值的科研成果。

一、化妆品企业开发流程

1. 创想与目标聚焦

在开发一个产品之前首先要明确开发方向、开发目标。目前化妆品企业的开发方向/开发目标一般是由企业市场部经过广泛的市场调查,了解目前国内化妆品消费需求后向产品研发部门提出建议。同时产品研发部门也要对国内外化妆品领域的前沿进展进行调研。最后由市场部、产品研发部共同对初步锁定的开发方向进行无边界的头脑风暴与创想，具体内容如表 5-1 所示。从而明确开发目标，共同确立企业近期要开发的新产品，并进一步制订出企业的中、长期研发计划，即生产一代、研发一代、储备一代。

表 5-1　产品开发目标信息表

目标产品名称			
要求分类	信息要求明细	摘要	备注
市场目标信息要求	产品卖点（概念店）		
	产品价格定位		
	产品销售区域		
	产品目标人群		
	产品市场其他要求		
信息目标	产品剂型		
	产品外观色泽要求		
	产品其他技术标准		
	产品原料成品		
	产品包装容器		
	产品功效要求		
	产品技术的其他要求		

2．产品研发

在产品研发的全过程必须时刻围绕产品开发要求来展开。要求包括：开发目标、国家法律法规、国家标准、行业标准等。

产品研发过程可分为配方研发、稳定性测试、安全性测试、功效性测试、感官评价几大步骤。对于配方研发可参照化妆品配方体系设计。除此之外，化妆品配方设计还要考虑配方在实际生产过程中的可行性，尽量使生产操作便捷。也要控制配方的成本，目前常以产品的成分价格与性能之比值大小作为评估化妆品产品配方水平的指标，当成分价格与性能之比值越小，即该产品的成本越低，产品的性能越优时，表明该产品的配方设计水平越高。因此，在设计化妆品配方时，必须根据配方中各组分的价格对该配方的成分进行核算，通过对配方的进一步修正改进，以求得用低价位的成本配制出高性能的产品。

当配方样品做好后，需通过一系列的评价，来检验设计的产品是否达到要求，须进行稳定性测试、安全性测试、功效性测试、感官评价，评价的要求一般要严于国家相关标准，评价内容见表 5-2。

3．产品市场导入

产品研发完成后还需要对其做一系列的包装使其导入市场，导入市场后还要持续跟踪消费者对该款产品的评价，包括是否存在不良反应、是否符合消费者需求、如何更好地升级改造等问题，使产品在其生命周期内能够稳定运转。

表 5-2 化妆品样品评价表

序号	评价名称	评价内容	评价方法
1	感官评价	①外观 ②香气 ③色泽 ④涂展性	可参见化妆品标准中的方法
2	理化指标评价	①耐寒 ②耐热 ③pH 值 ④黏度 ⑤离心试验 ⑥微观结构照片	可参见化妆品标准中的方法
3	稳定性评价	①冷热循环 7 周次试验 ②外观稳定性（外观、色泽、香气） ③理化指标稳定性（pH 值、离心试验、黏度） ④活性成分的稳定 ⑤微观结构的稳定性	①48℃、-15℃ ②参见感官评价 ③参见理化指标评价 ④活性成分分析 ⑤微观结构照片对比
4	卫生指标评价	①防腐挑战试验 ②汞、砷、铅含量测试	参见《化妆品安全技术规范》（2015 年版）
5	安全性评价	①毒理学评价 ②人体斑贴试验	参见《化妆品安全技术规范》（2015 年版）
6	功效评价	根据前期功效特点设计进行相应的生化水平、细胞水平、人体功效评价	

二、化妆品植物原料科研开发流程

化妆品科研开发流程主要针对皮肤类型、皮肤症状以及不同部位皮肤的健康需求进行机理分析，从而提出对应肌肤问题和需求的健康护理方案，根据健康护肤方案，寻找合适的功效成分，进行科学配伍，同时进行安全功效评价，以保证产品质量。将化妆品科研开发流程归纳为 "症、理、法、方、药、效"，既是很好的研发流程，更是一个优秀的科研思维。

下面以预防皮肤干燥化妆品研发流程为例进行详细说明。

1. 症

在化妆品研发过程中，第一步需要明确的是需要解决的问题是什么？该研发项目针对解决的皮肤症状是什么？这样才能够使整个研发过程都围绕着解决 "症" 来进行，从而不会偏离轨道，造成最后产品的 "药不对症"。以预防皮肤干燥化妆品研发流程为例，皮肤干燥为该研发项目解决的 "症"，那么如何来解决该 "症" 呢，就要分析皮肤干燥的机理。

2. 理

明确症状以后，要对产生症状的机理进行彻底分析，才能够保证标本兼治、药到病除。

对于预防皮肤干燥化妆品的研发，要分析的就是造成皮肤干燥的原因、皮肤干燥的机理。从生物学的观点看，皮肤干燥的机理与皮肤屏障功能、皮肤内炎症因子浸润、内源性水分的缺乏息息相关，而不仅仅是由于皮肤表面缺乏脂类物质。

角质层由5～15层细胞核和细胞器消失的薄饼样角质细胞和薄层脂质组成，将其形象地比喻为用砖砌成的墙，角质形成细胞构成砖块，间隔堆砌于连续的由特定脂质组成的基质中，形成特殊的"砖墙结构"。当砖墙结构遭到破坏时，皮肤水分散失加快、皮肤保湿能力下降。由于 UV、污染、生理压力等因素的影响，造成皮肤内炎症因子的释放，炎症因子能够进一步破坏皮肤角蛋白，影响皮肤屏障功能，从而影响皮肤保湿能力。皮肤中的水分及营养物质主要在真皮层毛细血管的血液循环过程中产生，然后向真皮组织间隙转运，进而运输到表皮层，研究表明，表皮中含有超过70%的水分，而随着角质形成细胞的向上代谢过程，水分在皮肤角质层屏障中迅速减少到15%～30%。新陈代谢缓慢、微循环不顺畅会造成内源性水分的缺失，从而影响皮肤保湿能力。

3. 法

通过对皮肤干燥的机理进行分析，从而锁定预防皮肤干燥的"法"——固护皮肤屏障、减少炎症因子浸润、增加内源性水分。

4. 方

对皮肤干燥机理进行分析后，形成预防皮肤干燥的"法"，从而根据预防皮肤干燥的指导方法，形成预防皮肤干燥的具体方案。预防皮肤干燥的具体方案：固护屏障——增加皮肤必需脂肪酸、促进皮肤屏障关键蛋白表达；减少炎症因子浸润——使用清热解毒类抗炎功效植物原料；增加内源性水分——使用活血化瘀类功效植物原料，通过促进微循环进而促进内源性水分的生成。

5. 药

经过以上剖析，根据预防皮肤干燥的具体方案，通过各种途径寻找符合"方"的具体原料。解决皮肤干燥问题植物原料如表 5-3 所示。确定原料后需要根据植物原料中功效成分的不同对其提取工艺进行探索，从而确定最佳提取工艺。

6. 效

是否真正有效还需要经过科学的试验对其功效进行验证。常用的检测方法是测定皮肤角质层水分含量和水分经皮肤散失的测定方法。皮肤角质层水分含量越高皮肤水分散失量越低，表明皮肤水分保护层越完好。在这里需要强调的是，对于化妆品功效体系的设计是从最初设计化妆品所针对的"症"出发，来验证产品在导入市场后，是否可以针对性地解决皮肤问题，如果想继续深入研究其功效作用机理，可以在基础科研方向继续深入。

表 5-3　解决皮肤干燥问题植物原料一览表

症	理	法	方	药
皮肤干燥	皮肤屏障功能被破坏	固护屏障	增加皮肤必需脂肪酸、促进皮肤屏障关键蛋白表达	麦冬：能够加速紧密连接蛋白及 ZO-1 的合成；增加 NMF 的含量 石斛：上调紧密连接蛋白和丝聚合蛋白的表达 马蓝：上调紧密连接蛋白的表达及恢复角质形成细胞紧密连接 仙人掌：上调人角质形成细胞的兜甲蛋白的表达 鱼腥草：鱼腥草提取物可以上调丝聚合蛋白的表达 牛肝菌：牛肝菌提取物可以促进丝聚合蛋白的表达
	皮肤炎症因子浸润	减少炎症因子浸润	使用清热解毒类抗炎功效原料	茯苓、枸杞、生地：治疗燥症中清热药用药频率较高 竹荪：有较好的保湿抗炎功效
	皮肤内源性水分不足	增加内源性水分	使用促进微循环类功效原料	红曲：红曲"活血和血"，为药食同源中药，李时珍评价红曲"此乃人窥造化之巧者也" 红花：红花在《神农本草经》中被列为上品，《本草纲目》记载红花："活血、润燥、止痛、散肿、通经"，有祛瘀止痛、活血通经之效，现代药理研究也已表明其活血功效

第二节　化妆品植物原料开发案例

本节主要以目前护肤品市场的主要功效（如保湿、美白、延缓衰老）化妆品为实例，说明功效植物原料设计开发流程。通常情况下我们从不同类型产品的市场分析入手，结合对不同功效产品具有诉求的人群的皮肤特点和皮肤需求，从中医以及西医结合的角度对以不同途径发挥作用的植物进行组合和评价，寻找具有高安全性、功效性的植物组合物。

一、保湿功效化妆品

据英敏特全球新产品数据库（GNPD）统计，以保湿/补水宣称的化妆品在 2010～2015 年亚洲护肤品中排名第一，可知保湿化妆品仍然是消费者的第一需求。

同时，对现在市场上畅销的保湿化妆品进行统计分析（见表 5-4），发现有三个特点：一是目前的化妆品普遍采用模拟人体自身保湿系统，添加人体固有的保湿物质和皮脂成分；二是添加从动植物中提取的天然保湿因子和油脂；三是形成了以脂质体为代表的新的保湿载体形式。其中许多天然物质具有良好的保湿性能，并含有其他对皮肤有营养价值的物质，这种兼具营养与保湿双重性能的天然优良保湿剂深受人们喜爱，绿色天然保湿剂有助于皮肤吸收，最大程度上降低对皮肤的刺激。这些原料从天然资源以及动植物中提取，比化学合成保湿剂更加迎合人们回归大自然、绿色环保的概念。

表 5-4　保湿化妆品成分功效分析

产品	主要功效成分	功效
倩碧保湿洁肤水	海藻糖、酵母提取物	补水/锁水
纪梵希保湿爽肤水	透明质酸钠、卵磷脂	
蒂佳婷锁水保湿精华乳	糖基海藻糖、氢化卵磷脂、春榆根提取物	
迪奥桀骜舒缓保湿乳霜	透明质酸钠	
环采臻皙防晒修护霜	肌肽	
红宝石焕肤保湿修护乳	磷脂、卵磷脂	
彼得罗夫清爽保湿乳液	透明质酸	
环采臻皙深效修护霜	氢化卵磷脂、卵磷脂	
伊诗贝格保湿柔滑精华露	藻提取物	
恒润奇肌保湿精华液	海藻糖、透明质酸	
透明质酸密集修护精华露	透明质酸、肌肽	

（一）保湿植物原料市场使用频率统计

以"保湿"为关键词，在赛百库网站对 12 家公司进行调研，保湿原料共 219 种产品，共有 223 种物质，其中植物原料 81 种，各产品成分重合率很低，现对使用频率较高的物质列表分析，如表 5-5 所示。

表 5-5　植物保湿原料统计信息

原料名称	成分
酪梨油提取物	含油量极高，脂肪酸组成：棕榈酸、油酸等。油中还富含维生素和矿物质元素以及植物甾醇、麦角甾醇、叶酸盐、肌醇、磷酸、卵磷脂、倍半萜等
锦葵提取物	锦葵总多糖、总黄酮、总皂苷
无花果提取物	香柠檬内酯、补骨脂素、苯甲醛等
罗勒叶提取物	酚类及黄酮类、槲皮素
牛油树果脂	牛油果脂以单不饱和甘油三酯为主要成分，其甘油酯成分主要是甘油油酸二硬脂酸酯（45.9%）、甘油二油酸硬脂酸酯（45.0%）、甘油油酸棕榈酸硬脂酸酯、甘油棕榈酸硬脂酸酯及甘油三油酸酯（6.8%）
海藻提取物	黏性多糖、脂类、酚类、萜类、生物碱和类胡萝卜素等
燕麦	富含蛋白质、油脂、可溶性纤维、维生素和多酚类化合物
黄瓜	种子富含脂肪酸、植物甾醇、糖和苷类、挥发油类、无机元素等
杏仁提取物	杏仁含脂肪、蛋白质、碳水化合物、维生素 E、微量元素；杏仁油是由油酸、亚油酸、软脂酸、棕榈烯酸、亚麻酸等高级脂肪酸组成的一种混合甘油酯

续表

原料名称	成分
山金车花提取物	倍半萜烯内酯——堆心菊素及其衍生物和糖苷类等
欧洲酸樱桃提取物	富含花青素、各种花色苷、大量的褪黑激素等黄酮类化合物
芝麻提取物	植物甾醇等
荔枝提取物	多糖、总皂苷和黄酮类化合物等

分析植物保湿原料主要功效成分可知，其主要有水类植物原料与油类植物原料。

水类植物原料一般分为3类：纯露、提取液和原汁。其中植物纯露是水类植物原料中最关键的一种，是由水蒸气蒸馏提取的，一般为花或叶子蒸馏以后的蒸馏液。它主要含有的是芳香性的化合物，特别是挥发性的芳香化合物，包含芳香醇、醛、酸、酯、醚、酮、酚等。植物提取液种类比较多，有很多种分类方式。按提取方式分为微波提取、超声波提取等，通过振荡让植物的细胞打开，让营养物质溶解到溶剂里，这个溶液就叫作植物提取液。按溶剂又可以分为水提、醇提、溶剂萃取等。植物原汁指既没有提取，又没有蒸馏、加工过的直接从植物体内取出来的汁液，比如丝瓜水、黄瓜水等，根部反流出来的水。植物原汁一般适合于添加到护肤品中，增强保湿等功能。

油类的植物原材料以油脂方式存在。葡萄籽油、橄榄油、核桃油、月见草油都是植物油脂，我们要用这种基础油来调和其他的复方精油，适合于稀释精油。将花朵、叶子等植物鲜材用植物油脂浸泡，使之吸收鲜材中油溶性的成分，然后将鲜材捞出，再添加鲜材，反复几次，至油脂中的植物成分达到饱和。这种油脂会具有很明显的植物特殊的味道。这种油还有一个很大的好处，它吸收植物原材料的有效成分是在低温下完成的，没有经过高温，对植物的有效成分的保留、活性的保留是很明显的。

（二）植物原料通过不同途径发挥保湿功效

1. 增强皮肤屏障功能

角质层皮肤屏障被形象地比喻为"砖墙结构"，主要由泥浆和砖块构成，角质形成细胞构成"砖块"，连续的特定脂质构成"泥浆"，其中任何一部分的缺失都会对角质层皮肤屏障功能造成影响。结构中与保湿最相关的为"砖块"，即角质形成细胞分泌的某些蛋白，包括紧密连接蛋白、中间丝相关蛋白等。

对保湿植物原料进行分类，发现与增强皮肤屏障相关的有提高紧密连接蛋白的表达、提高中间丝相关蛋白的表达、提高兜甲蛋白的表达、促进细胞间质的合成以及降低皮肤水分散失量等途径（详见表5-6）。

表 5-6 具有增强皮肤屏障功能的植物

植物	INCI 名称	作用
草莓籽	FRAGARIA VESCA (STRAWBERRY) SEED	刺激丝聚合蛋白的表达，增强神经酰胺含量，增强皮肤的屏障功能
金钗石斛	DENDROBIUM NOBILE EXTRACT	金钗石斛复方可以促进角质细胞水通道蛋白 AQP3、紧密连接蛋白 ZO-1 及 Claudin-1 的表达
仙人掌	OPUNTIA DILLENII EXTRACT	上调人角质形成细胞的兜甲蛋白的表达
芸芥	ERUCA SATIVA LEAF EXTRACT	促进皮肤屏障保护相关蛋白的表达，改善皮肤屏障功能
鱼腥草	HOUTTUYNIA CORDATA EXTRACT	上调丝聚合蛋白的表达
银耳	TREMELLA FUCIFORMIS POLYSACCHARIDE	通过水分散失量的测试可知银耳多糖具有防止水分蒸发的效果

2．增强皮肤运水功能

表皮基底层的角质形成细胞可以表达水通道蛋白 3（AQP3），体内循环中的水分和甘油可以通过 AQP3 到达表皮，从而促进角质层的水合作用，AQP3 的表达量与皮肤保湿功能密切相关。通过调研发现，这种相关性主要体现在提高 AQP3 的表达以及增强皮肤水合作用，提高皮肤水分含量。

3．增强皮肤锁水功能

真皮层中的透明质酸可以结合游离水用以维持皮肤水含量。透明质酸主要由真皮层的成纤维细胞产生，在细胞内和细胞间质中发挥主要的储水和保湿的功能，植物有效物通过促进透明质酸的合成来增强皮肤保湿功效。

（三）解决皮肤干燥问题的途径

从现代机理角度来看，主要通过维护皮肤屏障功能、增加内源性水分生成、促进内源性水分转运来解决肌肤干燥问题；从中医角度来看，主要通过"固水护屏""补液生津""清热消炎""养润滋阴"四个途径来解决肌肤干燥问题。

（四）植物保湿组合物组方设计

按照中医"君臣佐使"组方原则，取紫松果菊固水护屏之蕴（君）、金钗石斛补液生津之功（臣）、采苦参清热消炎之效（佐）、收库拉索芦荟、宁夏枸杞滋阴润养之益（使），形成"植物保湿组合物"（见图 5-1）。

皮肤本底测试结果显示，肌肤屏障受损即皮肤水分散失量增加为肌肤干燥人群和正常人群的主要差异，故选择具有固水护屏作用的紫松果菊（*Echinacea purpurea*）为君药。紫松果菊又名紫锥菊，是优良的免疫促进剂及免疫调节剂，其富含的多糖成分（如 4-甲氧基-葡萄糖醛-阿拉伯糖-木聚糖聚糖等）具有显著的增强体液免疫功能。在民间它被用于治疗外伤、湿疹等，对改善肌肤屏障功能、提高肌肤自身免疫力具有促进作用。植物保湿组合物以紫松果菊为君，取其固水护屏之效。

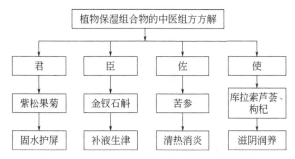

图 5-1 植物保湿组合物的中医组方方解图

依据皮肤干燥机理，皮肤内源性水分的缺乏，同样为干燥肌肤与正常肌肤的主要差异。金钗石斛俗称为"千年润"，是传统的补液生津草本。现代研究表明，金钗石斛（*Dendrobium nobile*）多糖不仅具有外源性补水保湿功效，而且可以促进表皮角质形成细胞中水通道蛋白 3 的表达，故植物保湿组合物以金钗石斛为臣药，取其补液生津之效。

从皮肤生理学的角度来分析，炎症因子及其他"热毒"抑制了皮肤内源性水分转运，导致内源性水分向肌肤表面角质层的转运受阻，使得肌肤干燥缺水。苦参（*Sophora flavescens*）是传统的清热良药，并且据《药性论》记载苦参具有"治热毒风、皮肌烦燥生疮"的功效。因此植物保湿组合物以苦参为佐药，取其清热消炎之效。

根据皮肤生理学分析，肌肤营养缺乏，会使肌肤屏障受损，故需以滋阴润养调理。库拉索芦荟（*Aloe barbadensis*）自古就有护肤佳品之誉，芦荟中含有的某些氨基酸及金属盐等，与人体肌肤所含天然保湿因子成分相同，使其保湿特性更加突出。芦荟中富含的多糖成分渗透能力较强，更容易被肌肤吸收，从而起到养润肌肤的作用。枸杞始载于《神农本草经》，并被列为上品，尤以宁夏枸杞（*Lycium barbarum*）品质最佳。《本草纲目》记载枸杞具有"甘平而润，性滋补"的特点，是滋阴养生的佳品。宁夏枸杞富含胡萝卜素、维生素 A、钙、铁等营养物质，可以活化皮肤细胞，促进细胞新陈代谢，改善肌肤锁水功能，有助于肌肤保持充盈饱满、光滑细腻。植物保湿组合物以库拉索芦荟和宁夏枸杞为使药，取其滋阴润养之效。

综合皮肤本底测试结果以及皮肤保湿机理，最终确定组方。组方中紫松果菊固水护屏的功效可以解决肌肤干燥人群的屏障修复问题，从而减少皮肤水分散失；金钗石斛可以补充皮肤水分并促进皮肤内源性水分的生成和转运；苦参清热消炎可以清除抑制皮肤内源性水分转运的炎症因子；库拉索芦荟和宁夏枸杞因养润滋阴而具有维持皮肤水油平衡和营养状态平衡的功效。

（五）植物保湿组合物功效评价

依据干燥人群本底测试结果以及中医理论，确定从修复角质层屏障（防止水分散失），补充水分、促进水分转运，维持水油平衡和营养平衡四个方面进行整体保湿效果的研究与评价。

在保湿功效研究中，通过研究植物保湿组合物对 FLG、CLDN-1 表达量的影响，评价其对角质层屏障的修复作用；通过研究植物保湿组合物对皮肤水分含量的影响，评价其促进水分生成的作用；通过研究植物保湿组合物对 AQP3 表达量的影响，评价其促进水分转运的作用；最后通过皮肤镜图像采集，研究植物保湿组合物对肌肤整体滋润状态的改善情况。

1. 植物保湿组合物对角质形成细胞合成 FLG、CLDN-1 能力的影响

（1）MTT 检测结果　MTT 检测结果（表 5-7）表明，植物保湿组合物在角质形成细胞上的最大安全浓度为 500μg/mL。

表 5-7　植物保湿组合物 MTT 检测结果

细胞活力	浓度梯度/(μg/mL)									
	15.6	31.3	62.5	125	250	500	1000	2000	4%DMSO	—
平均值/%	99.20	98.28	96.81	97.73	92.88	90.55	71.47	62.70	21.78	100.00
标准方差/%	5.60	3.97	4.59	3.59	4.04	5.99	5.78	0.84	4.62	2.77

（2）荧光定量 PCR 检测结果　植物保湿组合物在 500μg/mL 的给药剂量基础上，设定 3 个浓度（125μg/mL、250μg/mL、500μg/mL），开展荧光定量 PCR 检测，样品在不同浓度下的扩增倍数变化趋势如图 5-2 和图 5-3 所示。结果表明，从基因水平上看，植物保湿组合物在 250μg/mL、500μg/mL 的给药剂量下对 FLG、CLDN-1 的表达有显著提升作用。

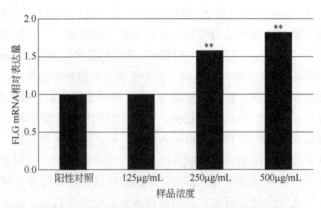

图 5-2　植物保湿组合物对 FLG 表达量的影响

2. 植物保湿组合物对皮肤水分含量的影响

依据皮肤本底测试结果，皮肤水分含量为干燥肌肤与非干燥肌肤的主要差异点之一，通过人体皮肤测试（Corneometer CM825，德国 CK 公司）评价植物保湿组合物是否具有提高肌肤水分含量的作用。

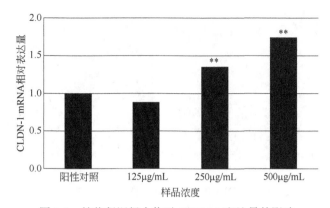

图 5-3 植物保湿组合物对 CLDN-1 表达量的影响

［采用 SPSS Dunnett-t 检验分析，**表示植物保湿组合物与对照组呈极显著差异（$P<0.01$）］

试验分别考察了添加 5%植物保湿组合物、0.05%透明质酸钠（分子量 $1.4×10^6$）的啫喱和配方基质（空白）对肌肤水分含量的影响，测试结果见图 5-4。由结果可知，植物保湿组合物具有快速、长效提高肌肤水分含量的效果，补水效果与常规保湿剂相比具有显著优势。

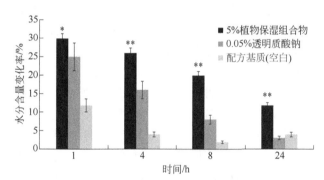

图 5-4 植物保湿组合物对皮肤水分含量的影响

［采用 SPSS Dunnett-t 检验分析，*和**分别表示植物保湿组合物与透明质酸钠
试验组呈显著差异（$P<0.05$）和极显著差异（$P<0.01$）］

3．植物保湿组合物对角质形成细胞合成 AQP3 能力的影响

细胞免疫荧光检测结果显示，与空白对照组相比，植物保湿组合物作用后，角质形成细胞所表达的 AQP3 蛋白的平均荧光强度显著高于对照组。AQP3 蛋白免疫荧光照片见图 5-5。结果表明，从蛋白水平上看，植物保湿组合物在 500μg/mL 的给药剂量下对 AQP3 的表达有显著提升作用。

4．肌肤整体滋润状态评价

肌肤的滋润状态及水油平衡状态可以通过更加直观的方式呈现。本研究使用皮肤镜拍摄 50 倍放大皮肤图像，来直观监测使用样品前后人体肌肤的整体水润状态。

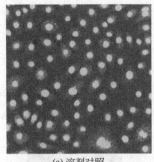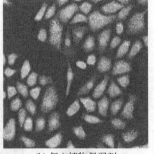

(a) 溶剂对照　　　　　　　　　　(b) 复方植物保湿剂

图 5-5　样品 AQP3 蛋白免疫荧光照片（彩图见文后插页）

[图中呈现绿色荧光部分为 AQP3 蛋白表达部位，蓝色荧光部分为 Hochest 染料染色部位（细胞核区）]

（1）试验方法　试验选取了 30 位年龄在 25～35 岁之间自我报告肌肤干燥的受试者，在前臂内侧使用 5%植物保湿组合物啫喱，通过皮肤镜分别在使用前、使用 5min 和使用 2h 时采集肌肤图片数据，直观评价植物保湿组合物针对干燥肌肤即时抚平细纹和起屑、持久养润的作用。

（2）试验结果　干燥的肌肤在纹路间隙常伴有翘起的微小鳞状皮屑，肌肤的细纹也因纹路间的皮屑而显得更加明显，肌肤外表看上去干涩、粗糙，如图 5-6（a）所示。肌肤过度干燥导致起屑更加严重，如图 5-6（b）中白色片状物，翘起的皮屑使肌肤抚摸起来感觉摩擦阻力大、缺乏润感。

使用啫喱基质（主要成分为去离子水）5min 后，肌肤干涩、粗糙的状态因外源性补水得以缓解，纹路淡化，鳞屑消失，如图 5-6（c）所示。但是，啫喱基质本身没有保水功效也无养润功效，经过 2h 后，肌肤因啫喱基质中的水分蒸发变得更加干燥，细纹凸显，起屑严重，如图 5-6（e）所示。使用 5%植物保湿组合物啫喱 5min 后，即实现了淡化肌肤纹路、抚平翘起皮屑的作用，如图 5-6（d）所示。随着时间的推移，2h 后肌肤仍然处于盈润、饱满的状态，与空白对照 [图 5-6（e）] 形成显著差异，如图 5-6（f）所示。据受试者反映，植物保湿组合物有助于改善因干燥导致的肌肤起屑现象，尤其在干燥季节，可以有效抚平肌肤细纹和翘起的皮屑，使肌肤恒润、充盈。

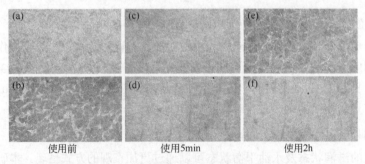

使用前　　　　　　　　使用5min　　　　　　　　使用2h

图 5-6　植物保湿组合物（5%）对干燥引起的细纹和起屑的抚平作用（彩图见文后插页）

（六）植物保湿组合物安全性评价

按照《化妆品安全技术规范》（2015 年版）要求，对植物保湿组合物进行严格的安全评测，确保其上市后使用安全。

在安全性研究中，采用红细胞溶血试验研究植物保湿组合物对皮肤的刺激性；采用 3T3 光毒性试验研究植物保湿组合物的光毒性；采用多次皮肤刺激试验研究植物保湿组合物的局部耐受性；采用人体斑贴试验评估植物保湿组合物作用于人体皮肤引起不良反应的潜在可能性；最后，采用人群试用试验评估植物保湿组合物的人群不良反应率。

1. 红细胞溶血试验

红细胞溶血试验的基本原理是测定化学物质对细胞膜的损伤和因此导致的细胞膜渗透性的改变，通过测定从红细胞中漏出的血红蛋白的量来评价细胞膜的损伤程度。红细胞溶血率在一定程度上可以反映样品的刺激性，溶血率越高，潜在的刺激性越大。具体来讲，根据组合物对红细胞细胞膜的刺激，使红细胞细胞膜破裂，造成一定程度的溶血现象，用分光光度法测定化学物质作用后的红细胞悬液的吸光度，计算出溶血率。在相同红细胞浓度和样品浓度下，吸光度越大，说明细胞溶血率越高，表明样品的刺激性越强。其中，0.02%的十二烷基磺酸钠（SDS）具有强烈刺激性，作为本试验的阳性对照。试验结果见表 5-8。

表 5-8　植物保湿组合物红细胞溶血率试验结果

样品	红细胞溶血率/%	离心后现象
1%植物保湿组合物	1.2	上层淡黄色透明，底部沉淀
5%植物保湿组合物	1.5	上层淡黄色透明，底部沉淀
10%植物保湿组合物	1.8	上层淡黄色透明，底部沉淀
0.02%SDS	100	均匀透明红色，底部少量沉淀

红细胞溶血试验证明，植物保湿组合物在 10%浓度以下具有极低的红细胞溶血率，无刺激作用。

2. 光毒性试验

（1）试验方法　参照 OECD Guideline for testing of chemicals：＃432 及 GB/T 21769—2008《化学品 体外 3T3 中性红摄取光毒性试验方法》。

（2）结果与讨论　本试验植物保湿组合物体外 3T3 中性红摄取光毒性试验结果如表 5-9 所示。

在本试验条件下，植物保湿组合物样品的 PIF 值为*1，表明受试品在达到允许的最高浓度值（1000.0μg/mL）时也不表现细胞毒性；样品的 MPE 值为-0.04，小于 0.1，进一步说明样品预期无光毒性。因此，在本试验条件下，植物保湿组合物体外 3T3 中性红摄取光毒性试验为阴性反应，预期无光毒性。

表 5-9　植物保湿组合物体外 3T3 中性红摄取光毒性试验结果

受试品/对照品	IC$_{50}$/(μg/mL)		PIF	MPE	光毒性
	无光照（−UV）	光照（+UV）			
阳性对照品 CPZ	16.51	0.29	22.34	0.41	+
植物保湿组合物	>1000.0	>1000.0	*1	−0.04	−

注：*1 表示在达到允许的最高浓度值（1000.0μg/mL）时也不表现细胞毒性；+表示预期存在光毒性；−表示预期无光毒性。

3．多次皮肤刺激试验

通过小鼠多次皮肤刺激试验，确定和评价植物保湿组合物对哺乳动物皮肤局部是否有刺激作用或腐蚀作用及其程度。

方法参照《化妆品安全技术规范》（2015 年版）规定的皮肤刺激性/腐蚀性试验方法。将受试物一次（或多次）涂敷于受试动物的皮肤上，在规定的时间间隔内，观察动物皮肤局部刺激作用的程度并进行评分。采用自身对照，以评价受试物对皮肤的刺激作用。结果见表 5-10。

表 5-10　植物保湿组合物多次皮肤刺激试验结果

涂抹天数/d	动物数/只	刺激反应积分		
		红斑	水肿	总分
1	4	0/4	0/4	0
2	4	0/4	0/4	0
3	4	0/4	0/4	0
4	4	0/4	0/4	0
5	4	0/4	0/4	0
6	4	0/4	0/4	0
8	4	0/4	0/4	0
9	4	0/4	0/4	0
10	4	0/4	0/4	0
11	4	0/4	0/4	0
12	4	0/4	0/4	0
13	4	0/4	0/4	0
14	4	0/4	0/4	0
每天每只动物积分均值		0		
刺激强度分级		未见刺激性反应		

结果（表 5-10）显示，连续涂抹 14d 受试样品（分别添加植物保湿组合物 5%及 10%），小鼠皮肤均未出现红斑及水肿现象，说明植物保湿组合物安全性良好，无刺激性。

4．人体斑贴试验

人体斑贴试验方法参照《化妆品安全技术规范》（2015 年版），制备含 5%和 10%

的植物保湿组合物的膏霜进行封闭式斑贴，考察样品对人体造成不良反应的可能性。试验中，样品 1 为添加 5%的植物保湿组合物的膏霜，样品 2 为添加 10%的植物保湿组合物的膏霜。皮肤不良反应分级如表 5-11 所示。

表 5-11　皮肤不良反应分级

反应程度	评分等级	皮肤反应
−	0	阴性反应
±	1	可疑反应：仅有微弱红斑
+	2	弱阳性反应（红斑反应）：红斑、浸润、水肿、可有丘疹
++	3	强阳性反应（红斑反应）：红斑、浸润、水肿、可有丘疹；反应可超出受试区
+++	4	极强阳性反应（红斑反应）：明显红斑、严重浸润、水肿、融合性疱疹；反应超出受试区

根据表 5-11，观察受试者去除斑试器 30min、24h 及 48h 时的皮肤反应情况。试验结果如表 5-12～表 5-14 所示。

表 5-12　去除斑试器 30min 观察结果

样品编号	0 级	1 级	2 级	3 级	4 级
空白	30	0	0	0	0
样品 1	30	0	0	0	0
样品 2	30	0	0	0	0
膏霜基质	28	2	0	0	0

表 5-13　去除斑试器 24h 观察结果

样品编号	0 级	1 级	2 级	3 级	4 级
空白	30	0	0	0	0
样品 1	30	0	0	0	0
样品 2	30	0	0	0	0
膏霜基质	30	0	0	0	0

表 5-14　去除斑试器 48h 观察结果

样品编号	0 级	1 级	2 级	3 级	4 级
空白	30	0	0	0	0
样品 1	30	0	0	0	0
样品 2	30	0	0	0	0
膏霜基质	30	0	0	0	0

根据《化妆品安全技术规范》（2015 年版）的要求，判定样品 1、样品 2 对人体皮肤无不良反应。斑贴试验结论：添加 5%、10%两个浓度的植物保湿组合物的膏霜，对人体皮肤无不良反应发生，安全性良好。

二、美白功效化妆品

随着化妆品科技的发展，众多美白剂相继被开发应用。现如今，已有多种皮肤美白剂可用于预防和治疗不规则的色素沉着，包括黄褐斑、雀斑等。例如：维生素C及其衍生物、曲酸、壬二酸、果酸、熊果苷、烟酰胺等。这些物质虽具有一定的美白效果，但有些美白剂会对皮肤造成一定的损伤，存在一定的安全隐患，严重者导致白斑病等。

很多美白剂主要是针对影响黑色素合成途径中的关键物质如酪氨酸酶，从而减少色素含量来发挥作用。随着科技的发展人们逐渐认识到黑色素对人体皮肤的保护作用，如防御紫外线损伤、皮肤光老化等，如果过度干预黑色素形成，在美白的同时，降低了黑色素对皮肤的保护作用，势必影响皮肤健康。

因此在保证皮肤健康的基础上，寻找新型的健康美白原料及相关产品，为国内外化妆品领域的研究热点与发展趋势。笔者课题组以中医理论为指导，以"君臣佐使"为组方原则，从影响皮肤色度的不同角度出发进行组方，探索解决皮肤暗沉、灰黄及色素过度沉着、色素不均衡分布等问题的途径，达到使肌肤健康美白的目的。

（一）美白化妆品市场现状分析

受东方审美的影响，"肤如凝脂"一直是东方女性的审美追求，这也给美白化妆品带来了巨大的市场。随着国民经济发展，美白类化妆品的产量不断增长，产品种类也不断丰富。据统计，2014年我国化妆品的零售交易规模为2937亿元（含个人护理产品），预计到2019年，这一规模将达到4230亿元，年增长率将稳定在8%左右。以13亿人口估算，我国人均化妆品消费额从2011年的27.81美元逐渐增长到了2014年的35.04美元。从具体品类看，2014年护肤类化妆品在我国化妆品市场规模中的占比为48.3%，占比最高并呈上升趋势，预计到2019年，护肤类化妆品市场规模占比将达到50.8%。其中，美白类化妆品将占据半壁江山。国家食品药品监督管理总局食药监药化管便函［2014］70号《关于进一步明确化妆品注册备案有关执行问题的函》中规定："凡产品宣称可对皮肤本身产生美白增白效果的，严格按照特殊用途化妆品实施许可管理;产品通过物理遮盖方式发生效果，且功效宣称中明确含有美白、增白文字表述的，纳入特殊用途化妆品实施管理。"将美白化妆品纳入特殊用途化妆品，给美白企业的新品上市带来了巨大阻力，经历了两年平淡期，但是从食品药品监督管理总局的公告可以看出在518个获审通过的化妆品的名录中，美白类产品共128个，占据了总量的1/4。

（二）植物原料通过不同途径发挥美白功效

1. 抑制酪氨酸酶活性及黑色素生成

人体皮肤的颜色由黑色素的多少决定，黑色素由黑素细胞生成，由酪氨酸转换而来，受酪氨酸酶的控制，所以有效地控制酪氨酸酶活性是传统美白方式的关键步骤。具有抑制酪氨酸酶活性及黑色素生成作用的植物原料见表 5-15。

表 5-15 具有抑制酪氨酸酶活性及黑色素生成作用的植物原料

植物名称	传统功效	与美白相关的有效成分	美白途径
红花	活血通经，散瘀止痛	红花黄色素、红花黄酮	抑制酪氨酸酶活性，清除自由基和螯合金属离子
丁香	温中降逆，补肾助阳	丁香油、丁香酚	抑制酪氨酸酶活性
褐藻	免疫调节，抗血脂，抗凝血，降血糖，解重金属中毒	褐藻糖胶、褐藻多酚、鼠尾藻多酚、褐藻多酚、岩藻黄素	鼠尾藻多酚可吸收 UVB，减弱 UV 诱导的光氧化胁迫，抑制酪氨酸酶活性；岩藻黄素具有防预由 UVB 诱导氧化应激的能力；抑制 MMPs 活性
甘草	补脾益气，清热解毒，祛痰止咳	甘草黄酮、甘草素、异甘草苷	防止皮肤老化、有效清除超氧离子和抑制酪氨酸酶的活性，提高白细胞介素-10 水平；对 UVB 诱导的色素沉着具有抑制作用，清除多种自由基，抑制脂褐素生成，减轻色素沉着
当归	补血，活血，调经止痛，润肠通便	当归多糖、维生素 A、维生素 B_{12}、β-谷固醇	抑制酪氨酸酶活性，抗紫外光，改善面部肌肤的色素斑
绿茶	降血脂，降血压，改善心脑供血	茶多酚、儿茶素	抑制酪氨酸酶活性，清除自由基，吸收紫外线，抑制紫外线造成的 COX-2 的过度表达及 PG 代谢的增多，抑制 TNF-α、IL-1β、IL-6 等炎症因子的产生
川芎			抑制酪氨酸酶活性，清除自由基
芦荟	清肝泻火，泻下通便，杀虫疗疮	芦荟素、芦荟苦素、胆固醇、谷固醇、蒽醌衍生物	阻隔紫外线伤害，防止皮肤色素沉着，抑制酪氨酸酶活性
益母草	活血调经，利尿消肿	益母草碱、水苏碱、月桂酸及油酸	促进皮肤新陈代谢，抑制酪氨酸酶活性
虎杖	利湿退黄、清热解毒、散瘀止痛、止咳化痰	白藜芦醇	抑制黑素细胞酪氨酸酶的活性和黑色素合成

2. 促进血液微循环，加速新陈代谢

前面已经论述通过促进血液微循环，肌肤中氧合血红蛋白的增加会使肤色红润，在传统中药中，具有活血化瘀功效的植物通常会通过促进血液微循环、加速新陈代谢的方式发挥美白功效，具体植物如表 5-16 所示。

3. 抑制炎症因子释放

现阶段大量研究表明，通过抑制炎症因子的释放可以间接减少黑色素生成。具有抗炎美白功能的植物原料如表 5-17 所示。

表 5-16 具有促进血液微循环、加速新陈代谢作用的植物原料

植物名称	传统功效	与美白相关的有效成分	美白途径
银杏叶	活血化瘀、通络、化浊降脂	银杏双黄酮，银杏内酯	增加血流量，改善微循环
益母草	活血调经、利尿消肿	益母草碱、水苏碱、月桂酸及油酸	促进皮肤新陈代谢，抑制酪氨酸酶活性
沙棘		α-生育酚	消除自由基并抗氧化，保护细胞膜中的不饱和脂肪酸在光、热和辐射条件下不被氧化，防止变态、发皱及脂褐质的堆积，改善微循环，促进新陈代谢，延缓上皮细胞的衰老
丹参	活血祛瘀，月经不调，疮疡肿痛	丹参酚酸 B	延缓皮肤衰老、改善微循环

表 5-17 具有抗炎美白功能的植物原料

植物名称	传统功效	与美白相关的有效成分	美白途径
绿茶	降血脂，降血压，改善心脑供血	茶多酚，儿茶素	抑制酪氨酸酶活性，清除自由基，吸收紫外线，修复紫外线损伤细胞，抑制紫外线造成的 COX-2 的过度表达及 PG 代谢的增多，抑制 TNF-α、IL-1β、IL-6 等炎症因子的产生
红景天	益气补虚，养心安神	红景天苷、酪醇和特征性成分洛塞琳、络塞维	提高辐射损伤 AHH-1 增殖活性；提高白细胞介素-10 水平；对皮肤成纤维细胞的紫外线损伤具有保护作用，干预紫外线辐射引起成纤维细胞中 TNF-α 和 IL-1β mRNA 表达
甘草	补脾益气，清热解毒，祛痰止咳	甘草黄酮、甘草素、异甘草苷	防止皮肤老化，有效清除超氧离子和抑制酪氨酸酶的活性，提高白细胞介素-10 水平，对 UVB 诱导的色素沉着具有抑制作用，清除多种自由基，抑制脂褐素生成，减轻色素沉着
牡丹皮	保肝护肾，抗炎、镇静、降温、解热、镇痛、解痉	丹皮酚	抗炎，抗菌，抑制皮肤色素合成，消瘀化斑

（三）植物组方解决皮肤暗沉问题的途径分析

以中医"整体、辨证、综合"思想为指导，通过清热解毒（减少色度，提升光泽度）、活血化瘀（促进血液微循环）、补益滋养（补充水分，提升光泽度）来实现"全面、健康、综合"美白。

（1）清热解毒 外界刺激作用于肌肤后会产生过多的自由基，使肌肤细胞出现氧化损伤（如膜损伤、蛋白质损伤、DNA 损伤等），进而使肌肤出现老化、暗沉、无光泽等症状。同时，外界刺激作用于角质形成细胞后，角质形成细胞会分泌炎症因子，使得肌肤出现炎症反应，进一步通过信号级联放大系统，激活黑色素合成途径关键酶及蛋白，使黑色素表达量在炎症部位增加，致使黑色素聚集，导致肌肤暗沉、无光泽。对于这些刺激（自由基、炎症等），中医是从外毒和内热的角度进行阐释，可以通过清热解毒之法来治疗。

清热解毒可有效清除自由基发挥抗氧化活性，也可以清除炎性因子来减少或者消除由于外界刺激而导致的黑色素分泌增多，从而改善肌肤因氧化损伤与炎症损伤所致的肌肤暗沉状态。

（2）活血化瘀　从中医的角度分析，黑色素的过度沉积主要是由于气血瘀滞等原因所致，可以通过活血化瘀来减少色素沉着。通过活血化瘀，改善肌肤微循环，促进新陈代谢，为细胞再生及自我更新提供更加充足的氧分和营养，使细胞充盈饱满，看上去自然白皙、有光泽。同时，促进血液微循环可改善代谢，减少因代谢不畅导致的色素沉着，美白亮肤。

（3）补益滋养　通过补益滋养来补充水分，使肌肤充盈饱满，从而显现出明亮、有光泽的状态。

（四）植物美白组合物组方设计

根据中医"君臣佐使"的组方原则（图5-7），以芦荟、甘草两味本草为君药，取其清热解毒之功；以当归、丹参为臣药，用其活血化瘀之效；以山茱萸为佐药，取其滋阴生津之用；以枸杞根为使药，用其补益滋养之妙。依据皮肤本底测试数据结果，从解决皮肤暗沉问题出发，芦荟、甘草清热解毒功效可以抑制炎症因子释放并且可以清除因炎症因子和自由基等产生的氧化产物，从而抑制色素过度沉着，提升皮肤光泽度，改善肤色；当归、丹参活血化瘀的功效可以改善皮肤微循环以及促进血红素的代谢；山茱萸、枸杞根等滋阴生津、补益滋养的功效可以增加皮肤水分含量，提高皮肤光泽度。

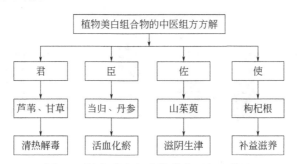

图5-7　植物美白组合物的中医组方设计

（五）植物美白组合物美白功效评价

依据皮肤本底测试结果，植物美白组合物的功效评价体系设计主要从改善皮肤暗沉问题出发进行设计。通过研究植物美白组合物对 DPPH· 的清除能力以及对透明质酸酶的抑制能力，评价其清除自由基、抗炎的作用；通过研究植物美白组合物对黑色素的抑制能力，评价其抑制色素沉着的作用；通过研究植物美白组合物对皮肤激光多普勒谱图、*L* 值、*a* 值、*b* 值、ITA 值的影响，评价其促进血液微循环、提升皮肤亮度、光泽度的作用；最后通过 VISIA-CR 面部图像采集，研究美白植物组合物的整体美白效果。

1. 植物美白组合物对透明质酸酶抑制能力的检测

试验结果（图 5-8）显示，植物美白组合物对透明质酸酶有较好的抑制能力，并且随着植物美白组合物浓度的增加，其对透明质酸酶的抑制能力逐渐增强，存在很强的量效关系。

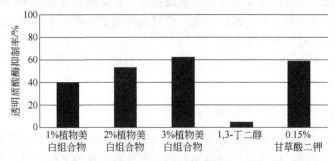

图 5-8 不同浓度植物美白组合物对透明质酸酶的抑制率

2. 植物美白组合物对 DPPH·清除能力的检测

试验结果（图 5-9）显示，植物美白组合物对 DPPH·具有较好的清除能力，且随着植物美白组合物浓度的增加，对 DPPH·的清除能力逐渐增强，存在较强的量效关系。

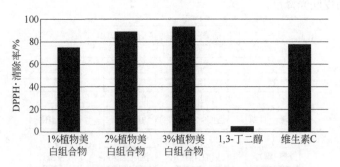

图 5-9 不同浓度植物美白组合物对 DPPH·的清除率

3. 植物美白组合物对黑色素细胞合成黑色素能力的影响

（1）MTT 检测结果 试验结果（表 5-18）显示，当植物美白组合物受试浓度高达 2%时，相对细胞活率仍然高达 90%，表明植物美白组合物对黑素细胞具有非常好的安全性。

（2）黑色素含量检测结果 试验结果（表5-18）显示，与对照组相比，阳性对照组和样品组均可使黑色素含量有所降低，且 0.5%、1%植物美白组合物对黑色素抑制效果具有显著性差异（$P<0.05$），2%植物美白组合物对黑色素抑制效果具有非常显著性差异（$P<0.01$）。

表 5-18 植物美白组合物对黑素细胞细胞活率及黑色素含量的影响

样品名称	终浓度	细胞活率/%	相对黑色素含量±SD/%
对照组	—	100.0±11.3	100.0±3.5
熊果苷	0.1%	70.1±4.7	68.9±4.9**
植物美白组合物	0.5%	104.7±4.59	81.2±21.5*
	1%	97.55±5.5	78.9±2.2*
	2%	91.0±5.15	71.7±0.06**

注：与对照组相比，**表示 $P<0.01$，*表示 $P<0.05$。

（六）植物美白组合物人体功效评价

1. 试验方法

试验选取了 30 位年龄在 25～35 岁之间的志愿者，进行美白功效测试。

测试样品：含 5%植物美白组合物的美白霜；不含植物美白组合物膏霜基质。

测试部位：面部半脸区域。

测试项目：①皮肤微循环血流量（激光多普勒血流测试仪）；②皮肤亮白度（L 值及 ITA）；③皮肤光泽度；④面部图像分析（VISIA-CR）。

分别测试受试志愿者使用样品前及使用 1 周、2 周、4 周、6 周时上述各项指标，综合分析植物美白组合物对人体皮肤状态的改善效果。人体测试样品均为添加 5%植物美白组合物的美白霜，简称植物组合物美白霜，膏霜基质中未添加其他功效活性成分。

2. 试验结果

（1）提升肌肤微循环血流量，改善微循环代谢 激光多普勒血流测试仪（图5-10）用于监测微循环血流灌注量，可监测包括毛细血管、微动脉、微静脉以及微动静脉吻合支在内的微循环血流量；可以密切监测微循环的动态变化。在一定程度上，肌肤微循环血流量越大，微循环代谢越通畅，肌肤细胞的自我更新及再生能力越强。

对使用含植物组合物美白霜以及膏霜

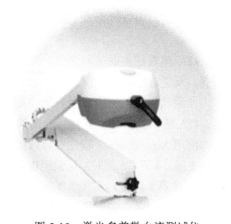

图 5-10 激光多普勒血流测试仪

基质前后肌肤微循环血流量的变化情况进行对比，结果（9#志愿者使用测试样品不同时间后，激光多普勒血流测试仪采集的图像见图 5-11）显示 30 名受试者使用植物组合物美白霜，有 21 人肌肤微循环状态得到了有效改善，有效率达到 70%，说明植物美白组合物具有良好的改善肌肤微循环的功效；30 名受试者使用配方基质后，仅有 1 人肌肤微循环状态得到了改善，说明配方基质对改善人体肌肤微循环基本无效果（图 5-12）。从而可知植物美白组合物对改善人体肌肤微循环有显著改善作用。

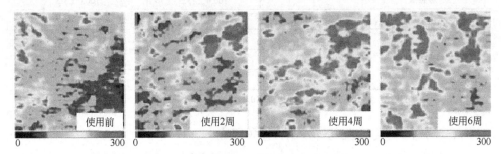

图 5-11　志愿者使用测试样品不同时间时测试区域的图像（彩图见文后插页）

（红色部分面积越大，表明微循环血流量越高）

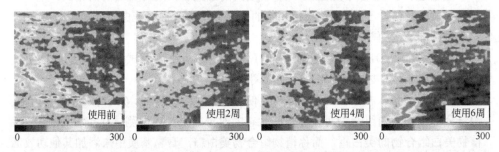

图 5-12　志愿者使用空白基质不同时间时测试区域的图像（彩图见文后插页）

（2）提高肌肤亮白度　L 值为白平衡，值越大，颜色越偏向白色，反之，偏向黑色。

ITA 值表征皮肤的明亮度，是衡量色素沉着的指标之一。ITA 值越大，皮肤越明亮，反之，皮肤越暗沉。

在测试周期 6 周内，受试者使用含植物组合物美白霜后，试验区的皮肤色度 L 值、ITA 值（表 5-19）呈持续升高的趋势。

应用 SigmaStat3.5 软件对数据组进行正态分布分析，统计结果符合正态分布。在第 2 周、4 周、6 周时，试验组皮肤色度 L 值相对于使用前，具有显著性差异（$P < 0.05$）；在第 4 周时，试验组皮肤色度 ITA 相对使用前，具有显著性差异（$P < 0.05$）。

综上可说明，测试区域使用植物组合物美白霜后，试验组皮肤色度 L 值、ITA 高于使用前，且高于对照组。表明植物组合物美白霜可有效提高肌肤亮白度。

表 5-19 受试者使用含植物组合物美白霜前后皮肤色度 L 值、ITA 值的统计结果

皮肤色度 L 值、ITA 值数据分析		组别	时间/周				
			0	1	2	4	6
L 值	均值	试验组	64.87	65.31	65.65	66.10	66.58
		对照组	66.04	65.26	65.23	65.72	65.90
	相对使用前显著性	试验组	—	$P>0.05$	$P<0.05$	$P<0.05$	$P<0.05$
	相对对照组显著性	试验组		$P<0.05$	$P<0.05$	$P<0.05$	$P<0.05$
ITA	均值	试验组	42.79	43.61	43.79	44.93	45.45
		对照组	44.32	44.71	43.11	44.21	46.05
	相对使用前显著性	试验组	—	$P>0.05$	$P>0.05$	$P<0.05$	$P>0.05$
	相对对照组显著性	试验组	—	$P<0.05$	$P>0.05$	$P>0.05$	$P>0.05$

注：表中为空处用"—"代替；试验组为含植物组合物美白霜组；对照组为配方基质组。

（3）提高肌肤光泽度 皮肤光泽度变化反映在测试周期内，试验区域皮肤光泽度随时间变化。

在测试周期 6 周内，受试者使用含植物组合物美白霜后，试验区的皮肤光泽度（表 5-20）呈升高的趋势。

应用 SigmaStat3.5 软件对数据组进行正态分布分析，统计结果符合正态分布。在第 6 周时，试验组光泽度相对于使用前，具有显著性差异（$P<0.05$）。

综上可说明，测试区域使用含植物组合物美白霜后，试验组皮肤光泽度高于使用前，且高于对照组。这表明植物组合物美白霜可有效提高肌肤光泽度。

表 5-20 受试者使用含植物组合物美白霜前后皮肤光泽度的统计结果

皮肤光泽度数据分析	组别	时间/周				
		0	1	2	4	6
均值	试验组	5.06	5.13	5.24	5.15	5.33
	对照组	5.06	5.05	5.02	4.99	5.00
相对使用前显著性	试验组	—	$P>0.05$	$P>0.05$	$P>0.05$	$P<0.05$
相对对照组显著性	试验组	—	$P>0.05$	$P>0.05$	$P>0.05$	$P>0.05$

注：表中为空处用"—"代替；试验组为含植物组合物美白霜组；对照组为配方基质组。

（4）面部图像分析（VISIA-CR） VISIA-CR 是由美国 Canfield 公司研制的用于科研及临床试验的面部成像分析系统，具有高质量成像、多种光源分析、可稳定重复等特点，如图 5-13 所示。VISIA 多点定位系统和实时图像叠加使它容易捕捉不同观察时间的完美图像。

图 5-13　VISIA-CR 面部成像分析仪

VISIA-CR 成像系统，一次可进行 5 种光源拍照，不同的光源得到不同信息的图像。

a. 标准光 1：通用白光。提供平衡的交叉光线来评估大多数皮肤特性。

b. 标准光 2：平光。平衡了图像中光线最强点与阴影区，更便于观察直观的皮肤特性。

c. UV 光模式：使用 365nm 的紫外光拍照，捕捉后处理的 UV 图像可以很好地观察皮下黑色素沉着、聚集情况。

d. RED 光模式：可拍摄到红色区域照片，观察的是乳突真皮层和子层皮肤中血红蛋白的分布情况。由于真皮血管和血红蛋白的存在使得乳突真皮层和子层皮肤呈现红色。红润的健康皮肤中血红蛋白是均匀分布的，随着年龄增长或由于皮肤损伤，比如炎症、毛细管扩张等，皮肤的血管结构会发生改变，从而使真皮内的血红蛋白水平提高，血红蛋白开始分布不均匀，表现为皮肤有红斑，肤色不均匀，会影响整体肤色。

e. BROWN 光模式：可以检测到皮下潜在褐色斑的分布情况。褐色斑点指色素过度沉积、雀斑样痣和黄褐色斑点等皮肤损伤情况。黑色素过剩易产生褐色斑点，由于褐色斑点的存在，使得皮肤外观颜色不均匀。

本研究充分运用 VISIA-CR 面部图像分析系统，分析受试者使用植物组合物美白霜前后，肌肤状态的改善效果。首先，研究过程中使用 UV 模式，拍照观察受试者使用植物组合物美白霜以及配方基质前、后，面部皮下黑色素沉着的改善效果。

结果（图 5-14）显示，植物组合物美白霜，对聚集的黑色素有显著的解聚及弥散效果，为肌肤的健康撑起了"保护伞"。30 例受试者中有 20 例受试者皮下黑色素色斑有明显变淡，这成功地体现了植物美白组合物的健康美白理念。

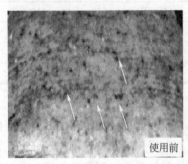
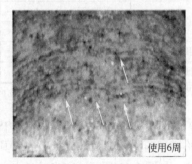

图 5-14　植物组合物美白霜对受试者面部皮下黑色素的改善效果

结果（图 5-15）显示，配方基质对受试者面部皮下黑色素无明显改善效果。30 例受试者中无受试者有改善效果。通过排除配方基质的干扰，可知植物美白组合物对人体面部皮下黑色素有明显淡化的作用。

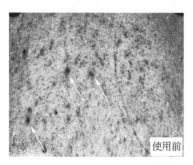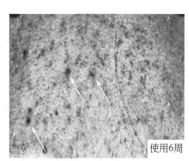

图 5-15　配方基质对受试者面部皮下黑色素的改善效果

在研究过程中，使用 RED 模式，研究受试者使用植物组合物美白霜以及配方基质前、后面部皮下血红蛋白分布情况，评估植物美白组合物对皮下瘀滞状态的改善效果。

结果（图 5-16）显示，植物组合物美白霜有效地改善了受试者皮下瘀滞状态，对肌肤微循环有显著的改善效果。在 30 例受试者中，有 22 例受试者皮下瘀滞状态得到不同程度的改善。

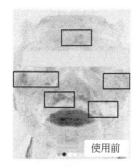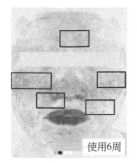

图 5-16　植物组合物美白霜对人体面部皮下瘀滞状态的改善效果（彩图见文后插页）

结果（图 5-17）显示，配方基质对受试者皮下瘀滞状态的改善无明显效果。在 30 例受试者中，仅有 1 例出现改善效果。通过排除配方基质的干扰，可知植物组合物美白霜具有显著改善人体面部皮下瘀滞状态的效果。

另外，VISIA-CR 棕光模式（BROWN 模式）下，可以观察皮下色素沉积情况。棕色颜色越深，色素沉积情况越明显，脸色会显得越晦暗。本研究使用 BROWN 模式，研究植物组合物美白霜及配方基质对受试者面部皮下色素沉积的影响。

结果（图 5-18）显示，受试者使用植物组合物美白霜后，面部皮下棕色显著变浅。30 例受试者中有 20 例受试者皮下色素沉积得到有效的改善。同时结合前文的

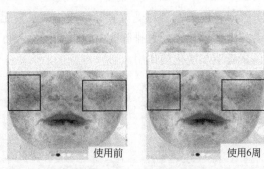

图 5-17　配方基质对人体面部皮下瘀滞状态的改善效果（彩图见文后插页）

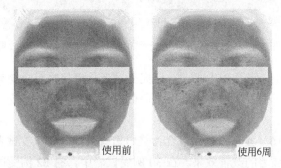

图 5-18　植物组合物美白霜对受试者面部皮下色素沉积的改善效果（彩图见文后插页）

研究结果，可以看出，使用植物组合物美白霜后，不但看到受试者表面的肌肤变得亮白，而且肌肤里层的色素沉积也显著地变浅，实现了从内到外有效的美白。

　　结果（图 5-19）显示，受试者使用配方基质后，面部皮下棕色无明显变化。30例受试者中均无受试者得到有效改善。通过排除配方基质的干扰，可知植物美白组合物具有显著改善人体面部皮下色素沉积的效果。

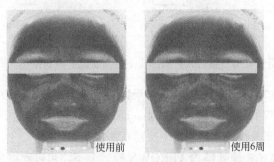

图 5-19　配方基质对受试者面部皮下色素沉积的改善效果（彩图见文后插页）

　　最后，在研究过程中使用了 VISIA-CR 标准光 2 模式，观察受试者使用植物组合物美白霜以及配方基质前后肌肤综合状态的改善效果。

结果（图 5-20）显示，受试者在使用前脸色是不均匀、无生气的，受试者连续使用 6 周，并分别于第 2、第 4 和第 6 周进行拍照评价，可以清晰地看到，在光泽度、明亮度、白皙度及光滑性方面，受试者使用植物组合物美白霜后，肌肤状态得到了显著的改善，尤其还看到了通透性的效果，而且是逐步、梯度改进，是符合自然规律的。

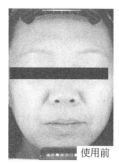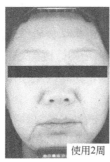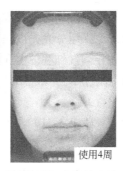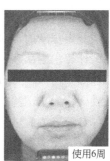

图 5-20　植物组合物美白霜对受试者面部皮肤综合的改善效果

受试者也自述，随着使用植物组合物美白霜，皮肤逐渐变得更加透亮，连续使用 6 周后，皮肤暗沉的状态得到彻底改变，皮肤显现出通透的亮白、健康自然的光泽。

结果（图 5-21）显示，受试者在使用前脸色是暗沉，受试者连续使用 6 周，并分别于第 2、第 4 和第 6 周进行拍照评价，受试者使用配方基质后，肌肤状态在光泽度、明亮度、白皙度及光滑性方面，与使用前差别不大，由对比测试结果可知植物美白组合物效果显著。

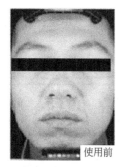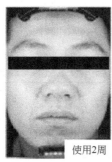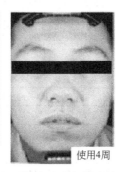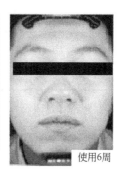

图 5-21　配方基质对受试者面部皮肤综合的改善效果

植物美白组合物功效研究试验表明，植物美白组合物在提亮肤色、改善暗沉、促进黑色素均匀分布等多方面均具有显著功效，植物美白组合物避免了目前市场过度追求对黑色素及酪氨酸酶抑制导致的安全风险增加，为美白产品开发提供新的思路。

（七）植物美白组合物安全性评价

1. 红细胞溶血试验

红细胞溶血试验的基本原理是测定化学物质对细胞膜的损伤和因此导致的细胞膜渗透性的改变，通过测定从红细胞中漏出的血红蛋白的量来评价细胞膜的损伤程度。红细胞溶血率在一定程度上可以反映样品的刺激性，溶血率越高，潜在的刺激性越大。具体来讲，根据组合物对血红细胞细胞膜的刺激，使红细胞细胞膜破裂，造成一定程度的溶血现象，用分光光度法测定化学物质作用后的红细胞悬液的吸光度，计算出溶血率。在相同红细胞浓度和样品浓度下，吸光度越大，说明细胞溶血率越高，表明样品的刺激性越强。0.02%的十二烷基磺酸钠（SDS）因其具有强烈刺激性，作为本试验的阳性对照。

红细胞溶血试验结果（表 5-21）显示，植物美白组合物在 10%浓度以下具有极低的红细胞溶血率，基本无刺激性。

表 5-21 植物美白组合物红细胞溶血率试验结果

受试浓度/%	红细胞溶血率/%	离心后现象
1.0	1.2	上层淡黄色透明，底部沉淀
5.0	2.3	上层淡黄色透明，底部沉淀
10.0	2.6	上层淡黄色透明，底部沉淀
0.02%SDS（阳性对照）	100	均匀透明红色，底部少量沉淀

2. 光毒性试验

（1）试验方法　参照 OECD Guideline for testing of chemicals：#432 及 GB/T 21769—2008《化学品 体外 3T3 中性红摄取光毒性试验方法》。

（2）结果与讨论　本试验植物美白组合物体外 3T3 中性红摄取光毒性试验结果如表 5-22 所示。

表 5-22 植物美白组合物体外 3T3 中性红摄取光毒性试验结果

受试品/对照品	IC$_{50}$/(μg/mL)		PIF	MPE	光毒性
	无光照	光照（+UV）			
阳性对照品 CPZ	17.65	0.71	22.34	0.48	+
植物美白组合物	>1000.0	>100.0	*1	−0.03	−

注：*1 表示在达到允许的最高浓度值（1000.0μg/mL）时也不表现细胞毒性；+表示预期存在光毒性；−表示预期无光毒性。

在本试验条件下，植物美白组合物样品的 PIF 值为*1，表明受试品在达到允许的最高浓度值（1000.0μg/mL）时也不表现细胞毒性；样品的 MPE 值为−0.03，小于0.1，进一步说明样品预期无光毒性。因此，在本试验条件下，植物美白组合物体外 3T3 中性红摄取光毒性试验为阴性反应，预期无光毒性。

3．人体斑贴试验

人体斑贴试验方法参照《化妆品安全技术规范》（2015 年版），制备含 1.0%和 5%的植物美白组合物的膏霜进行封闭式斑贴，考察样品对人体造成不良反应的可能性。试验中，样品 1 为添加 1.0%的植物美白组合物的膏霜，样品 2 为添加 5%的植物美白组合物的膏霜。皮肤不良反应分级如前述表 5-11 所示。

根据表 5-11，观察受试者去除斑试器 30min、24h 及 48h 时的皮肤反应情况。试验结果如表 5-23～表 5-25 所示。

表 5-23　去除斑试器 30min 观察结果

样品编号	0 级	1 级	2 级	3 级	4 级
空白	30	0	0	0	0
样品 1	28	2	0	0	0
样品 2	27	3	0	0	0
膏霜基质	28	2	0	0	0

表 5-24　去除斑试器 24h 观察结果

样品编号	0 级	1 级	2 级	3 级	4 级
空白	30	0	0	0	0
样品 1	30	0	0	0	0
样品 2	30	0	0	0	0
膏霜基质	30	0	0	0	0

表 5-25　去除斑试器 48h 观察结果

样品编号	0 级	1 级	2 级	3 级	4 级
空白	30	0	0	0	0
样品 1	30	0	0	0	0
样品 2	30	0	0	0	0
膏霜基质	30	0	0	0	0

根据《化妆品安全技术规范》（2015 年版）的要求，判定样品 1、样品 2 对人体皮肤无不良反应。斑贴试验结论：添加 1.0%、5%两个浓度的植物美白组合物的膏霜，对人体皮肤无不良反应发生，安全性良好。

4．多次皮肤刺激试验

通过小鼠多次皮肤刺激试验，确定和评价植物美白组合物对哺乳动物皮肤局部是否有刺激作用或腐蚀作用及其程度。

方法参照《化妆品安全技术规范》（2015 年版）规定的皮肤刺激性/腐蚀性试验方法。将受试物一次（或多次）涂敷于受试动物的皮肤上，在规定的时间间隔内，观察动物皮肤局部刺激作用的程度并进行评分。采用自身对照，以评价受试物对皮肤的刺激作用。急性皮肤刺激性试验观察期限应足以评价该作用的可逆性或不可逆性。植物美白组合物多次皮肤刺激试验结果如表 5-26 所示。

表 5-26　植物美白组合物多次皮肤刺激试验结果

涂抹天数/d	动物数/只	刺激反应积分		
		红斑	水肿	总分
1	4	0/4	0/4	0
2	4	0/4	0/4	0
3	4	0/4	0/4	0
4	4	0/4	0/4	0
5	4	0/4	0/4	0
6	4	0/4	0/4	0
8	4	0/4	0/4	0
9	4	0/4	0/4	0
10	4	0/4	0/4	0
11	4	0/4	0/4	0
12	4	0/4	0/4	0
13	4	0/4	0/4	0
14	4	0/4	0/4	0
每天每只动物积分均值		0		
刺激强度分级		未见刺激性反应		

结果（表 5-26）显示，连续涂抹 14d 受试样品（分别添加植物美白组合物 5% 及 10%），小鼠皮肤均未出现红斑及水肿现象。结果说明，植物美白组合物安全性良好，无刺激性。

5. 植物美白组合物对黑素细胞活性的影响

试验结果如图 5-22 所示，对于黑素细胞安全作用浓度，植物美白组合物的安

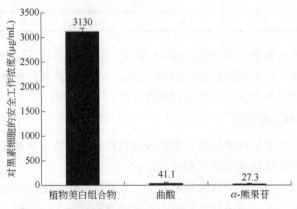

图 5-22　植物美白组合物对人黑素细胞活性的影响

全作用浓度约是曲酸的 76 倍，约是 α-熊果苷的 115 倍。与曲酸及 α-熊果苷相比，植物美白组合物对黑素细胞显示出了更好的安全性。

三、抗衰老化妆品

由于器官老化，人体发生衰老，皮肤作为人体面积最大的免疫器官，功能也会发生一定的减弱，进而出现各种皮肤问题。机体衰老会导致皮肤表皮的基底层细胞形态发生变化，表皮与真皮交接处趋于平坦，真表皮连接不紧密；同时，朗格汉斯细胞数量降低，皮肤的免疫功能、屏障功能均有所下降。皮肤真皮层中的胶原蛋白具有维持皮肤的张力的作用，成纤维细胞能够合成胶原蛋白和弹性蛋白，二者具有维持皮肤弹性的作用，因此，由于衰老，成纤维细胞数量减少，降低胶原蛋白和弹性蛋白的合成能力，皮肤失去弹性。同时，真皮层中的蛋白水解酶表达增加，加速分解胶原蛋白及细胞外基质，由此而导致皮肤松弛，形成细小的皱纹。因此，随着机体的衰老，皮肤的形态及功能会发生多种变化，皮肤会出现干燥、松弛的问题，甚至产生皱纹等等，皮肤整体状态变差。

此外，环境因素也同样会影响皮肤的衰老，而 UV 的照射则是造成皮肤光老化的最重要的环境因素。皮肤衰老的光老化学说认为：日光中的紫外线会通过损伤细胞核和线粒体 DNA，抑制表皮朗格汉斯细胞的功能，进而促使皮肤的免疫监督功能减弱，导致基质金属蛋白酶（matrix metalloproteinase，MMP）活化，同时通过损伤皮肤成纤维细胞等途径引起皮肤老化，使皮肤粗糙，形成皱纹。

从护肤品市场来看，虽然 2011～2015 年国内护肤品市场增速逐年下降，但是国内护肤品市场规模在逐年增长。且预计未来几年，全球、国内的护肤品市场规模均呈现不同程度的增长趋势。从抗衰老产品市场来看，发达国家及部分发展中国家纷纷加入抗衰老产品创新研发行列，欧美地区属英国的创新研发投入最大，亚太地区研发创新投入较大的国家有韩国、日本、中国。另外，近两年全球抗衰老产品市场较为活跃，亚太地区抗衰老产品市场较为活跃的前三名国家有韩国、日本、中国。当前，抗衰老成为国内化妆品消费市场最为关注的功效，且其消费量增长明显，抗衰老的消费者越来越倾向于年轻化，主要集中在 20 多岁至 45 岁。

（一）抗衰老护肤品市场现状

全球化妆品市场在不断扩大，消费者对化妆品的追求随着消费的升级而升级，抗衰老等意识逐渐加强。人口老龄化，也促使更多人使用化妆品来维持年轻的外表。因此，在未来几年，全球化妆品市场将明显扩大。目前，亚洲老年人口正以前所未有的速度增长。2016 年亚洲上市的抗衰老美容个护品占全球三分之一。由数据可知，2014～2016 年抗衰老美容个护品创新占全球的比例，英国最高（为 16%），同期韩国和日本分别占 8%，中国占 7%。据英敏特全球新产品数据库（GNPD）显示，2016 年在亚太地区上市的抗衰老美容个护品占全球比重从 2014 年的 28%上升到超过三分之一（37%）。这使亚太地区成为第二大抗衰老美容个护创新最活跃的市场，仅次于欧洲，而欧洲的这一数字为40%。而在亚太地区抗衰老美容个护品版图中，韩国和日本居领先地位。2014～2016年，亚太地区抗衰老美容个护品最活跃的五大市场：韩日抗衰老护肤品分别占亚太地区23%的比重；中国抗衰老美容个护品数量排第三位，占亚太地区22%；泰国排第四位，为7%；印度排第五名，为6%

中国化妆品市场2017年上半年整体零售额同比2016年上半年增长10.5%，其中高端品牌的份额进一步提升，在护肤以及彩妆领域市场份额分别提升至52.9%和63.7%。在功效上，抗衰老成为消费者最关注的护肤功效，份额上涨最明显，零售份额已经提升至58.1%。在抗衰老功效产品线中，精华与面膜成为消费者最青睐的品类，如图5-23所示。

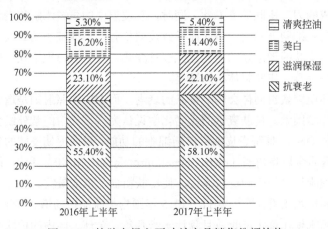

图5-23　护肤市场主要功效产品销售份额趋势

抗衰老概念似乎已向年轻群体渗透。这引发了"提前抗衰老"潮流，年轻消费者开始使用抗衰老美容个护品，以此作为预防性措施。相比美国和欧洲女性，中国女性对于衰老的担忧似乎更早，很多人在30岁前后就开始使用抗衰老产品，而33～45岁的女性是护肤品的最大消费群体。

（二）皮肤衰老中医解决途径分析

我们以中医整体观为指导剖析皮肤衰老机理。中医认为气血是构成人体的最基本物质，是脏腑经络等组织进行生理活动的物质基础，是维持生命过程的最基本物质。人体生、长、壮、老、已的生命历程，即为气血由弱转强、由盛转衰的过程；疾病发生、发展、转归的全过程的本质也在于气血的变化。气血失衡则会造成物质能量代谢紊乱，从而导致机体衰老。就衰老理论和延缓衰老而言，中医药学具有深刻阐述和丰富实践。

《素问·上古天真论篇》就有关于人体衰老的记载：女子，五七，阳明脉衰，面始焦，发始堕。六七，三阳脉衰于上，面皆焦，发白。丈夫，五八，肾气衰，发堕齿槁。六八，阳气衰竭于上，面焦，发鬓斑白。《灵枢·天年》也有关于人体衰老的记载：健康之人在四十岁时，"腠理始疏，荣华颓落，发颇斑白"。另外，《素问·调经论》还有云："人之所有者，血与气耳。"这道明了机体运行的基础。大凡深受现代生理学和医学影响的人，往往心起疑惑，为何中医要将人体生理系统的核心基础建立在似乎云里雾里的气血及其运行系统之上，无他，这是中国传统文化所赋予的解释取向所决定的。中国传统哲学认为，物之为物，固然有其形质上的规定性，但其所基的物质基础却是不受任何形质范限的天地之气。气聚则物生，气散则物亡，一切形质上的意义都不过是天地之气在聚散过程中所呈现出的外在表象，并不能反映万物内在的本质。倘要揭示万物的本质及其意义所在，就必须深入到天地之气的变化法则中去。《黄帝内经·素问》还告诉我们，气血聚则人生，气血和则人存，气血盈则人强，气血亏则人衰，气血竭则人亡。因此，中医特以气血及其运行系统为生理系统的核心基础，从而构建出具有独特理论形态的人体生理解释系统。《外科证治全书》也指出，"人之一身，气血而已，非气不生，非血不行"。气血瘀滞，血脉受阻，神气亏耗，是引起机体病变的主要原因。

皮肤作为人体最大的器官，赖气血以养，气血充盛、气血和调是保证面部红润光泽的基础。十二经脉，三百六十五络，其血气皆上荣于面而走空窍，面部不仅为十二经脉、三百六十五络之血气充养，更是全身气血盛衰的反映。如气血不足则肌肤失荣失养而淡白无华，气血失和则面垢面焦或斑疮迭起。因此，气血充盛、气血和调是肌肤维持健康的基础。

（三）植物原料延缓皮肤衰老的作用途径

1. 提高抗氧化活性

许多中草药植物中的植物多糖、植物黄酮、皂苷等成分，都可以通过提高细胞内抗氧化活性，从而达到皮肤抗衰老的功效。多糖类例如灵芝多糖、玉竹多糖、石斛多糖等都能够清除自由基，通过对衰老模型小鼠测试发现灵芝多糖能够改善小鼠的皮肤组织结构，提高皮肤 SOD 活力，降低丙二醛（MDA）含量，提高其抗氧化能力，这验证了灵芝多糖的延缓衰老作用。研究发现，灵芝多糖具有抗 H_2O_2 诱导的细胞脂质过氧化的作用，保护细胞免受损伤。巴戟天提取物可促进机体产生内源性抗氧化物质，进而清除氧自由基，抑制脂质过氧化损伤。迷迭香酸、玉竹中的多糖成分都可通过提高机体抗氧化酶的活性，清除过量自由基，减少脂质过氧化产物的生成，从而延缓衰老。通过体外抗氧化实验发现银杏多糖具有明显的抗氧化活性。银杏中富含银杏黄酮和银杏多糖，银杏黄酮是天然的抗氧化剂，可清除超氧阴离子及一氧化氮等，调节自由基反应酶的活性，影响自由基反应及脂质过氧化反应，减缓氧自由基和脂质过氧化损伤。通过实验证明，北五味子清除羟基自由基的抗氧化能力优于维生素 C。此外，皂苷类成分如三七、肉苁蓉等也具有清除自由基的能力，肉苁蓉总苷能有效地清除活性氧自由基，还可以通过调节衰老小鼠机体氧化/抗氧化功能的平衡起到延缓衰老的作用。三七中的三七总皂苷也能够清除皮肤中的羟基自由基。红花中的红花黄色素 B 对羟基自由基具有清除作用，推测其对体系产生的羟基自由基具有直接清除作用或者阻断了 Fenton 反应，使产生的羟基自由基浓度降低，从而延缓皮肤衰老。分别采用醇提法和水提法提取分离丹参酮和丹酚酸，结果发现，丹酚酸和丹参酮都具有良好的清除羟基自由基（·OH）的能力，丹参酮在一定范围内均呈现剂量效应关系。

通过清除自由基不仅可以直接达到抗氧化的功效，还可以通过增强抗氧化酶的活性，降低脂质过氧化产物来影响自由基含量，郝庆红团队以及孟洁等通过实验研究发现，厚朴中的厚朴酚能够增强抗氧化酶的活性，减少体内脂质过氧化产物 MDA 的含量，清除机体产生的过多自由基，通过抑制细胞的过氧化过程，从而达到延缓衰老的目的。通过研究黄芪中的黄芪甲苷发现其能够有效改善抗氧化酶的活性，抑制氧自由基的生成，阻止膜脂质过氧化物的产生。铁皮石斛中的多糖成分能够清除羟基自由基和超氧自由基，从而抑制机体的脂质过氧化反应。表 5-27 中列出了一些具有清除自由基作用的中草药。

表 5-27　具有清除自由基作用的中草药

中草药名称	拉丁名	传统功效	与衰老相关的有效成分	现代药理
北五味子	*Schisandra chinensis*	收敛固涩，益气生津，补肾宁心	北五味子多糖	清除羟基自由基
玉竹	*Polygonatum odratum*	养阴润燥，生津止渴	玉竹多糖	提高超氧化物歧化酶的活性，增强对自由基的清除能力，抑制脂质过氧化，降低丙二醛含量，从而延缓衰老
铁皮石斛	*Dendrobium officinale*	益胃生津，滋阴清热	石斛多糖	清除羟基自由基和超氧自由基，而且能抑制线粒体脂质过氧化物 MDA 的生成
三七	*Panax notoginseng*	散瘀止血，消肿定痛	三七总皂苷	清除羟基自由基和超氧自由基
红花	*Carthamus tinctorius*	活血通经，散瘀止痛	红花黄色素 B（SYB）	抑制 Fenton 反应对 2-脱氧核糖的氧化损伤，并对羟基自由基具有清除作用
银杏	*Ginkgo biloba*	敛肺定喘，止带浊，缩小便	银杏黄酮	清除自由基
迷迭香	*Rosmarinus officinalis*	发汗，健脾，安神，止痛	迷迭香酸	提高机体抗氧化酶的活性，清除过量自由基，减少脂质过氧化产物的生成

2. 影响机体代谢产物

一些中草药可以通过促进细胞新陈代谢，提高成纤维细胞的活性，促进胶原蛋白合成，降低皮肤的凋亡率。麦冬水煎剂能提高机体代谢功能，增强机体总抗氧化能力和免疫力，减少自由基对生物膜的损伤。巴戟天具有延缓皮肤衰老的作用，巴戟素可提高抗氧化酶活性，抑制脂褐素的积聚。

此外，还有一些中草药能够通过降低脂褐素来达到抗氧化抗衰老的功效。通过对衰老模型大鼠连续灌服肉苁蓉醇溶成分 6 周后，发现其成分能显著提高大鼠肝脏 Ca^{2+}-ATP 酶活性，显著降低肝线粒体 MDA 含量，证明肉苁蓉醇溶成分是其抗衰老作用的有效成分。此外，黄精、何首乌、淮山药、熟地黄等多种中草药也能够降低组织中的脂褐素含量，提高 SOD 活性，达到延缓衰老的功效。表 5-28 中列出了一些具有影响机体代谢产物作用的中草药。

表 5-28 具有影响机体代谢产物作用的中草药

中草药名称	拉丁名	传统功效	与衰老相关的有效成分	现代药理
麦冬	*Ophiopogon japonicus*	润肺清心，养阴生津	麦冬多糖	降低 MDA 含量，抑制自由基导致的生物膜脂质过氧化而具有抗衰老的作用
巴戟天	*Morinda officinalis*	补肾阳，强筋骨，祛风湿	巴戟素	巴戟素可提高抗氧化酶活性，减少过氧化脂质(LPO)和脂褐素的生成和积聚
肉苁蓉	*Cistanche deserticola*	补肾阳，填精益髓，润肠通便，延缓衰老	肉苁蓉总苷	清除活性氧自由基，保护 OH·引发的 DNA 氧化损伤

3. 修复胶原

一些中草药可以通过促进成纤维细胞生长、调节基质金属蛋白酶来改善肌肤合成胶原蛋白及弹性蛋白的能力，从而改善皮肤皱纹的形成，达到延缓皮肤衰老的功效，通过实验发现，丹参中的活性成分丹参酮能够增强 D-半乳糖所致衰老模型小鼠的成纤维细胞的活性，使胶原蛋白合成增加，同时还能够显著提高羟脯氨酸含量。研究发现，枸杞中的枸杞多糖也可以增强成纤维细胞活性，使胶原蛋白合成增加，同时还能够保护细胞内抗氧化酶的活性，维持生物膜的正常脂质结构和生理功能。通过实验证明黄芪提取液也能够提高羟脯氨酸的含量，减少组织中的过氧化氢，从而减缓衰老。通过实验证明，党参中的党参多糖也能够使得皮肤胶原纤维增多，改善成纤维细胞的合成和分泌功能，以维持皮肤弹性，延缓皮肤衰老。厚朴中的厚朴酚能够抑制 UVB 照射引起的皮肤 MMP-1、MMP-9、MMP-13 的表达上升，从而达到延缓皮肤衰老的功效。

4. 调节免疫功能

表 5-29 中列出了一些具有修复胶原作用的中草药。

人参具有良好的延衰功效。根据目前的研究进展，人参中的人参皂苷除了能够清除自由基外，还能够通过影响细胞周期调控因子、衰老基因表达，延长端粒长度，增强端粒酶活性等延缓衰老。刺五加能够调节机体的免疫功能，降低细胞膜上脂质过氧化，清除自由基，通过实验证明了刺五加多糖的免疫调节功能。表 5-30 中列出了两种具有调节免疫功能的中草药。

表 5-29　具有修复胶原作用的中草药

中草药名称	拉丁名	传统功效	与衰老相关的有效成分	现代药理
丹参	*Salvia miltiorrhiza*	活血通络，祛瘀止痛，凉血消痛，清心安神	丹酚酸、丹参酮	增强成纤维细胞活性，使胶原蛋白合成增加
枸杞	*Lycium barbarum*	滋补肝肾，益精明目	枸杞多糖	增强成纤维细胞活性，使胶原蛋白合成增加
膜荚黄芪	*Astragalus membranaceus*	补气升阳，固表止汗，利水消肿，生津养血	黄芪多糖、黄芪甲苷	发挥免疫调节，防止细胞损伤，改善酶 CAT 活性，抑制氧自由基的生成，阻止膜脂质过氧化物的产生
党参	*Codonopsis pilosula*	健脾益肺，养血生津	党参多糖	清除羟基自由基和超氧阴离子以及抗脂质过氧化
厚朴	*Magnolia officinalis*	行气燥湿，降逆平喘	厚朴酚	抑制 MMPs 表达上升

表 5-30　具有调节免疫功能的中草药

中草药名称	拉丁名	传统功效	与衰老相关的有效成分	现代药理
人参	*Panax ginseng*	补气，固脱，生津，安神，益智	人参皂苷	通过免疫系统在细胞和分子水平上的适度调节以及影响细胞周期调控因子、衰老基因表达，延长端粒长度，增强端粒酶活性等延缓衰老
刺五加	*Acanthopanax senticosus*	益气健脾，补肾安神	刺五加多糖	调节机体的免疫功能，同时清除自由基，降低细胞膜上脂质过氧化

5. 其他

除了以上提到的几种中草药用于抗衰老的途径外，还可以通过促进细胞代谢、修复 DNA 损伤等途径来应对皮肤衰老。通过将灵芝多糖作用于角质形成细胞进行试验，发现灵芝多糖对与皮肤细胞代谢相关的基因有上调的作用，如 LIG1、PKL1、ACTB 等，这些基因通过修复 DNA 损伤，促进细胞生长，从而具有延缓细胞衰老的作用。当归中的当归多糖能够抗细胞氧化损伤，从而具有延缓细胞衰老的作用。此外，红景天苷也能够通过促进角质形成细胞增殖，提高抗氧化酶的活性，达到延缓衰老的效果。表 5-31 中列出了三种具有其他功效的中草药。

综上，中国社会人口老龄化日益严重，人体皮肤衰老的现状也在普遍性增多。虽然目前研究尚未能完全阐明皮肤衰老的确切机制，但是我们已经认识到衰老是一个复杂且多个环节参与的共同结果。因此应对皮肤衰老，可以从多个方面入手：针对皮肤表观、细胞衰老、代谢产物等方面达到延缓皮肤衰老的效果。近几年相关研究表明，许多中草药都具有较好的抗衰老抗氧化的功效，能通过清除自由基、减少

表 5-31　具有其他功效的中草药

中草药名称	拉丁名	传统功效	与衰老相关的有效成分	现代药理
灵芝	*Ganoderma lucidum*	补气安神，止咳平喘	灵芝多糖	提高皮肤中羟脯氨酸和SOD的含量，对皮肤细胞代谢的 LIG1、PKL1、ACTB 等基因表达有上调作用，能修复DNA损伤，促进细胞生长
当归	*Angelica sinensis*	养营养血，补气生精，安五脏，强形体，益神志	当归多糖	当归多糖可增强血清和脑组织中的SOD 活力，减少 MDA 含量，提高GSH-PX 活性
红景天	*Rhodiola crenulata*	益气健脾，活血化瘀，清肺止咳	红景天苷	促进角质形成细胞增殖，提高 CAT、SOD、GSH 等抗氧化酶的活性，减少脂质过氧化产物 MDA 的形成

脂质过氧化产物的生成、提高机体的免疫功能、促进皮肤代谢等达到延缓衰老的功效。中草药植物作为我国重要的植物资源，拥有悠久的应用历史及良好的功效，我们更应该重视植物在皮肤美容方面的应用，以促进具有延缓皮肤衰老的中草药植物的发展。

（四）延缓衰老植物组合物组方设计

根据中医气血理论，并结合现代科技研究成果，笔者设计了延缓衰老植物组合物——御养欣妍，以当归、三七、黄芪、女贞子及甘草为组方，以期实现延缓肌肤衰老、恢复肌肤年轻健康状态。御养欣妍方设计的科学内涵如下：

首先，"君臣佐使"，相得益彰。御养欣妍方是按照"君臣佐使"的组方原则设计而成，如图 5-24 所示。以当归、三七为君，力主活血补血；臣以黄芪，辅君益气固表之功；佐以女贞子，发挥补益滋阴之效；使以甘草，调和诸药。五味本草，相遇、相协，从气血之根本解决肌肤健康问题，有效改善肌肤暗沉状态，令肌肤年轻有光泽，焕发健康好气色。

图 5-24　御养欣妍组方设计

其次，四性五味，科学搭配。中医在使用本草时，常常讲究"四性五味"。四性，又称四气，即寒、热、温、凉；五味，即辛、甘、酸、苦、咸。四性五味搭配合理才能发挥出本草蕴藏的最大潜力。当归，味甘、辛、苦，性温；三七，味甘、微苦，性温。二者同属于温性药，都具备甘苦。两药合用增加补血生血的功能。现代医学研究显示,三七有造血功能,当归有补血和活血功能,两位本草合用补血而不留瘀闭,起到调和气血之功效。

(五)组方用药

道地之材,效果最大化。中药本草的效果与产地有关,"离其本土,则质同而效异",故而有药材道地性之说。中医在使用本草时,非常讲究"道地之材"。当归,以甘肃岷县质量最佳,素有岷当归之称;三七,以云南文山州及其周边地区的质量最佳,具有道地品质;黄芪,相对道地产地多一些,一般以山西及内蒙古产黄芪为道地药材;女贞子在我国资源丰富,华东、华南、西南及华中等地区都有种植,无显著道地性;甘草,在华北、东北及西北地区均有分布,其中新疆、甘肃、内蒙古产甘草具有一定的道地性。御养欣妍方在选择中药本草时,对每一味本草的道地进行分析,精选道地之材,以保证效果最优。最后,遵古法,匠心炮制。炮制,指用中草药原料制成药物的过程,目的主要是加强药物效用,减除毒性或不良反应,便于储藏和便于服用等。御养欣妍方在使用每一味本草时,都会遵古法进行科学有效的炮制。例如,当归头,止血上行;当归身,补血中守;当归尾,破血下流;全当归,补血行血。御养欣妍方选择的就是全当归,以充分发挥当归补血行血之功效。又如,甘草,清热解毒宜生用,补中益气宜炙用。御养欣妍方使用的是炙甘草,主要取其甘温益气补中、调和诸药的作用。总之,以中医气血理论为指导,按照"君臣佐使"组方原则,集当归、三七、黄芪、女贞子及甘草,四性五味科学搭配,形成御养欣妍方,制作过程中精选道地之材,每一味本草均遵古法炮制,使效果发挥最大化。

(六)延缓衰老功效评价

1.体外抗氧化活性(生化水平)

研究表明,DPPH·和ABTS·两种自由基的清除率均与抗氧化活性具有良好的相关性。我们在研究过程中,采用清除DPPH·及ABTS·的试验,评估御养欣妍原液的抗氧化活性。图5-25为不同浓度的御养欣妍对DPPH·的清除率。

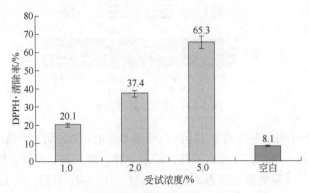

图5-25 不同浓度的御养欣妍原液对DPPH·的清除率

结果显示，御养欣妍在生化水平具有良好的抗氧化活性，在一定程度上可有效改善肌肤因氧化损伤引起的暗沉状态。

2．3D 全层皮肤模型抗光老化作用评价（细胞水平）

3D 全层皮肤模型（FulKutis）是以中国人皮肤来源的成纤维细胞和角质形成细胞为种子细胞，以胶原为支架材料，经体外重组技术，采用气液面培养方式，构建而成。FulKutis 类似于正常人体皮肤组织结构，含有表皮层和真皮层结构，并且表皮层包括基底层、棘层、颗粒层以及角质层等复杂结构。

当受到外界刺激，如 UV 辐射，细胞内会产生过量的活性氧，引起细胞凋亡，细胞密度降低并且 UV 辐照还可以引起真表皮连接处胶原表达以及成纤维分泌胶原的能力下调，导致真表皮连接处退化，最终导致皮肤变薄、松弛以及皱纹的产生。因此，通过组织形态学分析以及真表皮连接处 COL-Ⅳ 的表达，可评估抗光老化类产品、原料的体外抗衰功效。

此实验以 3D 全层皮肤模型为测试工具，采用表面给药的方式，将一定量的样品均匀涂布于 3D 全层皮肤模型的表面；通过组织形态学分析、细胞密度、真表皮连接处 COL-IV 的表达等关键指标，评价样品的抗光老化功效。

组织形态学及细胞密度分析：参照实验分组和处理条件，在模型出厂，即 0d 时，每天进行 SSUV 辐照处理（UVA 为 30J/cm^2；UVB 为 50mJ/cm^2），然后将一定量的样品分别涂布于相应模型表面，样品隔天进行涂抹，总作用时长为 4d，最后将皮肤模型固定，包埋切片并进行 H&E 染色以及数据分析。分析结果见图 5-26 和图 5-27。

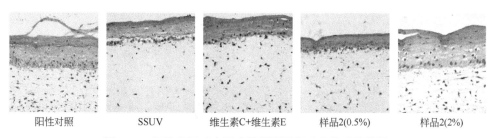

| 阳性对照 | SSUV | 维生素C+维生素E | 样品2(0.5%) | 样品2(2%) |

图 5-26 御养欣妍对全层皮肤模型组织形态学试验结果

真表皮连接处 COL-IV 蛋白表达的分析：参照实验分组和处理条件，在模型出厂即 0d 时，每天进行 SSUV 辐照处理（UVA 为 30J/cm^2；UVB 为 50mJ/cm^2），然后将一定量的样品分别涂布于相应模型表面，隔天进行涂抹，总作用时长为 4d，最后将样品固定包埋切片并进行 IHC（COL-IV）染色分析。

结果显示，基于 FulKutis 3D 全层皮肤模型的检测结果表明：SSUV 组与阳性对照组对比，组织形态学、细胞密度以及真表皮连接处 COL-IV 的表达都有显著下降；维生素 C+维生素 E 组与 SSUV 组对比，组织形态学、细胞密度以及真表皮连接处

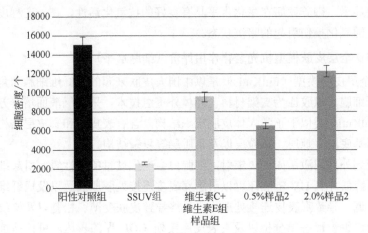

图 5-27　御养欣妍对全层皮肤模型真表皮细胞密度分析结果

COL-IV 的表达都一定幅度的上升；御养欣妍可以有效抑制因 UV 辐照引起的真皮层成纤维细胞密度下降，并可以有效抑制因 UV 辐照引起的真表皮连接层 IV 胶原蛋白含量下降，具有突出的抗光老化功效。

3．对人体皮肤微循环的影响（人体水平）

采用激光多普勒血流测试仪，进行 30 例人体试用实验，测试受试者使用御养欣妍膏霜（添加御养欣妍原液 3%）前、后肌肤微循环血流量变化情况。结果（图 5-28）显示，含有 3%御养欣妍的膏霜可有效提高肌肤微循环血流量、改善微循环代谢。

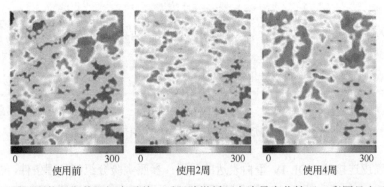

图 5-28　受试者使用御养欣妍膏霜前、后肌肤微循环血流量变化情况（彩图见文后插页）

4．对皮肤粗糙度与细纹的影响（人体水平）

通过眼角 3D-VISIO 图像分析的方法，测试受试者使用含 3%御养欣妍膏霜前、后眼角肌肤粗糙度的变化情况。结果显示，含 3%御养欣妍的膏霜可有效改善眼角粗糙度，抚平眼角细纹，如图 5-29 所示。

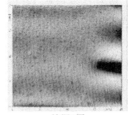

使用前   使用4周

图 5-29　受试者使用御养欣妍膏霜前、后眼角肌肤粗糙度的变化情况

（七）安全性评价

1．红细胞溶血试验

红细胞溶血率在一定程度上可以反映样品的刺激性，溶血率越高，潜在的刺激性越大。方法参照：①Red Blood Cell Test System，由欧盟权威的方法验证中心——ECVAM 提供；②中国药典 2015 年版 H 溶血与凝聚检查法；③欧盟提出替代 Draize 眼刺激试验，用于评估表面活性剂的刺激性。表 5-32 为御养欣妍样品红细胞溶血率试验结果。

表 5-32　御养欣妍样品红细胞溶血率试验结果

受试浓度/%	红细胞溶血率/%	有无凝血现象
1.0	0	无
5.0	0	无
10.0	0	无
20.0	0	

红细胞溶血试验证明，御养欣妍样品在 20%浓度以下基本无红细胞溶血率，温和、无刺激。

2．光毒性试验

（1）试验方法　参照 OECD Guideline for testing of chemicals：＃432 及 GB/T 21769—2008《化学品 体外 3T3 中性红摄取光毒性试验方法》。

（2）试验过程

① 受试物的配制　以平衡盐（HBSS）将御养欣妍配制成 7.8μg/mL、15.6μg/mL、31.3μg/mL、62.5μg/mL、125.0μg/mL、250.0μg/mL、500.0μg/mL 及 1000.0μg/mL 共 8 个浓度的溶液。

② 阳性对照品的配制　以无水乙醇将盐酸氯丙嗪溶解配制成 20.00mg/mL 的最高浓度母液，再以无水乙醇按 1∶1（体积比）的比例将其稀释成不同浓度的溶液，至 0.02mg/mL 为止，临用前将各浓度溶液用 HBSS 稀释 100 倍，备用。

③ 细胞接种　按照指导原则 OECD 432 要求，将生长状态良好的 Balb/c 3T3 细胞接种于 96 孔培养板（外周孔除外）上，使每孔的细胞数为 1.0×10^4 个，然后将培养板置于 $(37 \pm 1)℃$、$(5 \pm 1)\%$ CO_2 条件下加湿培养约 24h。

④ 加样及光照处理　接种的 Balb/c 3T3 细胞培养 24h 后，除去培养液，用 150μL 预热的平衡盐（HBSS）溶液轻洗细胞 2 次，然后每孔加入 100μL 含有不同浓度受试物/对照品的 HBSS 溶液，每个浓度 6 个复孔，每个受试物和阳性对照品各 2 块板，分别标记为光照板和无光照板。将培养板置于 $(37 \pm 1)℃$、$(5 \pm 1)\%$ CO_2 条件下加湿培养 1h 后，光照板置于光强度为 $(1.7 \pm 0.2)mW/cm^2$ 的 UVA 条件下照射 45min，至光剂量达 $5.0J/cm^2$；无光照板用锡箔纸包裹后于室温暗室条件下与光照板培养相同的时间。光照处理结束后，除去含有受试物/对照品的 HBSS 溶液，每孔用 150μL 预热的 HBSS 轻轻洗涤细胞 2 次后，换上新鲜的含 10%（体积分数）胎牛血清、4mmol/L 的谷氨酰胺、100IU 青霉素和 100μg/mL 链霉素的 DMEM 培养液，于 $(37 \pm 1)℃$、$(5 \pm 1)\%$ CO_2 条件下继续培养 18~22h。

⑤ 中性红摄取试验　培养结束前约 3h，弃去各孔的培养基，每孔用 150μL 预热的 HBSS 溶液轻轻洗涤细胞一次，然后每孔加入 100μL 含 50.0μg/mL 中性红无血清的 DMEM 培养液，于 $(37 \pm 1)℃$、$(5 \pm 1)\%$ CO_2 条件下继续培养 3h。培养结束后，弃去含中性红的培养基，用 150μL 预热的 HBSS 溶液轻轻洗涤细胞，然后每孔加入 150μL 中性红洗脱液（水：乙醇：乙酸=49：50：1，体积比），置于振荡器快速振荡直至形成均匀的溶液，然后用分光光度计在 540nm 下测定各孔的吸光度值（OD_{540}）。

⑥ 数据处理　根据测定的吸光度值（OD_{540}），使用 Phototox Version 2.0 软件计算各个受试物的光刺激因子（PIF）和平均光效应（MPE）。在光照及非光照条件下，测定各孔板 540nm 处的吸光值 OD_{540}，使用 Phototox 软件计算受试样品和阳性对照品在光照及非光照条件下细胞的 IC_{50}、光刺激因子（PIF）和平均光效应（MPE）。

⑦ 结果判定　当受试物的 PIF<2 或 MPE<0.1 时，预测该受试物无光毒性；当 2<受试物的 PIF<5 或 0.1<受试物的 MPE<0.15 时，预测该受试物可能具有光毒性；当受试物的 PIF≥5 或 MPE>0.15 时，预测该受试物具有潜在光毒性。

（3）结果与讨论　本试验御养欣妍样品体外 3T3 中性红摄取光毒性试验结果如表 5-33 所示。

表 5-33　御养欣妍样品体外 3T3 中性红摄取光毒性试验结果

受试品/对照品	PIF	IC$_{50}$/(μg/mL)		MPE	光毒性
		无光照	光照		
阳性对照品	26.08	7.65	0.29	0.48	+
御养欣妍样品	*1	>1000.0	>1000.0	0.04	-

注：*1 表示在达到允许的最高浓度值（1000.0μg/mL）时也不表现细胞毒性；+表示预期存在光毒性；-表示预期无光毒性。

在本试验条件下，御养欣妍样品的 PIF 值为*1，表明受试品在达到允许的最高浓度值（1000.0μg/mL）时也不表现细胞毒性；样品的 MPE 值为 0.04，小于 0.1，进一步说明样品预期无光毒性。因此，在本试验条件下，御养欣妍样品体外 3T3 中性红摄取光毒性试验为阴性反应，预期无光毒性。

3．人体斑贴试验

人体斑贴试验方法参照《化妆品安全技术规范》（2015 年版），制备含 1.0%和5.0%的御养欣妍的膏霜进行封闭式斑贴，考察样品对人体造成不良反应的可能性。试验中，样品 1 为添加 1.0%的御养欣妍的膏霜，样品 2 为添加 5.0%的御养欣妍的膏霜。皮肤不良反应分级如表 5-11 所示。

根据表 5-11，观察受试者去除斑试器 30min、24h 及 48h 时的皮肤反应情况。试验结果如表 5-34～表 5-36 所示。

表 5-34　去除斑试器 30min 观察结果

样品编号	0 级	1 级	2 级	3 级	4 级
空白	30	0	0	0	0
样品 1	28	1	0	0	0
样品 2	27	1	0	0	0
膏霜基质	28	2	0	0	0

表 5-35　去除斑试器 24h 观察结果

样品编号	0 级	1 级	2 级	3 级	4 级
空白	30	0	0	0	0
样品 1	30	0	0	0	0
样品 2	30	0	0	0	0
膏霜基质	30	0	0	0	0

表 5-36　去除斑试器 48h 观察结果

样品编号	0 级	1 级	2 级	3 级	4 级
空白	30	0	0	0	0
样品 1	30	0	0	0	0
样品 2	30	0	0	0	0
膏霜基质	30	0	0	0	0

根据《化妆品安全技术规范》（2015 年版）的要求，判定样品 1、样品 2 对人体皮肤无不良反应。斑贴试验表明：含 1.0%、5.0%两个浓度的御养欣妍的膏霜，对人体皮肤无不良反应发生，安全性良好。

参照《化妆品安全技术规范》（2015 年版）进行人体皮肤斑贴试验，结果证明：推荐使用量范围内（2%～10%），御养欣妍安全、无刺激。

4. 多次皮肤刺激试验

通过小鼠多次皮肤刺激试验，确定和评价御养欣妍对哺乳动物皮肤局部是否有刺激作用或腐蚀作用及其程度。

方法参照《化妆品安全技术规范》（2015 年版）规定的皮肤刺激性/腐蚀性试验方法。将受试物一次（或多次）涂敷于受试动物的皮肤上，在规定的时间间隔内，观察动物皮肤局部刺激作用的程度并进行评分。采用自身对照，以评价受试物对皮肤的刺激作用。急性皮肤刺激性试验观察期限应足以评价该作用的可逆性或不可逆性。

结果显示，连续涂抹 14d 受试样品（分别添加御养欣妍 5%及 10%），小鼠皮肤均未出现红斑及水肿现象。结果说明，御养欣妍安全性良好，无刺激性。

第六章 安全保障体系植物原料

消费者对化妆品引发的刺激和过敏的关注已经达到前所未有的程度，化妆品的安全性更是排在化妆品四大特性之首。我国 1997 年发布的国标 GB 17149.2—1997《化妆品接触性皮炎诊断标准及处理原则》中，列出了化妆品接触性皮炎的常见致敏物 130 余种，按其功能可分为防腐剂、香料香精、表面活性剂三大类。

第一节 化妆品配方中常见致敏物及其刺激作用

防腐剂、香料香精、表面活性剂既是主流化妆品配方中的必需成分，却也是引起刺激和过敏的主要因素。

一、防腐剂

防腐剂是引起化妆品接触性皮炎的最常见成分，约占化妆品致敏物的 30%～40%。防腐剂引起刺激和过敏大致有如下三种原因：

① 改变细胞浆膜的渗透性，使其体内的酶类和代谢产物泄漏，导致其失活。如亲油性较强的防腐剂，易穿透细胞膜进入细胞体内，干扰细胞膜的通透性，抑制细

胞膜对氨基酸的吸收；进入细胞体内电离酸化细胞内的碱储，并抑制细胞的呼吸酶系的活性，阻止乙酰辅酶 A 的缩合反应，从而引起刺激。

② 抑制酶的活性，干扰酶系统，破坏正常的新陈代谢，干扰细胞生长。

③ 使蛋白质凝固变性，干扰生物体细胞的生存和继续分裂。尼泊金酯类防腐剂破坏微生物的细胞膜，使细胞内的蛋白质变性，抑制细胞的呼吸酶系和电子传递酶系的活性。

以上三条途径既是防腐剂防腐的主要途径，同时也是其作用于皮肤导致皮肤刺激的主要原因。综上所述，可以看出防腐剂引起刺激和过敏的前提是破坏生物体细胞的细胞膜。

二、香料香精

香料香精约占化妆品配方中致敏物的 20%～30%。香料香精在与皮肤直接接触时引起皮肤过敏，常在应用部位引起化妆品接触性皮炎和光敏性接触性皮炎。由于香料香精的种类繁多以及成分复杂，致敏原因难以归纳，但公认其刺激和致敏性与细胞膜的损伤有关。

三、表面活性剂

表面活性剂是引起化妆品过敏的另一主要因素，约占致敏物的 15%。如十二烷基硫酸钠（SDS），是一种公认的导致刺激的表面活性剂标准物。表面活性剂引起刺激和过敏的主要原因是直接对细胞膜造成损伤和因此导致的细胞膜渗透性的改变，以及间接导致的蛋白变性。

第二节　常见的抗敏活性成分

一、常见的植物来源抗敏活性成分

随着人们追求天然、追求绿色、追求健康与安全的意识增强，以植物活性成分为主的天然美容日化产品越来越受到消费者的青睐。同时随着免疫学研究的发展，中药抗过敏的研究也逐渐显现出优势，其作用机制具有多靶点、多层次的特点，表现在过敏介质理论的多个环节上，如在提高细胞内 AMP 水平、稳定细胞膜、抑制或减少生物活性物质的释放、中和抗原、抑制 IgE 的形成等多个环节起作用且副作用少而轻微，临床用于防治敏感性疾病也取得了较好疗效。常见的植物来源抗敏活性成分见表 6-1。

表 6-1 常见植物来源抗敏活性成分

功效	常用植物原料	作用
祛风除湿	荆芥	具有发汗解表、宣毒透疹和止血作用，防风配伍时为祛风止痒方剂的基础，可用于风疹、皮肤瘙痒等症
	防风	具有散寒解标、胜湿止痛、祛风止痉、止痒作用。用于风邪克于皮肤之风疹、瘾疹、疮痈等症
	薄荷	具有散风解表、行气解郁、祛风止痒、透斑疹作用，可用于皮肤瘙痒、风疹等症
	生姜	具有发表散寒、解毒健胃、温经行气作用，配合其他药物调敷，用于湿疹疮疡
	徐长卿	具有祛风止痛、利水退肿、活血解毒、抗炎功效
	白附子	具有祛风豁痰、通络、消肿散节等作用
	防己	具有祛风除湿、利水消肿功效，有抗炎、抗敏感的作用
	白蒺藜	具有祛风止痒、明目等功效，能够减少炎症因子的释放
清热解毒	甘草	具有清热解毒、调和药性、祛痰止咳作用
	马齿苋	清热解毒、散血消肿、消炎止痛等功效
	黄芩	具有清热燥湿、泻火解毒、止血抑菌作用
	黄连	具有清热燥湿、泻火解毒、凉血抑菌作用
	黄柏	具有清热燥湿、泻火解毒、滋阴降火作用，与苍术配伍用于疮痈肿毒、湿疹、痒疹等症
	金银花	具有清热解毒、抗炎作用，能控制炎症的渗出和炎性增生
	连翘	具有清热解毒、消肿散结的作用，具有强大的抗炎抑菌作用
	钩藤	具有清热平肝、息风止痉作用，有抗组胺作用
	薏苡仁	具有清热利湿、健脾止痒、利尿排脓作用，现代常用于敏感性疾病辅助治疗
	青蒿	具有清透虚热、凉血除蒸等功效
补肝益肾	五加皮	具有补益肝肾、祛风湿、强筋骨作用，外用可治疗皮肤瘙痒症
	黄芪	补益脾土、固表止汗、托疮生肌等作用，能改善疮痈组织的血液循环，促进病变组织的吸收或化脓
	山茱萸	具有补肝益肾、收敛固涩的功效
	乌梅	具有敛肺、涩肠、生津的功效
活血化瘀	艾叶	具有温经止血、散寒止痛作用
	赤芍	有清热凉血、祛淤止痛、抗炎疗溃疡作用，对平滑肌有解痉作用
	牡丹皮	具有清热凉血，活血散瘀之功效

这些中药药材通常经过一定的提取工艺提取后，按照体外试验或者动物试验筛选出来的起效剂量和安全剂量添加到化妆品配方中。这些植物原料在配方应用过程中可能出现一定的溶解性及稳定性的问题，需要通过筛选乳化剂的类型及使用剂量尽可能改变其溶解性，此外，还要重点关注植物提取物的稳定性，一些含有植物多酚类的成分，虽然功效性较好，但在实际应用中，特别是与生产设备接触后，经常

出现变色等问题，这就要求植物原料来源要符合化妆品生产规范要求，具有良好的稳定性和配方适用性。

通常情况下会将安全保障体系与功效体系相结合，两者相辅相成，从而既保证功效又保证配方的安全性。保湿功效产品辅以补肝益肾中药植物提取物，美白、抗衰老功效产品辅以活血化瘀中药植物提取物，祛痘功效产品辅以祛风除湿、清热解毒类中药植物提取物协同增效。

二、其他抗敏成分

过敏反应通常的治疗方法包括服用抗组胺药物、给以肥大细胞稳定剂、激素疗法、免疫疗法、抗菌及抗真菌治疗、抗细胞因子抗体治疗等。常见的可以在化妆品中应用的其他抗敏成分见表 6-2。此外，可以加入增强皮肤屏障功能、清除过剩自由基等有效成分作为抗敏止痒体系的成分复合应用。

表 6-2　常见的可以在化妆品中应用的其他抗敏成分

分类	原料名称	INCI 名称	作用及性质
抗炎	红没药醇	BISABOLOL	1. 降低皮肤炎症水平 2. 提高皮肤的抗刺激能力 3. 修复有炎症损伤的皮肤
	甘草酸二钾	DIPOTASSIUM GLYCYRRHIZATE	1. 抑制组胺释放 2. 抑菌作用

本章后面几节以笔者研发的刺激抑制因子、抗敏止痒剂及苯氧乙醇伴侣为例对此类原料的开发及评价进行系统阐述。

第三节　刺激抑制因子

刺激抑制因子 IrriBate 是按照中医"君臣佐使"组方思想，针对化妆品配方中常见致敏物而开发的抑制刺激植物类活性添加剂，可综合预防和降低化妆品配方中的常见刺激物引起的刺激和敏感现象。IrriBate 为木薯淀粉和扭刺仙人掌茎等的提取物复配的活性物，其外观为无色至浅黄色、透明黏性液体，略带特征气味。

IrriBate 对化妆品中表面活性剂、防腐剂、香料香精引起的刺激具有很好的防护效果，对因刺激引起的细胞膜损伤和 DNA 损伤具有显著的修复作用。

图 6-1 列举了 IrriBate 的四条防治途径，分别为：阻止防腐剂的刺激；阻止表面活性剂的刺激；阻止香料香精的刺激以及增强机体屏障功能，保护和修复受刺激的细胞膜和 DNA。其中阻止防腐剂、表面活性剂、香料香精的刺激为 IrriBate 的主要功效。

经实验证实，IrriBate（刺激抑制因子）具有显著的抑制化妆品三大致敏物引起的刺激、保护修复细胞膜、抑制 DNA 损伤等功效，如表 6-3 所示。

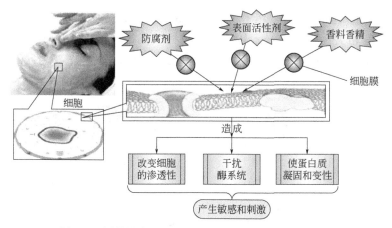

图 6-1　刺激的发生过程及 IrriBate 的防治途径示意图

表 6-3　IrriBate（刺激抑制因子）的功效

功效		实验结论
抑制三大致敏物引起的刺激	抑制表面活性剂的刺激	1.5%的 IrriBate 用量，对十二烷基硫酸钠和 N-甲基椰油基牛黄酸钠引起的刺激可分别降低 93%和 94%
	抑制防腐剂的刺激	1.5%的 IrriBate 用量，对羟基苯甲酸甲酯和异噻唑啉酮引起的刺激可分别降低 82%和 86%
	抑制香料香精的刺激	1.5%的 IrriBate 用量，对柠檬油和丁子香酚引起的刺激可分别降低 93%和 92%
保护修复细胞膜	保护修复细胞膜	激光共聚焦显微观察发现用 IrriBate 预孵 30min 后，细胞膜被 IrriBate 完全包裹，形成一层明显的保护膜。当 IrriBate 浓度达到 2.5mg/mL 时，即能有效对抗 SDS 对细胞膜的损伤
抑制 DNA 损伤	抑制 DNA 损伤	3.0%的 IrriBate 用量，DNA 损伤降低约 72%；5.0%的 IrriBate 用量，DNA 损伤降低约 85%
	减少 DNA 断裂和泄漏	3.0%的 IrriBate 用量，拖尾 DNA 含量降低了 65%；5.0%的 IrriBate 用量，拖尾 DNA 含量降低了 72%

一、抑制三大致敏物引起的刺激

抗刺激实验方法参照 ECVAM 方法 ECVAM-DB-ALM：INVITTOX protocol：Red Blood Cell Test System INVITTOX n37。Red Blood Cell（RBC）Test System 是 ECVAM 认证的测试产品刺激性的试验方法，该方法旨在替代之前的 Draize 动物试验。

RBC Test System 的基本原理是测定化学物对细胞膜的损伤和因此导致的细胞膜渗透性的改变，通过测定从红细胞中漏出的血红蛋白的量来评价细胞膜的损伤程度，该损伤程度与产品的刺激性具有直接相关性。

实验计算 RBC 的溶血率和 H_{50} 值，这两项数据与 Draize 试验两种评分标准即最大平均值（MAS）和 24h 作用值的结果及其组成参数（角膜、结膜、虹膜）的评分进行相关性分析，显示较好的一致性。在相同浓度下，样品的溶血率越高表明样品的刺激性越强。图 6-2 为红细胞损伤显微图，图 6-3 为红细胞溶血试验图。

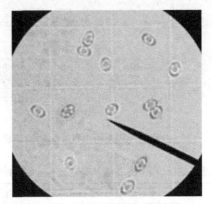

图 6-2　红细胞损伤显微图

图 6-3　红细胞溶血试验图

（1）抑制表面活性剂的刺激　实验分别采用十二烷基硫酸钠和 N-甲基椰油基牛黄酸钠作为表面活性剂刺激原，刺激红细胞溶血。由实验可以发现，红细胞的溶血率随表面活性剂浓度的增加迅速上升，在 0.3% 的添加量时即会产生较明显的红细胞溶血现象，如图 6-4 所示。

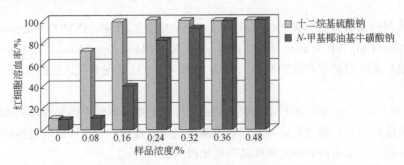

图 6-4　十二烷基硫酸钠和 N-甲基椰油基牛黄酸钠致红细胞溶血作用

　　通过向 RBC Test System 测试系统中预先加入不同浓度的 IrriBate，分别测试其对十二烷基硫酸钠和 N-甲基椰油基牛黄酸钠两种典型表面活性剂刺激性的抑制作用。

　　RBC 溶血测试表明，IrriBate 在 0.5%的添加量时即开始具有较明显的抑制刺激效果，抑制率均达到 50%左右。随 IrriBate 浓度逐渐增加，可以明显看出其抑制十二烷基硫酸钠和 N-甲基椰油基牛黄酸钠引起的刺激效果逐渐增加，当使用浓度为 1.5%时，其刺激抑制效果能达到 90%以上。这表明 IrriBate 具有良好的降低表面活性剂刺激性的功效。实验结果见图 6-5～图 6-7。

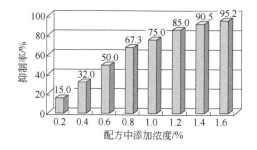

图 6-5　IrriBate 对十二烷基硫酸钠
　　　　刺激的抑制效果

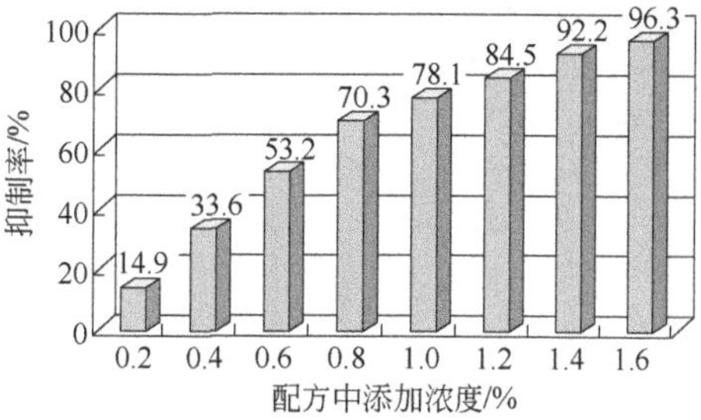

图 6-6　IrriBate 对 N-甲基椰油基牛黄酸
　　　　钠刺激的抑制效果

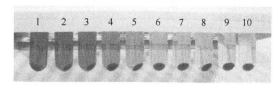

图 6-7　IrriBate 对 SDS 诱导刺激的抑制效果（图中颜色越浅，溶血率越低，效果越好）

1—阳性对照；2—0.2%；3—0.4%；4—0.6%；5—0.8%；6—1.0%；7—1.2%；
8—1.4%；9—1.6%；10—阴性对照

　　（2）抑制防腐剂的刺激　根据国标 GB 17149.2—1997《化妆品接触性皮炎诊断标准及处理原则》中所列化妆品中常见致敏原，实验采用对羟基苯甲酸甲酯（尼泊金甲酯）和异噻唑啉酮（凯松）两种常用的防腐剂作为代表，测定其刺激红细胞溶血的强弱。实验结果如图 6-8 所示，可以发现红细胞的溶血率随防腐剂浓度的增加

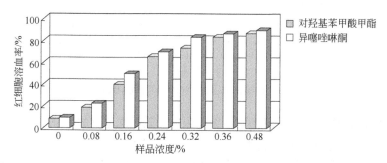

图 6-8　对羟基苯甲酸甲酯和异噻唑啉酮致红细胞溶血作用

迅速上升，在 0.3%的添加量时即会产生较明显的红细胞溶血现象。

通过向 RBC Test System 测试系统中预先加入不同浓度的 IrriBate，分别测试其对对羟基苯甲酸甲酯和异噻唑啉酮两种防腐剂刺激性的抑制作用。

RBC 溶血测试表明，IrriBate 在 0.8%的添加量时即开始具有较明显的抑制刺激效果，抑制率均达到 55%以上。随 IrriBate 浓度逐渐增加，可以明显看出其抑制对羟基苯甲酸甲酯和异噻唑啉酮引起的刺激的效果逐渐增强，当使用浓度为 1.5%时，其抑制刺激效果能达到 83%以上。这表明 IrriBate 具有良好的降低防腐剂刺激性的功效。实验结果见图 6-9 和图 6-10。

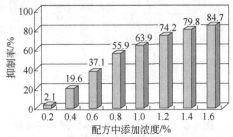
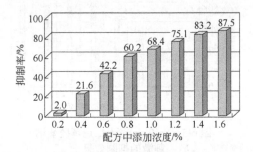

图 6-9　IrriBate 对对羟基苯甲酸甲酯　　　图 6-10　IrriBate 对异噻唑啉酮
　　　　　刺激的抑制效果　　　　　　　　　　　　　刺激的抑制效果

（3）抑制香料香精的刺激　根据国标 GB 17149.2—1997《化妆品接触性皮炎诊断标准及处理原则》中所列化妆品中常见致敏原，实验采用柠檬油和丁子香酚两种常用的香料香精作为代表，测定其刺激红细胞溶血的强弱。实验结果如图 6-11 所示，可以发现红细胞的溶血率随香料香精浓度的增加逐渐上升，在 0.3%的添加量时均会出现约 50%的红细胞溶血现象。

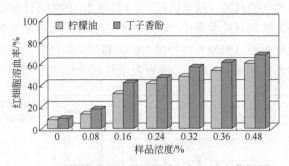

图 6-11　柠檬油和丁子香酚致红细胞溶血作用图

通过向 RBC Test System 测试系统中预先加入不同浓度的 IrriBate，分别测试其对柠檬油和丁子香酚两种香料香精刺激性的抑制作用。

RBC 溶血测试表明，IrriBate 在 0.7%的添加量时即开始具有较明显的抑制刺激效果，抑制率均达到 50% 以上。随 IrriBate 浓度增加，可以明显看出其抑制柠檬油和丁子香酚引起的刺激效果逐渐增强，当使用浓度为 1.5% 时，其抑制刺激效果均能达到 90% 以上。这表明 IrriBate 具有良好的降低香料香精刺激性的功效。实验结果见图 6-12 和图 6-13。

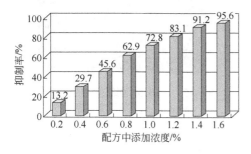 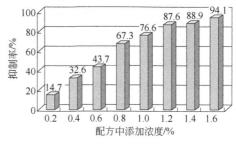

图 6-12　IrriBate 对柠檬油刺激的抑制效果　　图 6-13　IrriBate 对丁子香酚刺激的抑制效果

二、保护修复细胞膜

细胞膜（cell membrane）是防止外界物质进入细胞的重要屏障，它保证了人体内环境的相对稳定，使各种生理反应能够正常有序进行。细胞膜位于细胞表面，厚度通常为 7～8nm，由脂类和蛋白质组成。它最重要的特性是半透性，对出入细胞的物质有很强的选择透过性。细胞膜的完整对于整个细胞结构的完整性以及细胞的正常生命活动，包括细胞的界膜作用、物质的跨膜运输、膜上信号转导、胞间连接与通信、胞间的识别等，都起到至关重要的作用。

实验证明 IrriBate 具有优异的保护和修复细胞膜的作用。

实验通过将 IrriBate 进行荧光标记，然后将其加入含有红细胞的缓冲液中进行孵育，分别于 30min 和 60min 时洗去带有 IrriBate 的缓冲液，然后在激光共聚焦显微镜下观察细胞的形态。

实验发现，IrriBate 孵育 30min 后，细胞膜完全被 IrriBate 包裹，形成一层新的明显的保护膜，如图 6-14 所示。IrriBate 孵育 60min 后，IrriBate 在细胞膜和胞浆中均明显存在，此时 IrriBate 大部分进入胞浆，并在细胞膜上形成稳定的包膜状态，如图 6-15 所示。

这种现象表明 IrriBate 可保护生物体细胞的细胞膜，并能够促使损伤细胞膜自我修复。进一步实验发现，当 IrriBate 浓度达到 2.5mg/mL 时，即能够有效对抗表面活性剂 SDS 对细胞膜的损伤。

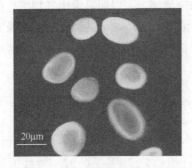

图 6-14　IrriBate 对细胞膜的保护作用
（30min）（彩图见文后插页）

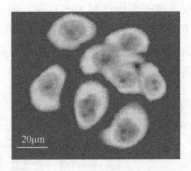

图 6-15　IrriBate 对细胞膜的保护作用
（60min）（彩图见文后插页）

第四节　抗敏止痒剂

一、肌肤过敏原因解析

肌肤每天都在接受外界各种因素的刺激，同时，肌肤存在一套完善的防御系统，能对外界刺激起到阻挡和缓冲作用，保护肌肤内层细胞免受外界环境的干扰。

在缓冲过程中，外界刺激首先被表皮物理屏障拦截。未被拦截的部分，则进入肌肤，刺激肌肤细胞发生各种反应，激活肌肤免疫系统，使肌肤免疫系统产生炎症因子/炎症介质、免疫细胞等。但免疫系统释放的炎症因子/炎症介质是双刃剑，一方面能消灭外界刺激，另一方面能刺激肌肤的血管和神经，导致毛细血管扩张、通透性升高，以及使人产生热、痛感。当这种刺激超过肌肤耐受阈值后，肌肤则会出现"红、肿、痒、痛、干"等敏感症状。

正常情况下，肌肤的防御体系会使外界因素带来的影响低于肌肤的耐受阈值，但是，当肌肤的防御体系发生异常时，例如：

① 肌肤屏障功能遭到破坏，对外界刺激的拦截能力降低，外界刺激可肆无忌惮地进入肌肤；

② 肌肤免疫系统反应过度，炎症因子/炎症介质过量释放，肥大细胞脱颗粒等；

③ 毛细血管和神经对炎症因子/炎症介质反应过度，导致人耐受阈值降低，肌肤则易出现敏感症状。

由此可见，敏感肌肤的症状多样、成因复杂，单一靶点不能全面解决肌肤敏感问题，需要结合肌肤敏感症状和中医理论，提出"综合、辨证"的解决方案。

中医理论认为，引起肌肤发生瘙痒、红肿等不安的因素可统归为"邪"。当肌肤肌表不密时，则易感受外邪，受外邪侵扰；外邪以风邪为首，风性瘙痒；同时，因外邪而形成的热毒蕴结于肌肤中，肌肤出现局部泛红、肿胀等症状；肌肤感受到外邪侵扰，产生热、痛、痒等不安之感，邪扰肌肤。

即肌肤敏感是由"肌表不密、风邪过盛、热毒蕴结、邪扰肌肤"所致。

① 肌表不密。肌表失密，邪易入侵，在肌肤上则表现为屏障不固，容易受到外界的影响。

② 风邪过盛。外邪以风为首，风性瘙痒，风邪过盛可使肌肤出现瘙痒、红疹等症状。

③ 热毒蕴结。热毒之邪蕴结肌肤可表现为局部泛红、肿胀之像，现代科学视为某些病理（如炎症）条件下引起的毛细血管通透性升高、组织液和蛋白质渗出的现象。

④ 邪扰肌肤。基于上述原因，邪扰可致肌肤出现痒、红、肿等不安之征，使人精神不安，严重影响人们的正常生活和工作。

二、植物组合物组方依据

按照中医"君臣佐使"组方原则，将膜荚黄芪、防风、天麻、金盏花、合欢五味草本悉心配伍，形成具备抗敏功效的"舒敏佳"组方，如图6-16所示。

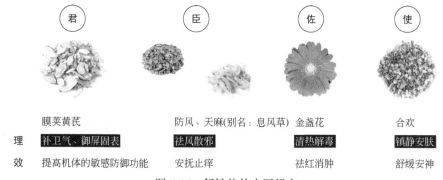

君	臣	佐	使
膜荚黄芪	防风、天麻(别名：息风草)	金盏花	合欢

理	补卫气、御屏固表	祛风散邪	清热解毒	镇静安肤
效	提高机体的敏感防御功能	安抚止痒	祛红消肿	舒缓安神

图6-16 舒敏佳的中医组方

① 君：膜荚黄芪（*Astragalus membranaceus*） 甘温，外可固表护屏，在《玉屏风散》中为君药。

现代研究表明，黄芪对机体免疫系统具有较广泛的调节作用，如提高巨噬细胞的活性、促进细胞因子的产生、增强T淋巴细胞的转化，从而全面提高机体的免疫防御功能，增强机体抵御外界不良因素侵害的能力。

舒敏佳以膜荚黄芪为君，取其御屏固表之效。

② 臣：防风（*Saposhnikovia divaricata*） 出自《神农本草经》，是传统的祛风良药，据《本草正义》记载："防风，通治一切风邪。"

现代研究表明，防风有抑制二硝基氯苯（DNCB）所致的迟发型超敏反应的作用，具有良好的抗炎、抗过敏功效。

黄芪性钝，固表易留邪；防风性利，驱邪易伤正。

黄芪与防风相畏配伍，固表不留邪，驱邪不伤正，最大程度降低对肌肤的不良反应。

黄芪与防风相使配伍，急则治其标——祛风止痒，缓则治其本——巩固屏障，协同增效。

天麻（*Gastrodia elata*）俗称为"定风草"，是名贵的"息风止痉"中药。

风邪来无影去无踪，难以捉摸。防风与天麻相须配伍，先息风，再祛风，协同增效。

舒敏佳以防风、天麻为臣，取其祛风散邪、息风之效。

③ 佐：金盏花（*Calendula officinalis*）是清热解毒、凉血止血良药，欧洲民间外用于治疗皮肤、黏膜的各种炎症。

现代研究表明，金盏花具有优良的消炎、抗菌作用。

舒敏佳以金盏花为佐，取其清热解毒之效。

④ 使：合欢（*Albizia julibrissin*）出自《本草衍义》，据《中草药学》记载，合欢可解郁安神，和络止痛。

邪扰肌肤，会使皮肌烦躁，给以镇静安肤和之。

现代研究表明，合欢含有大量合欢苷、鞣质，具有显著的镇静安神作用。

舒敏佳以合欢为使，取其镇静安肤之效。

三、功效评价

1. 舒敏佳的整体舒敏功效

（1）五个维度改善敏感肌肤状态　肌肤敏感时常常会伴随瘙痒、红肿、紧绷、刺痛等不良感觉，试验选取了 30 位年龄在 20～55 岁之间自我报告肌肤敏感的受试者，随机分为两组，分别在面部使用 5%舒敏佳膏霜和膏霜基质，通过问卷调查的形式在使用前和使用 4 周时采集受试者使用反馈，直观评价舒敏佳针对敏感肌肤在止痒、祛红、消肿、消除紧绷感、消除刺痛感等五个维度的舒缓、改善作用。试验结果如图 6-17 所示。

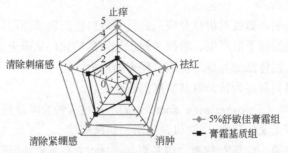

图 6-17　舒敏佳（5%）可从五个维度显著改善敏感肌肤人群肌肤敏感状态

试验结果表明，对比不含舒敏佳的膏霜基质，含 5%的舒敏佳霜能在止痒、祛红、消肿、紧绷感、刺痛感五个维度改善肌肤敏感状态，说明舒敏佳具有优异的舒缓肌肤的功效。

（2）即刻缓解乳酸引起的刺激 10 位年龄在 20～55 岁之间自我报告肌肤敏感的受试者，两侧鼻沟分别涂抹至刺痛分数≥2 浓度的乳酸，分别涂抹 0.05mL 5%舒敏佳膏霜与膏霜基质，测试流程如图 6-18 所示，分别在≤0.5min、2.5min、5min、8min、15min、30min、60min 时打分。试验结果如图 6-19 所示。

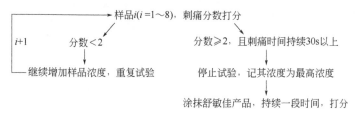

图 6-18 测试流程图

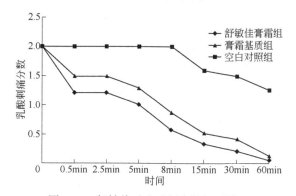

图 6-19 舒敏佳对乳酸刺痛的舒缓效果

由试验结果可知，在用乳酸刺激受试者两侧鼻沟时，受试者会感到明显的刺痛感，且这种刺痛感一直持续到 8min 后才得到轻微缓解。涂抹上未添加舒敏佳的膏霜基质后，受试者肌肤刺痛感能得到有效缓解，但使用了含 5%舒敏佳的膏霜后，受试者肌肤刺痛感缓解的速度和强度显著提高，说明舒敏佳具有即刻缓解乳酸引起的刺激、舒缓肌肤的功效。

2. 御屏固表——修复肌肤屏障

建立小鼠表皮损伤（胶带致损）模型，评估 10%舒敏佳膏霜修复屏障的功效。

试验方法：选取 30 只 8～10 周大小雄性裸鼠，分为样品组、模型对照组及正常组，先在裸鼠左右侧皮肤 3cm×3cm 试验部位，用胶带连续粘贴快速撕下数次，直到皮肤出现小血点，停止粘撕。左侧损伤后给药，右侧损伤不做任何处理（模型对照）。连续涂抹 4d、7d 后，分别解剖动物取相对应的皮肤组织，做病理切片镜检拍照。试验结果如图 6-20 所示。

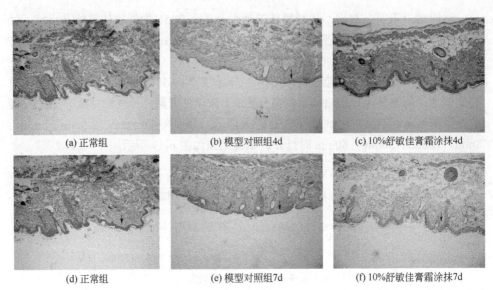

(a) 正常组　　　　　　　　(b) 模型对照组4d　　　　　　(c) 10%舒敏佳膏霜涂抹4d

(d) 正常组　　　　　　　　(e) 模型对照组7d　　　　　　(f) 10%舒敏佳膏霜涂抹7d

图 6-20　小鼠表皮不同时间点组织切片染色图（彩图见文后插页）

由试验结果可知，用胶带将小鼠肌肤致损后，对比未涂抹舒敏佳的模型对照组，涂抹含 10%舒敏佳膏霜的小鼠肌肤在 4d 后就能得到显著修复，在涂抹 7d 后，基本上能恢复至未致损状态。这说明舒敏佳能有效修复肌肤屏障，促进受损皮肤恢复到正常状态。

3．祛风止痒——抑制组胺引发的瘙痒

利用外源性组胺诱导释放内源性组胺致动物皮肤瘙痒模型来检测舒敏佳使动物耐受组胺的能力，进而评价舒敏佳的止痒和抗敏功效。磷酸组胺致痒阈值越高，说明抗敏效果越好。

试验分空白对照组、阳性对照组（醋酸地塞米松）和受试品组（1%、2%、5%和 10%舒敏佳）。试验前一天，给各组豚鼠右后足背，涂样品 1 次。试验当天，用粗砂纸擦伤动物右后足背剃毛处，约 1cm^2，再在该处涂抹样品 1 次，空白对照组给予等量蒸馏水。10min 后在擦伤处滴相应浓度的磷酸组胺，以后每隔 3min 依次递增浓度，直到出现豚鼠回头舔右后足，以最后出现豚鼠回头舔右后足时所滴取的磷酸组胺总量为致痒阈值。结果显示，使用受试品涂抹致痒部位后，5%和 10%浓度的舒敏佳均可显著提高豚鼠磷酸组胺致痒阈值，与空白对照组比较有极显著差异（$P<0.01$），且致痒阈值与舒敏佳添加量呈正比，试验结果见图 6-21。

由此可见，舒敏佳 5%添加量可极显著（$P<0.01$）地提高豚鼠耐受磷酸组胺的致痒阈值，有效抑制因组胺引起的瘙痒反应，从而可缓解过敏后的瘙痒症状。

4．清热解毒——抑制炎症因子/炎症介质释放

利用角质形成细胞模型，用 Elisa 法检测 UVB 辐照条件下，角质形成细胞孵育

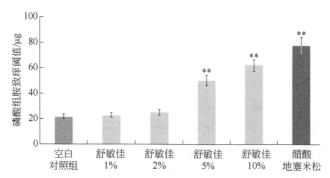

图 6-21　舒敏佳不同添加量时豚鼠耐受磷酸组胺的致痒阈值

（**表示采用 SPSS Dunnett-t 检验分析，舒敏佳与空白对照组呈极显著差异，即 $P<0.01$）

24h 后，对炎症因子/炎症介质的释放情况，进而评价舒敏佳抗炎的功效。以地塞米松为阳性对照，通过细胞毒性测试，确定试验中地塞米松的最大安全受试浓度为 100μg/mL（0.0100%），舒敏佳的最大安全受试浓度为 178μg/mL（0.0178%）。试验结果如图 6-22～图 6-25 所示。

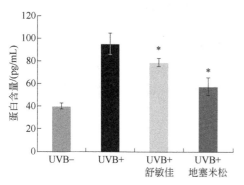

图 6-22　舒敏佳对角质形成细胞
IL-1α 分泌量的影响

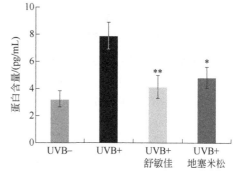

图 6-23　舒敏佳对角质形成细胞
IL-6 分泌量的影响

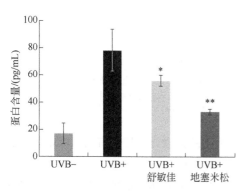

图 6-24　舒敏佳对角质形成细胞
TNF-α 分泌量的影响

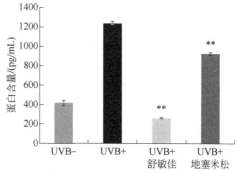

图 6-25　舒敏佳对角质形成细胞
PGE2 分泌量的影响

图 6-22 至图 6-25 中，*表示采用 SPSS Dunnett-t 检验分析，样品组与 UVB+组呈显著性差异，即 $P<0.05$；**表示呈极显著性差异，即 $P<0.01$。

由试验结果可知，当用 UVB 照射时，角质形成细胞分泌炎症因子/炎症介质（IL-1α、IL-6、TNF-α、PGE2）的量上升，用舒敏佳孵育 24h 后，角质形成细胞对炎症因子/炎症介质的释放量均显著下降（$P<0.05$），说明舒敏佳能有效抑制炎性因子/炎症介质（IL-1α、IL-6、TNF-α、PGE2）的释放，具有舒缓消炎的功效。

5. 镇静安肤——降低毛细血管通透性

通过被动皮肤过敏模型来研究活性物的抗敏功效。目前能够在大鼠体内模拟毛细血管扩张的状态，这是较理想的体内研究活性物抗敏功效的方法。

用舒敏佳局部处理发生 I 型过敏反应并含有伊文思蓝染料的大鼠皮肤，通过抗敏功效达到抑制毛细血管通透性的作用，从而降低局部皮肤的染料含量。使用分光光度法计算染料含量，与模型对照组（以去离子水代替样品）相比，考察样品对毛细血管通透性的降低率。

毛细血管通透性降低率的计算公式为：毛细血管通透性降低率=$(T_0-T_n)/T_0 \times 100\%$。式中，$T_0$ 为模型对照组的染料含量，T_n 为样品组的染料含量。毛细血管通透性降低率越高，说明抑制过敏反应的功效越明显。

由试验结果可知，舒敏佳可显著降低过敏反应时大鼠皮肤毛细血管的通透性，有效缓解过敏症状，且与质量浓度呈正相关，1%、5%舒敏佳与空白对照组（配方基质，不含舒敏佳）相比均具有显著差异（$P<0.05$），10%舒敏佳具有极显著差异（$P<0.01$），详见图 6-26。

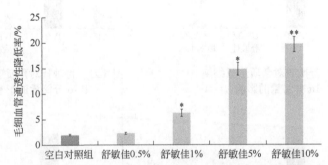

图 6-26　舒敏佳不同添加量时对肌肤敏感状态下毛细血管通透性的降低率

[*和**分别表示采用 SPSS Dunnett-t 检验分析，舒敏佳与空白对照组呈显著差异（即 $P<0.05$）和极显著差异（即 $P<0.01$）]

结论：舒敏佳可显著降低肌肤敏感状态下毛细血管通透性，有效祛红消肿、抑制敏感，缓解敏感时的红肿症状。

综上，舒敏佳根据中医"整体、辨证、综合"的思想，通过"御屏固表、祛风止痒、清热解毒、镇静安肤"四个途径全面解决肌肤敏感问题。

第五节　苯氧乙醇伴侣

苯氧乙醇（phenoxyethanol，PE），一种非甲醛释放体防腐剂，是应用最广泛的化妆品防腐剂之一。据不完全统计，苯氧乙醇在所有化妆品中的使用率为 37.59%，是第二大类常用防腐剂。市场研究发现，2017 年 8 月在中国食品药品监督管理总局国产非特殊用途化妆品备案服务平台上共有 6848 例面膜产品备案，其中有 2543 例面膜产品添加了苯氧乙醇，占比约 37.13%，超过 1/3。

众所周知，防腐剂作用于肌肤有可能会产生刺激，苯氧乙醇也不例外，其在化妆品中添加至一定量时，可能引起刺痛、灼热等不适反应，敏感肌肤尤为明显，其作用机制与 TRPV1 通道被激活有关。有学者做过研究，苯氧乙醇在 1% 的剂量下，243 名中国女性中有约 25%（60 例）受试者出现灼热感和瘙痒感。北京工商大学中国化妆品协同创新中心也做过相关测评，苯氧乙醇在 1% 的剂量下，44 例（35 女，9 男）19～28 岁的受试者，约 80%（35 例）受试者反馈肌肤产生灼热感，约 61%（27例）受试者出现刺痛感。因此，开发一款能够有效降低苯氧乙醇引起的刺痛、灼热等不良反应，同时又具备协同防腐及其他功能的化妆品植物添加剂具有重要的现实意义和广阔的市场前景。

一、苯氧乙醇伴侣简介

苯氧乙醇伴侣（PE mate）针对苯氧乙醇及多元醇引起的肌肤灼热和刺痛，依据传统中医"相克"思想，按照"君臣佐使"的组方原则，将苦参、防风、蒺藜、北枳椇科学配伍，运用现代提取工艺制备而成。临床研究表明，苯氧乙醇伴侣能有效缓解苯氧乙醇及多元醇引起的灼热、刺痛等肌肤不良反应，同时，在苯氧乙醇防腐体系中，苯氧乙醇伴侣有着良好的防腐增效作用，能够最大程度减少配方中苯氧乙醇使用量。

苯氧乙醇引起的不良反应与其激活 TRPV1 有关。TRPV1（transient receptor potential vanilloid 1），译为瞬时受体电位香草酸亚型 1，由于能被辣椒素激活，故又称为辣椒素受体。TRPV1 主要分布于外周感觉神经，在痛觉产生及痛觉增敏过程中发挥重要作用。其具有以下生物学特性：

① 可以被多种理化因素激活，如辣椒素和其他香草酸类化合物（如大麻素等）、H^+（pH<6.0）、机械和热刺激（温度>43℃）、乙醇、活性氧等；

② 可以被多种神经炎症介质和内源性炎症介质直接或间接激活，如缓激肽、P物质、前列腺素、脂质过氧化物、神经生长因子和降钙素基因相关肽等；

③ TRPV1 被激活时，能引起 Ca^{2+}、Mg^{2+} 和 Na^+ 等阳离子内流，但对 Ca^{2+} 和 Mg^{2+} 有相对选择特异性，为其他阳离子的 5～10 倍左右，TRPV1 激活后使胞内阳离子浓

度升高，引起相应的生理和病理变化，如疼痛等。

综上，TRPV1 是感受外界伤害性刺激、传递疼痛信号的重要离子通道。抑制TRPV1 或者使该通道脱敏可以达到缓解和阻断疼痛信号感受和传导的效果。

二、植物组合物组方依据

按照中医"君臣佐使"组方原则，将苦参、防风、蒺藜、北枳椇四味中药悉心配伍，形成能够有效降低苯氧乙醇及多元醇作用于肌肤引起不良反应的"苯氧乙醇伴侣"组方，见图 6-27。

君	臣	佐	使

苦参(*Sophora flavescens*)	防风(*Saposhnikovia divaricata*)	蒺藜(*Tribulus terrestris*)	北枳椇(*Hovenia dulcis*)

图 6-27　苯氧乙醇伴侣的中医组方

（1）君：祛风润燥。苦参（*Sophora flavescens*），味苦，性寒，含有丰富的活性物质，如苦参碱、氧化苦参碱、二氢黄酮、苦参皂苷、氨基酸、脂肪酸等。现代研究表明，苦参碱和氧化苦参碱均有镇痛作用，其存在多种作用机制，包括：苦参碱影响 Ca^{2+} 内流，进而减少 NO 生成，产生中枢镇痛作用。氧化苦参碱通过下调 γ-氨基丁酸 GAT-1 的表达和上调 γ-氨基丁酸 A 受体 $\alpha2$ 的表达来调控对神经疼痛的影响。

苦参中的生物碱和黄酮类成分通过影响 NF-κB、IL-1β、TNF-α、COX-2 等起到抗炎作用。

苦参具有广谱的抗菌作用，体外试验证明，其对大肠杆菌、痢疾杆菌、金黄色葡萄球菌、甲型链球菌、乙型链球菌以及变形杆菌均有明显的抑菌作用。

（2）臣：祛风解表。防风（*Saposhnikovia divaricata*），味辛、甘，性微温，主要含有挥发油类、色原酮类、香豆素类、多糖类、有机酸类、聚乙炔类、甘油酯类等成分。现代研究表明，防风中的升麻苷和 5-*O*-甲基维斯阿米醇苷具有较好的镇热、镇痛、抗炎消肿等生理活性。

（3）佐：祛风活血。蒺藜（*Tribulus terrestris*），味辛、苦，性微温，主要含有皂苷类、黄酮类和生物碱类成分。现代研究采用小鼠耳肿胀模型，证明蒺藜具有抗炎功效。此外，蒺藜可以有效抑制组胺引起的瘙痒症状，明显抑制组胺引起的毛细血管通透性增高，发挥抗过敏的作用。

（4）使：清热解毒。北枳椇（*Hovenia dulcis*），味甘，性平，主要活性成分包括黄酮、三萜皂苷、苯丙素、生物碱等。现代药理研究表明，其具有抑制组胺释放的作用。也有研究证实，其活性成分黄酮木质素类化合物对 LPS 诱导的 RAW264.7 释放 NO 和 IL-6 均具有一定的抑制作用，且抑制效果优于阳性对照药地塞米松和水飞蓟宾。

三、功效评价

1. 有效缓解苯氧乙醇作用于肌肤引起的灼热感和刺痛感

构建苯氧乙醇刺激模型，从 40 例受试者中筛选出对苯氧乙醇有不良反应的受试者 18 人，进行苯氧乙醇刺激试验。试验分为试验组和空白对照组，受试者均左脸贴敷试验组面膜，右脸贴敷空白对照组面膜。试验组面膜与空白对照组面膜均添加 1% 苯氧乙醇，该剂量是《化妆品安全技术规范》（2015 年版）限定使用的最高剂量。试验组面膜与空白对照组面膜的具体成分如下：

试验组面膜：2%苯氧乙醇伴侣+1%苯氧乙醇+97%去离子水。

空白对照组面膜：1%苯氧乙醇+99%去离子水。

在敷上面膜 0s、2.5min、5min、7.5min、10min、12.5min、15min 时，用 4 分法（主观评分）分别对左右脸的灼热感、刺痛感进行感官评分（评分标准：0=感觉不到；1=若有若无，几乎感觉不到；2=有轻微的感觉；3=有中度的感觉；4=有强烈的感觉）。

试验结果如图 6-28 和图 6-29 所示。由试验结果可知，2%苯氧乙醇伴侣可极显著（$P<0.01$）缓解苯氧乙醇作用于肌肤引起的灼热感和刺痛感，防止不适感的产生。

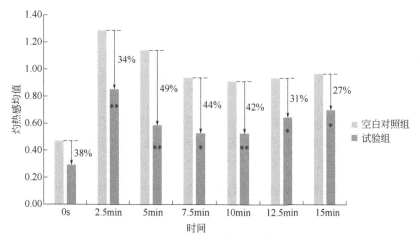

图 6-28　苯氧乙醇伴侣（2%）缓解苯氧乙醇引起的肌肤灼热感的效果

[试验结果采用 t 检验，*和**分别表示试验组与空白对照组有显著性差异（$P<0.05$）和极显著性差异（$P<0.01$），n=18；图中显示的变化率=(空白对照组−试验组)/空白对照组×100%]

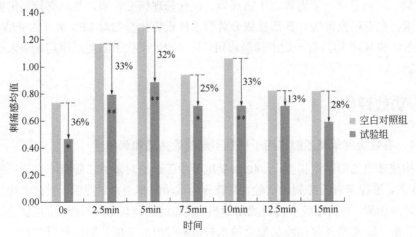

图 6-29 苯氧乙醇伴侣（2%）缓解苯氧乙醇引起的肌肤刺痛感的效果

[试验结果采用 t 检验，*和**分别表示试验组与空白对照组有显著性差异（$P<0.05$）和极显著性差异（$P<0.01$），$n=18$；图中显示的变化率=(空白对照组−试验组)/空白对照组×100%]

2．有效降低多元醇作用于肌肤引起的灼热感和刺痛感

构建多元醇刺激试验模型，评估苯氧乙醇伴侣对多元醇作用于肌肤引起的灼热感和刺痛感的缓解效果。选取 10 名受试者，进行多元醇刺激试验，试验分为试验组和空白对照组，受试者均左脸贴敷试验组面膜，右脸贴敷空白对照组面膜，试验组面膜与空白对照组面膜均添加 1%己二醇+0.3%辛二醇。试验组面膜与空白对照组面膜的具体成分如下：

试验组面膜：2%苯氧乙醇伴侣+1%己二醇+0.3%辛二醇+96.7%去离子水。

空白对照组面膜：2%丁二醇+1%己二醇+0.3%辛二醇+96.7%去离子水。

在敷上面膜 0s、2.5min、5min、7.5min、10min、12.5min、15min 时，用 4 分法（主观评分）分别对左右脸的灼热感、刺痛感进行感官评分（评分标准：0=感觉不到；1=若有若无，几乎感觉不到；2=有轻微的感觉；3=有中度的感觉；4=有强烈的感觉）。

试验结果如图 6-30、图 6-31 所示。由试验结果可知，2%苯氧乙醇伴侣可极显著（$P<0.01$）缓解多元醇（1%己二醇+0.3%辛二醇）作用于肌肤引起的灼热感和刺痛感，防止不适感产生。

3．苯氧乙醇伴侣缓解刺痛感及灼热感的机理探究——抑制 TRPV1

苯氧乙醇引起肌肤产生刺痛感和灼热感可能是由于激活了 TRPV1 所致。大量研究证实，辣椒碱可有效激活皮肤 TRPV1 通道，其作用于肌肤会显著引起刺痛感。故构建辣椒碱刺激模型，评估苯氧乙醇伴侣对 TRPV1 的作用，探究其缓解刺痛感和灼热感的机理。

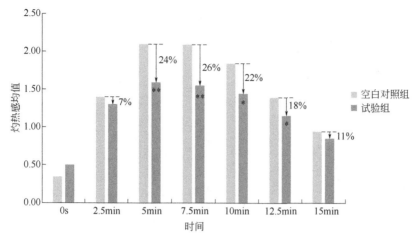

图 6-30 苯氧乙醇伴侣（2%）缓解多元醇作用于肌肤引起的灼热感的效果

[试验结果采用 *t* 检验，*和**分别表示试验组与空白对照组有显著性差异（$P<0.05$）和极显著性
差异（$P<0.01$），$n=10$；图中显示的变化率=(空白对照组−试验组)/空白对照组×100%]

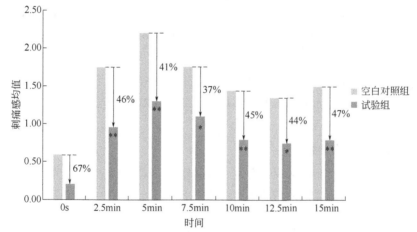

图 6-31 苯氧乙醇伴侣（2%）缓解多元醇作用于肌肤引起的刺痛感的效果

[试验结果采用 *t* 检验，*和**分别表示试验组与空白对照组有显著性差异（$P<0.05$）和极显著性
差异（$P<0.01$），$n=10$；图中显示的变化率=(空白对照组−试验组)/空白对照组×100%]

选取 11 例受试者，进行辣椒碱刺激试验。试验过程：将浸透 50μL 辣椒碱溶液
（辣椒碱质量分数为 0.01%）样品的棉片（由干的面膜布裁剪成圆形棉片，直径约
2cm）敷于受试者左右鼻唇沟，用 3 分法评判刺痛程度（0 分为没有刺痛感，1 分为
轻度刺痛，2 分为中度刺痛，3 分为重度刺痛）。当受试者出现刺痛，且刺痛分数≥2
分，持续时间超过 30s 时，在其左侧鼻唇沟涂抹试验组啫喱，右侧鼻唇沟涂抹空白
对照组啫喱，试验组啫喱与空白组啫喱的组成如下：

试验组啫喱：1%苯氧乙醇伴侣+1%AVC（增稠剂）+0.15%MTI（防腐剂）+97.85%
去离子水。

空白对照组啫喱：1%AVC+0.15%MTI+98.85%去离子水。

涂抹完成后，立即计时，分别在 0s、30s、2.5min、5min、10min 时，对刺痛感进行打分。试验结果如图 6-32 所示。

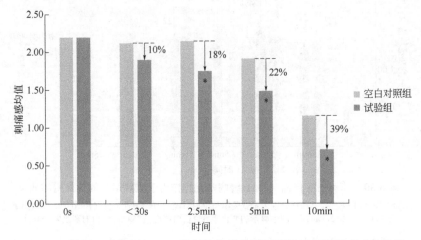

图 6-32　苯氧乙醇伴侣（1%）降低辣椒碱作用于肌肤引起的刺痛感的效果

[试验结果采用 t 检验，*表示试验组与空白对照组有显著性差异（$P<0.05$），$n=11$；
图中显示的变化率=（空白对照组-试验组）/空白对照组×100%]

由试验结果可知，1%苯氧乙醇伴侣可显著（$P<0.05$）缓解辣椒碱作用于肌肤产生的刺痛感。这提示苯氧乙醇伴侣是通过抑制 TRPV1 起到缓解刺痛感和灼热感的作用的。

4．良好的防腐增效作用

构建苯氧乙醇伴侣与苯氧乙醇复合防腐体系（见表 6-4），进行防腐挑战试验，评估苯氧乙醇伴侣对苯氧乙醇的防腐增效作用。试验结果如表 6-5 所示。

表 6-4　防腐挑战试验样品防腐体系构建

试验组别	防腐体系		
	1	2	3
I	0.4%苯氧乙醇	3.0%苯氧乙醇伴侣	0.4%苯氧乙醇+3.0%苯氧乙醇伴侣
II	0.6%苯氧乙醇	1.6%苯氧乙醇伴侣	0.6%苯氧乙醇+1.6%苯氧乙醇伴侣

防腐挑战试验参照美国药典 USP32（51）微生物防腐功效测试方法进行，测试微生物菌种如下：

细菌：

铜绿假单胞菌（*Pseudomonas aeruginosa*）　　ATCC 9027

大肠埃希氏菌（*Escherichia coli*）　　ATCC 8739

金黄色葡萄球菌（*Staphylococcus aureus*）　　ATCC 6538

表 6-5 苯氧乙醇伴侣与苯氧乙醇防腐增效作用试验结果

试验组别	防腐体系	防腐挑战结果	抑制细菌 D 值/天	抑制霉菌和酵母菌 D 值/天
I	0.4%苯氧乙醇	×	18.6	14.0
	3.0%苯氧乙醇伴侣	×	21.0	53.2
	0.4%苯氧乙醇+3.0%苯氧乙醇伴侣	√	1.4	6.6
II	0.6%苯氧乙醇	×	8.1	29.7
	1.6%苯氧乙醇伴侣	×	−22.2	−16.9
	0.6%苯氧乙醇+1.6%苯氧乙醇伴侣	√	1.2	6.7

注：1."√"表示通过防腐挑战测试；"×"表示未通过防腐挑战测试。

2. D 值是指使活菌数下降90%或下降一个对数值所需要的时间。

3. D 值越小，说明防腐效果越好。

4. D 值变为负数表明活菌数不下降反而上升，故不参与比较。

霉菌与酵母菌：

白假丝酵母（*Candida albicans*）　　　　ATCC 10231

黑曲霉（*Aspergillus niger*）　　　　ATCC 16404

由试验结果（表6-5）可知，苯氧乙醇伴侣与苯氧乙醇有良好的防腐增效作用，一定程度上可以有效减少防腐剂苯氧乙醇的用量。

第七章　发酵技术在化妆品植物原料开发中的应用

第一节　发酵技术在化妆品植物原料开发中的应用现状与趋势

目前市场上利用发酵技术生产的化妆品及品牌有很多，其中比较有代表性的如雅诗兰黛小棕瓶、SK-II 神仙水、海蓝之谜等，因其具有一些独特的优势，这类生物发酵化妆品已经成为继天然植物提取化妆品后的又一大市场发展的新方向。然而，对于国内的化妆品研发人员来说，如何能够紧抓这股发酵化妆品的浪潮，开发出能够媲美甚至超越这些国际大牌、同时具有我国自己特色的产品，是一个值得思考的问题。而把我国传统的中医药优势与现代发酵技术相结合的中药双向发酵化技术，将为我们进行独具中国特色的化妆品的开发提供一个新的思路。

本章简要地介绍了发酵技术的传统及现代应用，并对化妆品领域的常用发酵技术进行总结。通过对《已使用化妆品原料名称目录》（2015 年版）进行统计，整理出来了 30 余种在化妆品中常用的真菌，并对双向发酵中常用的一些中药和真菌组合进行了归纳，为研发人员选择出合适的真菌或中药种类进行双向发酵提供一定的参考。

一、发酵技术古法应用

微生物发酵是传统中药加工炮制的方法之一。

传统的发酵技术是以非纯种微生物进行的自然发酵，主要是利用酶和霉菌的催化分解作用，使药料发酵。长沙马王堆西汉墓中出土的帛书《养生方》和《杂疗方》中可看到我国迄今为止发现的最早的植物发酵化妆品工艺记载。《本草纲目》里也记载了一些用来美化肤色的发酵护肤品配方，如以人乳浸鹰粪除痣、用发酵米酒除粉刺等。埃及艳后的驻颜秘诀之一，就是她坚持每天使用由大麦磨碎后发酵制成的啤酒的泡沫来洗脸。米粉是中国最古老的化妆品，文字记载可追溯到周代，因取材简单，有美容养颜等功效，直至清末一直被各阶层妇女喜爱，可谓国妆之魂。《齐民要术》中详细记载了米粉制作方法，米要选用粱米或粟米，将米磨成细粉沉于凉水发酵腐烂，再洗去酸气，然后用一个圆形的粉钵盛以米汁，使其沉淀，制成一种洁白粉腻的"粉英"，然后放在日中曝晒，晒干后的粉末即可用来妆面。由于这种制作方法简单，所以在民间广泛流传，直到唐宋时期，人们制作米粉，仍然采用这种方法。最后再加上各种香料，便成香粉，由于米本身具有一定的黏性，所以用它敷面，不容易脱落。此外，在中国、日本和东南亚早就有用洗米水洗脸和洗发的习惯。早在公元9世纪，日本宫廷女性用发酵米酒水来养护自己的头发，令它们更健康、光泽。而神曲是由面粉、赤小豆、苦杏仁、鲜青蒿、鲜苍耳和鲜辣蓼按一定比例混合均匀后经发酵而成。

现代科学技术的发展速度不断加快，同时也拓宽了微生物发酵中药的应用范围。中药发酵近年来成为研究热点及化妆品行业的重要应用方向。中药发酵是利用微生物在生长过程中酶的活力及次生代谢产物的变化引起中药成分及其功效改变的过程。微生物与中药相互依存、互为改变。中药的某些成分可以抑制或促进微生物的代谢过程，同时，微生物受到中药中成分的影响，提高或降低代谢途径酶的活性，中药中的成分经微生物的体内转化生成新的化合物或改变活性物含量，从而发挥新的功效或增强活性。微生物发酵可以改变中药活性物的分子量，影响中药成分的吸收。同时，中药经微生物发酵后细胞毒性降低，减小作用于人体后的不良反应。

二、发酵技术简介

发酵技术按照发酵形式分为液体发酵和固体发酵，而后在固体发酵基础上又拓展出了药用真菌双向性固体发酵技术。其中液体发酵液较多应用于化妆品中。

1. 液体发酵

液体发酵又称为液体深层发酵，其技术起源于抗生素的生产工艺。主体是将菌种加入培养基中，进行充分混合后在适宜温度下进行发酵，产品包括菌丝体与发酵液两部分。液体深层发酵生产自动化程度较高，物质传递率高，继承性好，能够提高发酵中药的均一性，理论上能够提高发酵炮制中药的产量，工业化生产较为容易，具有广阔的应用空间。但与抗生素相比，大多数中药并不具有直接的抗菌作用，在发酵过程中容易受到杂菌污染，对生产环节中的工艺要求较高。另外，在目前液体发酵工艺条件下中药有效成分转化率较低，成本相对较高，对药材资源有一定浪费，需要在发酵工艺，尤其是新型发酵罐的设计上进行探索。

2．固体发酵

固体发酵与传统中药发酵方法相类似，是以富含营养的农副产品作为发酵基质，利用真菌作为发酵菌种的发酵方法。固体发酵不经灭菌，体系开放，易于控制温度、湿度、酸碱度、通气等培养条件，药材有效成分转化率高于液体发酵，能够较大程度地提高发酵炮制中药的质量，但缺乏科学的发酵终点与观察指标，多数依靠制药人的经验标准来进行判断。我国幅员辽阔，中药的应用遍布全国各个领域，不同地区与企业对同样药材使用不同的发酵方法，缺乏统一标准。同时，开放的体系也造成了发酵菌种的混杂，不利于发酵效果最大化，对产品的卫生质量也有潜在的威胁。相对于液体发酵，固体发酵在大规模工业生产上存在较大困难，从而限制了固体发酵的应用。

3．药用真菌双向性固体发酵技术

20世纪90年代由庄毅等在研究扩大槐耳菌质对慢性乙肝等病毒性疾病的临床适应证时，依据中药被曲霉 *Aspergillus* sp.、青霉 *Penicillium* sp.等污染后发酵导致药性变化的原理，独创了药用真菌双向性固体发酵技术。所谓"双向发酵"是指采用具有一定活性成分的中药材或药渣作为药性基质来代替传统的营养型基质，并把经过优选的菌种加入其中进行微生物转化，它们构成的发酵组合称作药用菌质。其双向性体现在药性基质在提供真菌所需营养的同时，还受到真菌中酶的影响而改变自身的组织、成分，产生新的性味功能，这类似于生物学中的"共生"关系。双向发酵按照反应体系可分为双向液体发酵与双向固体发酵，两者的发酵特点见表 7-1。

表 7-1　双向液体发酵与双向固体发酵的对比

项目	双向液体发酵	双向固体发酵
反应体系	液态，封闭体系	固态，开放体系
发酵组合	中药提取物+基础培养液+真菌	中药材或中药药渣+真菌
发酵周期	较短	较长
终产物形式	发酵液+菌丝体	药性菌质复合体
优点	自动化程度较高，物质传递率高，继承性好，人为可控性强，有效成分更容易富集，工业化生产较为容易，且发酵液可直接作为化妆品原料应用	发酵过程无需严格的无菌操作，无需对药材进行复杂的处理，可直接用原药材或药渣，甚至是一些药材加工过程中的边角料进行发酵
缺点	发酵过程容易感染杂菌，无菌生产成本较高，且药材需要经过复杂的工艺处理才能进行添加，需要消耗大量溶剂，并有较多的中药废料产生	机械化程度低，难以大规模生产，且工艺上多用经验指标，缺乏科学的发酵终点，此外得到的最终发酵产物到应用于化妆品中还有较远的距离

其中液体发酵得到的终产物比较方便直接添加到化妆品中，且更容易实现工业化生产，所以在化妆品原料制备中双向液体发酵的应用更为普遍。

从理论上来讲，发酵产品确有其独特优势，主要体现在植物提取物中较多大分子物质（多糖等）并不能轻易被皮肤所吸收，而通过微生物发酵处理后微生物产生的各种酶将大分子有效物质降解为易被皮肤吸收的小分子有效物质（单糖等），从而增加了有效成分的利用率。另外，微生物的分解作用可将有毒物质分解，或者对药材中有毒物质的毒性成分进行修饰，使其毒性降低或者消失。然而，发酵类化妆品也有其短板——对生长环境要求极其严苛，其生产成本也要高出普通化妆品，这也是大多数知名发酵概念的化妆品都走的是中高端路线的原因。

三、发酵技术的应用优势

1. 提高中药有效成分利用率

我们使用的中药以植物类为主，其有效成分在利用上存在两大障碍：一是由于植物细胞具有结构致密的细胞壁，阻隔了位于细胞胞浆中的有效成分的释放；二是中药的有效成分的分子量一般比较大，不易突破皮肤屏障被吸收。而中药材通过微生物发酵处理，可以大大提高有效成分的利用率，这是由于微生物在代谢过程中会产生纤维素酶、果胶酶等多种胞外酶，它们可以分解植物细胞的细胞壁，使中药材细胞破裂，让有效成分得以暴露出来。此外，微生物代谢产生的各种酶能降低有效成分的分子量，同时去除多种大分子杂质，使其更好地被人体吸收利用。

2. 降低中药原料的不良反应

大部分中药经发酵处理后其毒性都有不同程度的降低，这是由于微生物代谢产生的一些酶可将有毒物质分解或转化为毒性较低或无毒的物质，有些甚至还能提高药效，扩大了药材的应用范围。利用槐耳、灵芝、猴头菇等20种真菌固体发酵马钱子，通过HPLC和指纹图谱比较了发酵前后生物碱的变化，发现毒性成分士的宁和马钱子碱的含量均明显下降，而有效成分士的宁氮氧化物和马钱子碱氮氧化物的含量得到了不同程度的提高。红参是一种常用的美白抗衰化妆品原料，但在应用中存在一定的皮肤致敏风险，研究发现，发酵红参对酪氨酸酶活性和弹性蛋白酶活性的抑制比未发酵的红参更有效。在皮肤致敏试验中，发酵红参的刺激致敏率明显低于未发酵红参。同时，高剂量的未发酵的红参（10%）显示出毒性，而发酵红参显示出较低的毒性。

3. 提高中药废渣的利用率

中药有效物质提取后，其废渣通常直接倒掉，不仅会造成环境污染，同时也是一种资源浪费。因为药渣一般仍富含蛋白质及其他碳水化合物，仍可作为微生物发酵所需的氮源、碳源的营养来源，甚至可经微生物发酵作用产生新的活性物质。利用白腐菌对中药渣进行固态发酵，发现中药渣纤维素质量分数降低，并且能显著提高蛋白质和氨基酸的质量分数。以中药废渣为原料，用香菇对中药废渣进行发酵，并对发酵产物进行小鼠增重和免疫实验。研究结果表明，中药废渣经固体发酵，其粗蛋白、粗纤维和多糖含量均有明显提高，并能促进小鼠生长发育，增强小鼠的免疫力。

4. 成分更加天然，具有更好的肤感

随着生物发酵技术在化妆品开发中的渗透，国内已有企业把发酵化妆品的成分做得纯粹到仅有植物提取物、菌类发酵产物提取物、水和一些基础培养基营养成分，而不包含其他任何添加成分，这是由其生产工艺所决定的。相比于传统化妆品的化学添加防腐体系和开放式生产，发酵所得到的发酵液本身就有很好的表面活性，并具有一定的黏稠度，无需过多的表面活性剂、增稠剂等成分的添加，能够直接作为产品使用，并且通用密闭无菌生产和一次性安培瓶等密封无菌包装，可以保证发酵液的新鲜和无防腐剂的添加，产品的 pH 值也可以通过控制发酵条件来达到目标要求。此外，由于发酵护肤产品的润滑感主要来自一些小分子植物多糖，皮肤渗透性好，用后无使用增稠剂和表面活性剂般的黏腻感，具有更好的皮肤亲和性。

四、发酵技术在化妆品中的应用前景

我国拥有丰富的药用植物和真菌资源，目前已知的中药材近万种，药用真菌近50 种，通过对《已使用化妆品原料名称目录》（2015 年版）中的 8783 种原料进行筛查发现，化妆品中已使用的真菌有 30 多种，见表 7-2。目录中菌类原料多达 133 种，大体可分为三类：菌类提取物、菌中的营养成分或内容物、菌类的发酵产物。其中菌类提取物包含菌核粉和菌丝粉在内，共有 46 种，而菌中的营养成分和内容物则包括多糖类、氨基酸类、肽类以及一些酶，共计 14 种，从目录中也可以发现，目前化妆品中应用的菌类原料大多数还是以发酵产物为主，共计 73 种，不同的真菌与中药之间交叉可形成大量的发酵组合，并有可能产生一些新的活性物质，从而丰富了化妆品的原料选择，如表 7-3 所示。

表 7-2 《已使用化妆品原料名称目录》（2015 年版）中的一些常用菌类

序号	菌株	拉丁名
01147	白僵菌	*Beauveria bassiana*
01177	白松露菌	*Tuber magnatum*
01510	拔拉氏蘑菇	*Agaricus blazeii*
01651	赤盖芝	*Ganoderma neo-japonicum*
01660	赤芝	*Ganoderma lucidum*
01991	冬虫夏草	*Cordyceps sinensis*
02163	二裂酵母(比菲德氏菌)	*Bifida ferment lysate*

续表

序号	菌株	拉丁名
02357	茯苓	*Poria cocos*
02358	茯神	*Poria cocus*
02796	黑孢块菌	*Tuber melanosporum*
02807	黑灵芝	*Ganoderma atrum*
02896	红曲霉	*Monascus purpureus*
03009	桦褐孔菌	*Inonotus obliquus*
04275	雷丸	*Omphalia lapidescens*
04327	裂蹄木层孔菌	*Phellinus linteus*
04691	米赫毛霉	*Mucor miehei*
05064	啤酒酵母菌	*Saccharomyces cerevisiae*
05071	平地蘑菇	*Psalliota campestris*
05654	乳酸杆菌	*Lacticacid bacteria*
06218	双孢蘑菇	*Agaricus bisporus*
06454	松口蘑	*Tricholoma matsutake*
06459	松蕈	*Armillaria matsutak*
06737	土茯苓	*Smilax glabra*
06946	夏块菌	*Tuber aestivum*
07000	香菇	*Lentinus edodes*
07265	绣球菌	*Sparassis crispa*
07303	蕈	*Albatrellus confluens*
07493	药用层孔菌	*Fomes officinalis*
07930	银耳	*Tremella fuciformis*
08072	蛹虫草	*Cordyceps militaris*
08467	杂色栓菌	*Trametes versicolor*
08617	灵芝	*Ganoderma lucidum*
08645	猪苓	*Polyporus umbellatus*
08699	紫芝	*Ganoderma sinensis*

表 7-3　在双向发酵中常用的一些药用菌质组合

菌种	中药	应用中的积极意义
酿酒酵母	红景天	发酵液外观黏稠，呈弱酸性，多肽分子量较水提液小，具有较强的美白和抗衰老功效
酿酒酵母	铁皮石斛	发酵后铁皮石斛多糖的抗氧化能力较水提多糖显著提升，且多糖的平均分子量显著减小，更容易被皮肤吸收
酿酒酵母	马齿苋	发酵液具有很好的抗氧化和美白功效
灵芝菌	丹参	提高丹参边角料的利用率，活血化瘀功效提升
灵芝菌	黄芪	黄芪的添加能够促进灵芝生长和灵芝多糖的产生，而经过发酵，黄芪中的多糖和黄酮含量增加

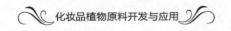

续表

菌种	中药	应用中的积极意义
灵芝菌	当归	良好的抑菌性及抗氧化性，提高灵芝三萜类的产量
蛹虫草	人参	发酵产物中虫草酸、虫草素、人参稀有皂苷 Rh1、Rg3 含量明显升高
蛹虫草	三七	虫草菌丝体生物量和多糖含量都得到很大提高，但对皂苷含量的影响不大
红曲霉	金钗石斛	抗氧化活性提高，且药性菌质的 DPPH·清除率和脂质过氧化抑制率大于发酵红曲与金钗石斛的清除率之和
红曲霉	何首乌	何首乌促进了红曲霉的生长及其次级代谢产物莫那可林 K（Monacolin K）的积累，红曲霉降低了何首乌中结合蒽醌的含量，提高了何首乌的药用价值
红曲霉	人参	人参促进了红曲霉的生长和次级代谢产物莫那可林 K 的积累，红曲霉具有一定的转化人参皂苷的能力，并转化出人参稀有皂苷 Rg3
红曲霉	红花	红花促进了红曲霉的生长和次级代谢产物莫那可林 K 的积累，同时基质中红花黄色素的提取率也得到了提高
冬虫夏草	焦三仙、黄芪、当归、海马、柴胡组方	中药组方促进了冬虫夏草菌丝体的生长和对发酵液中多糖的利用，使其甘露醇含量提高,增强药用价值
乳酸杆菌	何首乌	何首乌经乳酸杆菌发酵炮制后抗氧化活性增强

从亲缘关系来看，真菌和哺乳动物都是真核细胞生物，两者主要的生理功能中含有类似的酶作用机制，对外源性化合物的代谢有相似的系统和过程，因此，可以通过筛选合适的菌种对中药材进行双向发酵，来模拟中药在哺乳动物机体内的代谢过程，从而减少实验中动物的使用，符合现在化妆品安全性实验中逐步取缔动物实验的趋势。此外，双向发酵技术几乎是对中药全成分进行转化，体现出了中药成分作用于机体的整体观，因此，该技术在化妆品中的应用具有很好的发展前景。

时代的发展和人们对美的不断追求让护肤品成为人们生活中必不可少的生活用品，人们对美越来越高的追求让护肤品在技术和原料上不断突破，以满足日新月异的市场发展。发酵原料化妆品因其显著的产品功效、良好的肤感、安全无毒、低刺激，并且成分更加简单和天然，在美白、保湿、抗衰老等方面都有很好的应用前景。

第二节　发酵技术在化妆品植物原料开发中的应用实例

一、甘草在古方及现代化妆品中的应用

甘草（*Glycyrrhiza uralensis*）为豆科甘草属植物，甘草的根和茎可入药。《中华人民共和国药典》（2015 年版）收载的豆科植物甘草药材有 3 种：甘草（*G. uralensis*）

（又名甜甘草）、胀果甘草（*G. inflate*）（又名膨果甘草）和光果甘草（*G. glabra*）（又名欧甘草）。甘草的主要成分为：多糖类、三萜类、黄酮类、少量生物碱、木质素、香豆素。三萜皂苷和黄酮类是甘草中主要的生物活性物质，具有保肝、抗病毒、抗炎、抗氧化等多种功效。

甘草素有"美白皇后"之称，其与美容养颜方面相关的古方，在我国历代名医著作中均有记载。例如：唐代孙思邈著《千金要方》中曾记载羊乳膏一方，白羊乳2升，羊胰2具，甘草60克制药，以醋浆洗面，生布拭之，有润肤增白之效；宋代《太平圣惠方》中记载面如白玉方：羊脂、狗脂各1000克，白芷250克，乌喙60克，甘草30克，半夏15克制药，每夜取用涂面，有润肤增白之效。清朝《慈禧光绪医方选议》记载使用珍珠、人参、甘草、红花等为慈禧太后制药敷面，用后容光焕发，黑斑一去不返，肤白光润。现代上海家化佰草集吸取七白古方灵感，以白术、白芍、白及、白蔹、白茯苓、岩白菜、甘草七味入方，焕肤，润颜，相互补益，平衡调养，重现肌肤平衡之境，令透红美白自然绽放，呈献衡养润白之"新七白"方。

现阶段甘草在化妆品中应用广泛，市场需求巨大。研究表明，甘草不仅可以抑制酪氨酸酶活性、清除自由基、抑制组胺释放从而达到美白、抗衰老、抗炎的功效，同时可以改善皮肤粗糙、缺水等问题。相关数据显示：2011年～2014年9月全球市场面部护肤品常用十大植物成分中，甘草提取物用量位居第三位，仅次于绿茶、库拉索芦荟提取物。2011年～2014年9月中国市场面部护肤品十大植物成分中，甘草提取物用量位居第五位。众多宣称美白功效的化妆品多直接添加甘草提取物，如妮维雅润白乳液、高丝药用雪肌精化妆水、倩碧晶采嫩白精华露。甘草在抗衰老型护肤品中也多有应用，如资生堂清透美肌霜、法国娇兰完全深彻靓白精华。此外，甘草在保湿、防晒、祛斑、抗敏等产品中也有应用，如佰草集平衡露、倩碧晶采嫩白防晒隔离霜、朴安堂甘草皮肤面霜、法国娇兰御廷兰花极致全效美白精华露等。

二、甘草的化妆品功效及活性成分研究现状

甘草与化妆品应用相关的功效主要包括美白、抗氧化、防晒、抗炎、抗衰老、治疗黄褐斑等方面。甘草中的主要成分包括光甘草定、甘草查尔酮A、异甘草素、异甘草苷、甘草素、甘草苷为主的黄酮类成分，以甘草酸、甘草次酸为主的三萜类成分。近年来，随着甘草提取物在化妆品中的广泛应用，对于甘草在美白、延缓衰老、抗炎舒敏方面的研究日渐深入。

1．美白功效

甘草提取物可有效抑制酪氨酸酶活性，甘草黄酮可以抑制黑色素瘤细胞的生长、改变细胞形态、减少细胞黑色素的合成、对酪氨酸酶活性的抑制效果明显且呈浓度依赖性，且其细胞毒性明显低于同浓度的氢醌、熊果苷。同时，人体试验证明甘草对黄褐斑有明显的治疗效果。光甘草定自1976年被报道以来，经多项实验证明其具

有抗氧化、抗炎症、抗粥样硬化、调节能量、调节雌激素代谢、保护神经、抗骨质疏松和皮肤美白等功效。其中报道最多的是其抗炎症、抗粥样硬化、调节雌激素、能源代谢的功效。另外，光甘草定外用可抑制紫外线引起皮肤红斑和色素沉着，具有很好地清除超氧离子、治疗皮肤色斑、粗糙、泛红等炎症反应的功效。

2．抗氧化及延缓衰老功效

甘草黄酮具有清除多种自由基的功效，可明显抑制兔外周血红细胞中脂质过氧化终产物丙二醛（MDA）的产生。甘草黄酮中的异甘草素为非水溶性单体，由于其具有抗脂质过氧化、抑制血小板聚集等功效，Chin 等研究报道了甘草中七种单体的清除过氧亚硝基的能力，发现异甘草素效果最好。异甘草素可减少线粒体中超氧化物的产生，抑制线粒体氧化损伤及细胞功能紊乱，从而预防细胞凋亡和炎症的发生。甘草提取物良好的抗氧化活性说明其在延缓衰老功效化妆品中具有良好的应用前景。

甘草酸可通过抑制 I、III 型胶原 mRNA 的表达促进胶原降解，从而起到治疗肝纤维化的功效。甘草酸对 UVB 引起的人皮肤成纤维细胞光老化的作用效果和机制研究表明，HDFs 受到 UVB 损伤后加入不同浓度的甘草酸，对细胞活率、MMP-1、Collagen I、细胞内活性氧、NF-κB、半胱天冬酶及透明质酸酶抑制效果进行分析，研究表明甘草酸可通过减少活性氧等细胞中间代谢产物来抑制光老化，通过调控 NF-κB 信号，阻止 MMP-1 被激活，从而发挥其延缓衰老的功效。

3．抗炎功效

异甘草素、光甘草定、甘草酸等成分均具有抗炎活性。甘草粗提物可明显抑制二甲苯致小鼠耳肿、角叉菜胶致小鼠足跖肿胀，抑制醋酸引起的小鼠腹腔毛细血管通透性增强，明显减少鼻分泌物及鼻黏膜组织中的炎性细胞数、嗜酸性粒细胞数、肥大细胞数及脱颗粒数。甘草的超临界 CO_2 提取物可抑制 LPS 诱导的巨噬细胞产生 IL-1β、IL-6、IL-8 和 TNF-α，抑制巨噬细胞内重要的炎症信号转导蛋白。

甘草素较甘草酸明显抑制小鼠被动皮肤过敏反应和搔抓行为，对透明质酸酶活性和组胺的释放具有良好的抑制作用。异甘草素可在受体水平抑制 LPS 诱导 TLR4 的二聚化反应，从而调节 TLR4 介导的信号通路，抑制 NF-κB、干扰素，抑制炎症的产生。总结其作用机制主要为异甘草素可通过抑制 TNF-α、IκB、NF-κB 上游调节因子降低 TNF-α、NF-κB 的表达，进而抑制活性氧、中性粒细胞的表达及其级联反应。

研究表明，甘草酸对面部激素类固醇依赖性皮炎的治疗非常有效，结果显示甘草酸联合 LED 治疗激素依赖性皮炎治愈效果达 90%。甘草酸的抗炎机制主要是通过抑制磷脂酶 A2、脂加氧酶的活性，阻止 PG、LT 等炎症因子的产生。甘草次酸衍生物对 IL-1β 诱导的人成纤维细胞前列腺素 E-2 产物的合成具有抑制作用。通过研究甘草酸对脂多糖诱导的小鼠巨噬细胞 RAW264.7 的 HMGB1 释放和表达的抑制机制表明，甘草酸可通过阻碍 p38 MAPK/AP-1 的信号通路，阻止 HMGB1 从细胞核到细胞质的转移，抑制 LPS 引起的 HMGB1 mRNA 的上调，从而抑制 HMGB1 的表达和释放，抑制肿瘤坏死因子 α 和白介素 6 的大量释放。

综上所述，甘草提取物在化妆品市场中使用历史悠久、用量巨大，现阶段从甘草中提取得到的甘草黄酮、光甘草定为公认的重要美白功效植物原料，而三萜类成分甘草酸则是公认的抗炎功效原料，其具有很大的市场潜力。

三、甘草发酵液在化妆品中的应用实例

甘草作为重要的原料一直以来受到化妆品行业的青睐，笔者课题组经过多年研究，通过生物发酵技术提升其作为美白及延缓衰老应用的活性成分含量，降低潜在风险成分的含量，使其在功效得到发挥的同时降低其可能存在的安全风险，提升其作为化妆品植物原料应用的科技含量。具体包括以下几个方面：

1. 活性成分对黑色素影响的研究

通过蘑菇酪氨酸酶抑制实验、小鼠黑色素瘤 B16F10 细胞黑色素合成及酪氨酸酶活性抑制实验研究甘草提取物中 8 种活性成分（表 7-4）的美白构效关系。

表 7-4 8 种活性成分

序号	活性成分名称	英文名称	分子量
1	甘草素	Liquiritigenin	256.25
2	异甘草素	Isoliquiritigenin	256.25
3	甘草苷	Liquiritoside	418.39
4	异甘草苷	Isoliquiritoside	418.39
5	光甘草定	Glabridin	324.37
6	甘草酸	Glycyrrhizic acid	822.93
7	甘草次酸	Glycyrrhetinic acid	470.68
8	甘草查尔酮 A	Licochalcone A	338.39

（1）活性成分抑制蘑菇酪氨酸酶活性的测定 采用分光光度法测定甘草活性成分对蘑菇酪氨酸酶活性的抑制能力。对蘑菇酪氨酸酶的抑制顺序为：光甘草定＞甘草酸＞异甘草素＞异甘草苷＞其他。

（2）活性成分对 B16F10 细胞黑色素含量及酪氨酸酶活性抑制的测定

① 甘草活性成分的细胞毒性。通过测定表 7-4 中 8 种甘草活性成分的细胞毒性，确定最大无毒剂量。细胞毒测试结果表明：光甘草定与其他成分相比，相同剂量（75μmol/L）下呈现出相对较高的细胞毒性；而异甘草素在 0～100μmol/L 浓度范围内呈现出相对较高的安全性。此外，0～100μmol/L 浓度范围内，甘草酸呈现出较高的安全性。

② 各活性成分对黑色素含量的影响。按照细胞毒性实验确定的最佳给药剂量对各成分对黑色素含量的影响进行测定。结果表明，光甘草定对黑色素含量的影响最为显著，其他各成分未显示出对黑色素合成的影响。众所周知，现阶段美白功效主要通过抑制黑色素含量及酪氨酸酶活性实现，但长期对黑色素合成进行干预，有可能在一定程度上影响黑色素对人体的保护作用。通过细胞毒性研究发现，光甘草定相对于其他成分具有较低的安全剂量范围，那么如何在安全使用剂量范围内，科学合理地对甘草提取物的美白功效成分进行质量控制尤为重要。美白不仅仅是抑制黑色素合成的问题，可以从不同的角度进行挖掘，做到长期使用安全可靠，为此研究人员进一步进行了各成分对成纤维细胞合成胶原蛋白影响的实验。

2．活性成分对 nHDF 细胞 Collagen Ⅰ、MMP-1 的 mRNA 的影响研究

胶原蛋白在人体内含量丰富，普遍分布于细胞间质（ECM）中，在人体皮肤中多集中于真皮层，其中Ⅰ型胶原蛋白（Collagen Ⅰ）约占 85%～90%。胶原蛋白在生物体内发挥着重要的生物力学功能，由胶原蛋白构成的胶原纤维赋予了皮肤张力、弹性与韧度。基质金属蛋白酶（MMPs）是降解 ECM 的关键酶，ECM 在 MMPs 作用下会发生改变，从而导致结缔组织结构的改变，引起皮肤失水、松弛、衰老。基质金属蛋白酶-1（MMP-1）基因是 MMPs 基因簇中的一部分，是引起Ⅰ型胶原蛋白降解的主要酶。外界因素可引起人皮肤成纤维细胞 MMP-1 的产生，从而降解胶原蛋白。其作用机制主要为：光照、炎症因子等刺激会引发人皮肤成纤维细胞内一系列氧化还原反应，从而产生大量的自由基 ROS，与细胞内膜接触后膜表面受体磷酸化增加，从而产生信号激活 MAPKs 信号通路中的 c-Jun N 末端蛋白激酶。AP-1 是细胞内与 MMP-1 密切相关的转录激活因子，是由 c-Fos 和 c-Jun 组成的异二聚体，c-Jun N 末端蛋白激酶激活后致使 AP-1 被激活。从而使转录激活因子 AP-1 与 RNA 聚合酶Ⅱ形成转录起始复合体，与染色体 11q22.3.部位的识别区结合，启动 MMPs 的 mRNA 的转录。转录开始后，核苷酸通过碱基互补的原则生成 MMPs 的 mRNA，mRNA 携带密码子到核糖体，通过碱基互补配对原则与 tRNA 互补配对，后经弯曲折叠形成一条完整的蛋白质，即 MMPs。所以，刺激因子可上调 MMPs mRNA 的表达。MMPs 在一般状态下会与基质金属蛋白酶抑制剂（TIMPs）结合，处于静息状态。但当受 ROS 刺激时，MMPs 会与 TIMPs 形成复杂结构，MMPs 被激活离开细胞进入细胞间质，降解胶原蛋白。所以，刺激因子在上调 MMPs mRNA 表达的同时，激活了 MMPs，致使 MMPs 降解细胞间质中的胶原蛋白。

通过实时荧光定量 PCR（qRT-PCR）测定人皮肤成纤维细胞 nHDF 中 Collagen Ⅰ、MMP-1 mRNA 的表达，确定甘草提取物中活性成分作用于基质金属蛋白酶 MMP-1 及胶原蛋白 Collagen Ⅰ 的构效关系。

（1）活性成分对 nHDF 细胞毒性的研究　通过 WST-1 法测试甘草活性成分对 nHDF 细胞的毒性，从而确定各样品 OEC 浓度。在 100μmol/L 浓度下异甘草素、甘草酸对 nHDF 细胞显示无细胞毒性，而光甘草定、甘草查尔酮 A 对 nHDF 显示出相对较高的细胞毒性，这一结果与对黑色素细胞的实验结果相一致。选取各活性物 OEC 浓度进行功效性试验。

（2）甘草活性成分对 Collagen Ⅰ、MMP-1 mRNA 表达的影响　通过测定 CollagenⅠ和 MMP-1 mRNA 的表达量确定样品对 nHDF 细胞 Collagen Ⅰ和 MMP-1 的影响。Collagen Ⅰ的表达在外源性甘草活性成分作用下显著升高。样品组与空白组对比，Collagen Ⅰ表达量为：异甘草素>异甘草苷>甘草酸>甘草查尔酮 A>甘草素>空白>甘草次酸>光甘草定>甘草苷。其中甘草素、异甘草素、异甘草苷、甘草酸为增加 Collagen Ⅰ的表达的主要活性成分；同时，甘草素、异甘草素、甘草苷、异甘草苷可降低 MMP-1 的表达。与此相反的是，光甘草定显示出显著的对基质金属蛋白酶 MMP-1 的促进作用，而对 MMP-1 的刺激可能间接地引起胶原蛋白的降解，长期使用有可能会使皮肤老化的速度加速，基于此，一系列科学合理的实验需要进一步进行。与此同时，具有高安全性的异甘草素同时显示出较好的对胶原蛋白的促进作用，未来在延缓衰老方面可能具有更好的应用空间。

综上，通过生化实验、细胞实验对甘草活性成分进行的构效关系研究所得到的相关结论，用于指导我们科学合理、具有针对性地提取甘草中的活性成分，使其作为化妆品植物原料应用更加高效、安全。

四、微生物发酵法制备甘草活性成分

通过微生物发酵的方式，甘草中的各活性成分进行转化，通过对其成分的深入剖析，筛选了最佳的发酵菌种及发酵工艺，使其延缓衰老等活性显著提升，同时，其安全性得到显著提升，为适合长期使用的化妆品功效植物原料。

1. 最佳发酵工艺条件下的成分分析

通过 HPLC/DAD 分析发现，甘草发酵前后活性成分发生显著变化。光甘草定、甘草查尔酮 A 含量明显降低，甘草提取液经发酵后异甘草素、异甘草苷含量显著增加，同时甘草酸的含量显著增加，符合我们提升安全高效成分的预期。我们进一步通过细胞实验对发酵液在美白及延缓衰老方面的功效进行说明。

2. 发酵液对 B16F10 细胞黑色素含量及酪氨酸酶活性的测定

比较相同的剂量下的细胞毒活性发现，发酵液使细胞存活率显著提升，在较高浓度下，这种作用更加明显。在进一步对发酵液的黑色素含量及酪氨酸酶活性的实验研究中发现，发酵液未改变黑色素合成，对酪氨酸酶活性并没有体现出显著抑制，这与其成分变化过程中，光甘草定及甘草查尔酮 A 的含量下降有关。

3. 发酵液对 nHDF 细胞中 MMP-1 含量的影响

实验结果表明，甘草发酵液可以显著抑制 MMP-1 的活性，通过抑制 MMP-1 的活性我们可以推测，其可能促进胶原蛋白分泌，从而发挥延缓衰老的功效。

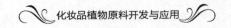

　　综上所述，发酵方式得到的植物原料除了在分子量小、容易吸收方面具有较大优势，通过对其所含活性成分的组合优化，还可以使目标功效成分的含量显著提升，同时降低具有潜在风险的成分含量，真正体现出发酵原料在安全性、温和方面的优势。发酵原料虽然使用历史悠久，但在化妆品领域中的应用尚处于初级阶段，结合化妆品植物原料的特点、法规要求、人群需求对发酵原料进行系统深入的研究是未来世界范围内的重要课题。

第八章 植物功能油的开发与应用

第一节 功能油的现状与发展趋势

一、植物功能油的应用历史

天然油脂在美容护肤方面具有悠久的应用历史。公元前 3000 年，埃及人就利用芳香植物作为药材和化妆品，并将外用药制成油膏使用。在金字塔中，研究人员发现了大量存放油膏和化妆品的罐子和油瓶。古希腊人根据埃及人的成果，深入研究，产生了许多新发现。他们利用橄榄油吸收花瓣或药草的气味，并将这些具有香味的油当作药物或化妆品。

在我国，植物油的应用最早可追溯至黄帝时期。《黄帝内传》记载："黄帝得河图书昼夜观之，乃令力牧采木实制造为油，以绵为心，夜则燃之读书，油自此始。"而关于油剂护肤的记载，始于晋代葛洪所著的《肘后备急方》，以羊脂、狗脂煎煮中药得油膏。每日早晚以此油膏敷面，具有美白润肤的功效。随着农业的发展和生产技术的进步，至唐宋时期，植物油替代动物油脂成为美容方剂的主要载体之一。《千金要方》《太平圣惠方》等古籍中记载了诸多美容方剂，功效涵盖护发驻颜的方方面面。其中的油膏油剂，均以芝麻油为溶剂，提取方药中的活性成分，可以认为是植物功能油的雏形。其后，菜籽油、豆油的出现，逐渐改变了芝麻油一枝独秀的形势。随着医术的发展，以及人们对美容养颜的重视，美容方剂不断推陈出新，到了明清时期，《普济方》中新增1100余方，而油膏油剂占据了不可替代的位置。

中国有着悠久的用油历史。中药外用生肌药膏的熬制需要两个部分，一部分是溶质，就是中草药；一部分就是溶剂，为的是在高温条件下提取溶质中的有效成分，其中油类是最主要的溶剂。究其原因，不外乎油类溶液具有沸点高、无毒、润滑，且容易与皮肤亲和等特点。

古代中药常用的水剂、粉剂、洗剂、酊剂、油剂、油调剂、软膏剂、硬膏剂、药捻和熏剂十种剂型中，油剂、油调剂、软膏剂和硬膏剂均以油脂为基础，使用油脂来提取或承载中药功效成分。

我国少数民族也大量使用油脂为基础的外用药剂型，如傣族医药剂型中的"雅喃满"（油膏剂），喃满即油的意思。所用基质为鹅油、蛇油、鸡蛋油等动物油以及芝麻油、花生油、棉籽油等植物油，调以药物，主要用于治疗各种皮肤病、风湿性疾病、疮、腮腺炎、蚊虫叮咬、带状疱疹等。

二、植物功能油的应用现状

1．植物功能油的主要成分

植物功能油广义上来讲是来源于植物的有护肤功能的油。按照制作方式的不同，植物功能油可以分为三种类型：①植物油脂，一般通过挤压的方式，从植物种子或果实中直接压榨出的油，通常被人们称作植物油；②植物精油，主要由挥发性化合物组成，通常通过蒸馏方式从植物中提取；③浸泡油，使用基础油直接浸泡出来的油溶性活性成分或使用其他溶剂提取的油溶性活性成分。无论是植物油还是植物精油其实都是从植物中通过不同方式提取出的油性成分。

植物精油中主要含有以下四大类成分：

① 萜烯类化合物是精油的主成分，根据基本结构又可分为三类：单萜衍生物，如薰衣草烯、樟脑等；倍半萜衍生物，如金合欢烯、广藿香酮等；二萜衍生物，如油杉醇等。

② 芳香族化合物是精油中仅次于萜烯类的第二大类化合物，其中包括萜源衍生物，如百里草酚、α-姜黄烯等，以及苯丙烷类衍生物，如桂皮中的桂皮醛等。

③ 脂肪族化合物是精油中分子量较小的化合物，几乎存在于所有的精油中，但其含量较少，如橘子、香茅等精油中的异戊醛等。

④ 含硫含氮化合物，如大蒜素、洋葱中的三硫化物，黑芥子中的异硫氰酸烯丙酯等。

除了植物精油成分，在植物中还含有多种油性成分：

① 烃类化合物。大多数油脂均含有少量（0.1%～1%）的饱和烃及不饱和烃，

如植物角鲨烯。

② 脂肪醇。它是植物蜡的主要成分，主要以酯的形式存在于蜡中。

③ 植物甾醇。以环戊烷全氢菲为骨架的一类重要天然甾醇资源，植物甾醇中含有 β-谷甾醇、菜油甾醇、菜籽甾醇、豆甾醇等多种成分。

④ 脂溶性色素。包括叶绿素、类胡萝卜素等。

⑤ 脂溶性维生素。如维生素 A、维生素 E 等。

⑥ 植物黄酮及多酚类物质。

⑦ 磷脂。磷脂是磷脂酸甘油酯的简称，它普遍存在于动物细胞的原生质和生物膜中。

⑧ 其他成分。如芝麻酚、蓖麻酸等活性物质。

2. 植物功能油的功效

植物精油的作用机理有药理学说和心理学说两种。药理学说认为精油的优势主要体现在高渗透性、代谢快、不滞留等特点上，又易于透过血脑屏障，达到开窍化浊、活血化瘀的治疗目的。

① 通过呼吸道和消化道，经由鼻腔和口腔吸收进入大脑，作用于神经元，进而调节细胞内的第二信使环腺苷酸，改变神经的生理反应，可以达到全身作用。

② 通过作用于皮肤表面和吸收，抗菌、消炎，舒缓皮肤，小分子化学物质进入皮肤内，起到暂时保湿效果，只是局部作用于肌肤。

③ 作为促渗透剂，增加其他物质的吸收。

心理学说认为植物精油的芳香可以改变使用者的情绪、认知、行为和生理反应。当前研究发现，气味在影响人的行为时，可以改变化妆品中活性成分在人体皮肤中的分布，这种变化导致皮肤状态的改变。

植物油脂的成分主要为脂肪酸，包括饱和脂肪酸和不饱和脂肪酸（亚油酸、亚麻酸等）、微量元素、维生素等，多为皮肤的必需组成。

① 食用后经消化道，增加机体营养，防止疾病发生，或促进疾病恢复。

② 起到皮脂膜的封闭作用，保湿、减少肌肤水分丢失和/或增加肌肤水分含量。

③ 修护皮肤屏障，增强肌肤抵抗力，延缓肌肤衰老。

④ 作为促渗透剂，促进功效性物质吸收，给抗衰老或美白物质的应用打下基础。

⑤ 具有生物活性，可以起到抗氧化、美白、抗衰老等作用。

3. 植物功能油在化妆品中的应用

植物功能油可以应用到含有油相成分的各种化妆品剂型中，包括乳剂、油剂、膏剂等。近年来化妆品市场精华油剂型产品品类暴增，也使得植物功能油有了更好的应用前景。化妆品市场上常见的油剂产品如下：

① 面油。面部使用的护肤油也可以叫作面部精华油，涉及的功效很多，包括平衡油脂、滋润锁水、提亮肤色、恢复弹性、淡化细纹等。

② 发油。一般具有提升光泽、提高弹性、抚平毛躁的功效，用于头发、头皮的护理。

③ 身体护理油。主要用于身体的护肤油，通常以身体按摩为主兼顾一些护理功效。

④ 婴儿油。婴儿用产品，一般用于婴幼儿的抚触、按摩、清洁。

⑤ 卸妆油。主要由油脂和乳化剂组成，能够溶解各种彩妆和污垢，通过"以油溶油"的方式来溶解油溶性的彩妆品和脸上多余的油脂。

⑥ 其他。还有一些特别的品类或者特殊的功效会用到"油"，例如指甲营养油、护唇油、防晒油等。

以上这些纯油剂化妆品使得植物功能油有了更好的市场需求和产品爆点。植物功能油在开发时可以根据产品市场的需求开发有针对性的功效点。

三、植物功能油的发展和应用趋势

1．安全性优势发挥

近年来化妆品的安全性越来越受到厂商和消费者的重视，同时国家对化妆品安全性的监管也是重中之重。

香精、色素、防腐剂、乳化剂是化妆品中主要的刺激源，为了迎合消费者对产品安全性的需求，近年来市场上也出现了许多宣称"无添加"的化妆品。其中"无添加"宣称最多的就是不添加香精、色素、防腐剂、乳化剂。

不添加香精、色素、乳化剂容易做到，但是由于化妆品需要避免产品二次污染，不添加防腐剂实现起来还是非常困难的，目前宣称的不添加防腐剂更多的是不添加国家防腐剂清单中的防腐剂。

而油剂型的产品由于水合度较低天然具有抑菌功效，只要控制好油剂型中水的含量，就可以很容易做到不添加防腐剂。

植物功能油作为植物来源的油剂型，可以很好地承载"无添加"这个概念。在一定的条件下，能够做到完全植物来源。所以植物功能油在未来能够更好地承载天然、安全的理念。

2．高效性物质承载

物质通过皮肤吸收进入人体循环的途径有两条，即表皮途径和附属器途径。表皮途径是指药物透过表皮角质层进入活性表皮，扩散至真皮被毛细血管吸收进入人体循环的途径，是物质经皮吸收的主要途径。表皮途径又可分为跨细胞途径和细胞间途径，前者物质穿过角质层细胞到达活性表皮，后者物质通过角质层细胞间脂质双分子层到达活性表皮层。由于角质层细胞渗透性低，且药物通过跨细胞途径时需要多次亲水/亲脂环境的分配过程，所以跨细胞途径在表皮途径中只占极小部分。物质分子主要通过细胞间途径进入活性表皮层。

　　物质通过皮肤的另一条途径是通过皮肤附属器吸收，即通过毛囊、皮脂腺和汗腺。物质通过皮肤附属器的穿透速度要比表皮途径快，但附属器在皮肤表面所占的面积只有 0.1%左右，因此不是经皮吸收的主要途径。

　　物质应用到皮肤上后释放到皮肤表面。皮肤表面溶解的物质分配进入角质层，扩散穿过角质层到达活性表皮的界面，继续扩散通过活性表皮层到达真皮，被毛细血管吸收进入人体循环。在整个过程中，富含脂质的角质层起到了主要屏障作用。所以脂溶性的物质相比水溶性物质可以更好地透过角质层。

　　而物质在经皮吸收的过程中可能会在皮肤内产生积累，形成储存，其主要积累部位是角质层，如一些 $\lg P>3$（P 值反映脂溶性大小）的亲脂性物质在皮肤内有显著的积累。亲脂性物质相比亲水性物质可以更快地透过角质层，并在角质层中储存，这就好比角质层形成了"储油库"，使得亲脂性物质在角质层不断地向活性表皮层以至于真皮层扩散。这也就是从古至今都不约而同地将油剂当作了功效物质的载体或溶剂的原因。由于经皮渗透更容易，所以功能油容易体现出更突出的功效。

3.皮肤的基本组成

　　从生物化学领域来讲，脂质和糖、蛋白质一同被称为人体三大物质基础，在人体内起到了重要的生理功能，同时有着系统的代谢循环途径，是机体的能量来源、结构基础以及功能基础。同时脂质是组成细胞膜的最基本物质，磷脂双分子结构上脂质的种类即脂质的不饱和度影响了细胞膜的流动性、物质交换能力等，从而影响细胞活力。

　　皮肤表面也是由脂质构成，皮肤屏障的"砖墙结构"中的"砖墙"代表角质形成细胞，而"灰浆"则指角质细胞间隙中的脂质（含神经酰胺、脂肪酸、胆固醇），"砖墙"和"灰浆"使表皮形成牢固的复层板层结构，限制水分在细胞内外及细胞间流动，保证不丢失水分，使皮肤维持重要的屏障功能。而皮肤屏障的外面还有皮脂膜，皮脂膜中的脂质是由皮脂腺分泌到皮肤表面，同样也起到了滋润肌肤、保湿等功能。

　　所以脂质是皮肤的主要组成物质，起到了维持皮肤结构和功能的重要作用。

4.皮肤养护基础

　　水是皮肤的基础，所以人们在日常护肤中非常重视皮肤的补水保湿。而皮肤分泌的油脂最重要的功能就是防护皮肤，使皮肤水分不容易散失。而这一功能从皮肤皮脂腺的功能和结构就能体现。所以油脂应该是皮肤养护的基础，而水油平衡更是健康肌肤的衡量标准之一。

　　然而皮肤脂质非常容易缺失。表面活性剂对皮肤进行清洁的同时会造成皮肤的脱脂，季节以及年龄的变化也会造成皮脂腺皮脂分泌的改变，从而可能导致皮肤脂质的不足。所以皮肤补充脂质是非常重要的，而植物功能油作为纯油剂型对皮肤油脂的补充有着一定的剂型优势。

第二节　抑痘油的开发与应用

一、痤疮简介

消费者常常会遇到使用化妆品后长痘的问题。Zatulove 等发现年龄超过 25 岁的女性痤疮患者较以往有明显的增加，推测其中一个很重要的因素可能与过多地使用或不适当地频繁更换各类化妆品有关。动物实验已经证明许多化妆品、香波及各种不同类型的防腐剂有致粉刺的危害，此类化妆品长期用于有痤疮素质者可引起闭合性粉刺。从消费者的反馈来看，防晒产品、卸妆油、按摩油等都是诱发化妆品痤疮概率较高的品类。近年来，护肤精华油逐渐在市场流行，但是护肤精华油作为一种纯油剂型使用后消费者反馈长痘现象也非常严重。化妆品的致痘问题给消费者带来安全隐患的同时也使化妆品的应用发展受到了限制。

痤疮分为内源性和外源性两种。人们常说的青春痘属于内源性痤疮，内源性痤疮主要是因为人体内在原因导致的痤疮，内源性痤疮以前一直是讨论的热点。化妆品痤疮属于外源性痤疮的一种，外源性痤疮是因为外在因素干预导致的痤疮，具体到化妆品痤疮就是由于使用化妆品导致的痤疮。

内源性痤疮和外源性痤疮由于致病机理不同所以治疗手段有着本质的区别。内源性痤疮与机体内部的激素水平、皮脂代谢情况、痤疮丙酸杆菌等因素有关。而外源性痤疮与外界物质刺激有关，主要的原因大概有以下几点：①化妆品成分直接堵塞毛孔，形成闭合性粉刺；②化妆品成分导致毛囊皮脂腺导管上皮增生；③化妆品部分油脂替代皮肤的正常脂质并干扰正常的角化过程，引起角化过度和毛囊角栓，随后发生毛皮脂腺的炎症。

从医学角度来说，治疗外源性痤疮第一措施就是阻断消除外源性致病因。当然，化妆品厂家肯定不希望因为出现化妆品痤疮而影响产品的正常使用。那么想解决化妆品痤疮问题就必须从化妆品配方本身入手，调整可能诱发痤疮的原料。然而化妆品配方有的时候很复杂，一个产品涉及的原料可能有一二十种，很难判别是什么原料有诱发痤疮的风险，也有可能是多种原料共同作用导致了诱发痤疮的问题。还有一个重要问题是化妆品的致痘问题只有在大规模人群使用后才能显现出来，在产品研发初期很难被发现，当产品被发现有诱发痤疮问题时往往已经到了产品上市的最后阶段。有的时候产品配方确定后因为种种原因很难大规模调整产品配方。所以调整配方来避免痤疮问题就变得很难实现。

在原有产品配方不变的基础上加入一种功效物质能够解决原有配方的致痤疮问题，同时对原有产品配方无很大的影响，在实际的化妆品研发中是非常有价值的，也是对于化妆品痤疮一种很好的解决手段。

二、抑痘油组方设计

结合化妆品痤疮可能的机理途径，按照中医思想组方，以"君臣佐使"的思想为指导，采用中医经典处方，应用先进的生物技术，本着清热解毒、活血化瘀、疏通经络的原则，从丹参、丁香、火棘果、药蜀葵、黄芪、甘草等多味名贵中药中提取分离得到活性物质。

抑痘油组方中丹参为君，具有活血化瘀、清热凉血、抑菌杀菌、平衡油脂分泌的作用，避免皮脂腺过度旺盛。传统医学文献记载丹参的功效为"……活血化瘀"及"活血行气止痛……"；《云南中草药选》载其："活血散瘀，镇静止痛。"现代研究表明，丹参富含丹参酮、甾醇、黄酮类物质等功效成分，具有杀菌、抑菌、促进组织再生的作用，其含有的主要成分能渗入毛囊深处，平衡油脂分泌，消除皮肤表面油脂和污垢，杀灭痤疮棒状杆菌和其他痤疮相关菌群。

丁香为臣，具有杀菌消炎、促进透皮吸收、控制局部感染的作用。《本草纲目》载其："……痘疮胃虚，灰白不发。"《怪证奇方》载其"治痈疽恶肉：丁香末敷之，外用膏药护之。"现代研究表明，丁香富含丁香油和丁香酚等物质，而且实验验证出其增渗效果高于氮酮；与此同时其他实验结果显示丁香醇浸出液和其挥发油，对致病性真菌均有明显的抑制作用。丁香还含一些止痛、镇静成分，可发挥抑菌、消炎双重功能。

火棘果和药蜀葵为佐。火棘果有消积止痢、活血止血的作用。药蜀葵有解表散寒、利尿、止咳、消炎解毒之功。《本草拾遗》记载："清热凉血，利尿排脓。"《民间常用草药汇编》记载：通气行滞，化痞块，治牙痛。佐药可以起到疏通堵塞毛孔、毛囊皮脂腺导管的作用，清热凉血。

甘草和黄芪为使。甘草有调和诸药的功能，传统医学很多传统药方都用甘草配搭，具有修护受损肌肤、解毒等功效。《神农本草经》载其："主五脏六腑寒热邪气，坚筋骨，长肌肉，倍力，金疮肿，解毒。"《本草正》曰："甘草，味至甘，得中和之性，有调补之功，故毒药得之解其毒，刚药得之和其性，表药得之助其外，下药得之缓其速。助参、芪成气虚之功，人所知也，助熟地疗阴虚之危，谁其晓焉。祛邪热，坚筋骨，健脾胃，长肌肉。随气药入气，随血药入血，无往不可，故称国老。"黄芪有益气固表、敛汗固脱、托疮生肌、利水消肿之功效。本方中使药具有调和诸药、促进新陈代谢、修复受损肌肤、解毒等功效。

三、抑痘油的应用

通过兔耳痤疮模型和人体试用来测试抑痘油对化妆品痤疮的抑制效果。

选健康家兔 12 只，分 2 组，每组 6 只，每只家兔左、右耳分别涂抹样品，于每只家兔左、右侧耳道开口处 3cm×3cm 范围处，每日涂抹 1 次样品，并观察记录各组试验区的反应。连续 10d。末次给药后 24h，先肉眼观察，然后用 3%速可眠麻醉处死家兔，取家兔两侧全耳置 10%甲醛内固定，石蜡包埋、切片、HE 染色，在光镜下观察组织改变。四个样品分别是市售某品牌护肤油、添加了 1%抑痘油的市售某品牌护肤油、空白组（阴性对照）、煤油组（阳性对照）。

经家兔耳道皮肤的各组样品涂抹粉刺诱导试验，经肉眼和组织学观察得出以下结论：

市售某品牌护肤油组家兔耳道皮肤毛囊处出现轻度丘疹，其他未见异常变化。组织学观察组织结构较完整，表皮层上，见有较多毛囊扩张，角化细胞增生（内容物）。

添加了 1%抑痘油的市售某品牌护肤油组和空白组的家兔耳道皮肤未见异常变化，兔耳薄软，血管清晰，毛囊平整均匀。组织学观察组织结构完整，表皮层及毛囊正常。

煤油组，七天左右后耳道试验区皮肤变硬变厚，皮肤毛囊处出现粗糙不齐丘疹，诱发毛囊产生了粉刺。组织学观察表皮棘皮层增厚，毛囊重度扩张，角化细胞重度增生（内容物）。

图 8-1 为不同样品兔耳试验肉眼观察结果比较。

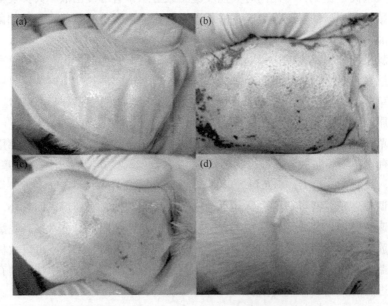

图 8-1　不同样品兔耳试验肉眼观察结果比较

图 8-1 表明，阴性对照组兔耳耳道试验区毛囊平整，大小均匀，见图 8-1（a）；阳性对照组兔耳耳道试验区增厚，变硬，毛囊口呈现丘疹状，粗糙，大小不均，见图 8-1（b）；样品 1（已知致痘市售护肤油）兔耳耳道试验区毛囊口呈现中度小

丘突状，大小均匀，表明样品 1 有致痘现象发生，见图 8-1（c）；样品 2（样品 1+1%抑痘油）兔耳耳道试验区毛囊平整，大小均匀，说明抑痘油具有抑痘功效，见图8-1（d）。

图 8-2 为不同样品兔耳试验兔耳皮肤切片结果比较。

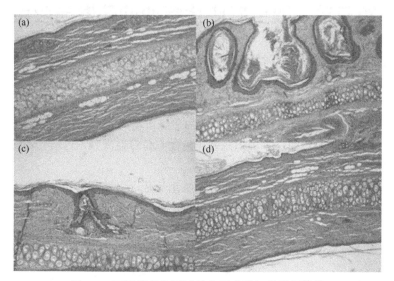

图 8-2 不同样品兔耳试验兔耳皮肤切片结果比较

如图 8-2 所示，中间层为耳软骨，上下两层为兔耳肌肤。结果表明，阴性对照组兔耳皮肤组织学观察组织结构完整，表皮层及毛囊正常，见图 8-2（a）。阳性对照组兔耳皮肤组织学观察表皮棘皮层增厚，毛囊中度扩张，角化细胞重度增生，见图 8-2（b）。样品 1（已知致痘市售护肤油）兔耳皮肤组织学观察组织结构完整，表皮层上，有毛囊轻度扩张，轻度角化细胞增生，见图 8-2（c）。样品 2（样品 1+1%抑痘油）兔耳皮肤组织学观察组织结构完整，表皮层及毛囊正常，见图 8-2（d）。

选择志愿者（年龄 20～50 周岁，女性，肌肤类型不限，无皮肤疾病，妊娠者除外）500 人，随机分为两组，第一组每天早晚正常使用市售某品牌护肤油，第二组每天早晚正常使用添加了 1%抑痘油的市售某品牌护肤油，测试期间停用其他护肤品，可以使用洁面产品，持续使用一周后志愿者自评反馈是否出现长痘现象。

受试者使用样品一周后,市售某品牌护肤油组 250 人中有 90 人自评反馈使用产品后出现长痘现象，长痘率是 36%。添加了 1%抑痘油的市售某品牌护肤油组 250人中有 15 人自评反馈使用产品出现长痘现象，长痘率为 6%。

从动物试验和人体试验联合分析来看，动物试验在样品添加抑痘油后可以完全消除皮肤异样的产生，消除致痘现象。而从人体数据来看虽然长痘概率有明显降低但是未完全消除长痘现象的发生。分析认为这种现象可能和人体个体差异以及个体皮肤状态不同有关。

所以综上分析，虽然人体试验并未完全抑制化妆品致痘现象，但是从整体数据上来看，丹参、丁香、黄芩和甘草的复方植物提取物能够起到一定的抑制化妆品痤疮的效果，同时应该可以很大程度降低化妆品痤疮的发生。

第三节　蚊虫叮咬止痒油的开发与应用

蚊虫叮咬后会刺痛、瘙痒，反复抓挠后容易造成皮肤破裂、感染，处理不当还会造成经久不褪的疤痕，而且蚊虫叮咬极易传播疾病，影响学习、工作和生活。

目前，市场上蚊虫叮咬止痒类产品琳琅满目，如花露水、紫草膏、精油等品类，据统计，蚊虫叮咬止痒产品作为日化行业的边缘市场，每年估计有10亿元左右的市场规模。随着人们对健康的不断追求及市场的竞争日益激烈，对植物源蚊虫叮咬止痒剂的需求日趋强烈。

目前蚊虫叮咬止痒剂的开发多以单一抑菌途径，虽然可以一定程度上实现止痒功效，却无法满足消费者期望从"标本兼治"的角度出发整体综合改善蚊虫叮咬后肌肤状态的护肤诉求。开发一款天然植物源、安全无刺激、有效稳定的蚊虫叮咬止痒剂，符合市场需求，具有广阔的应用前景和良好的发展潜力。

一、蚊虫叮咬过程简介

雄蚊子通常是"素食"主义者，靠植物汁液和花蜜为生；雌蚊子为了繁衍后代，需要吸食血液获得蛋白质帮助排卵。被蚊子叮咬后，被叮咬者的皮肤常常会出现起包和发痒症状。事实上，应该说被蚊子"刺"到了，因为蚊子无法张口，所以不会在皮肤上咬上一口，它是用针状口器刺入皮肤吸食血液的。蚊子为了保证自己能够安稳地饱餐一顿，会在吸血前先将含有抗凝素的唾液注入皮下与血液混合，使血变成不会凝结的稀薄血浆，然后吐出隔宿未消化的陈血，吮吸新鲜血。而人体免疫系统在外来物质的刺激下，就会产生一系列神经系统反馈和过敏反应，从而引起起包和发痒症状。

二、蚊虫叮咬止痒油组方设计

蚊虫叮咬止痒油通过"芳香解表、清热解毒、止痒消肿、镇静修复"四个途径，解决蚊虫叮咬后肌肤瘙痒、红肿等问题。

1. 芳香解表

提高肌肤自身解表力，促进汗腺排毒，有效减少蚊虫叮咬后残留的病原菌，可从本质上降低变应原对肌肤造成的侵害。

香薷（*Mosla chinensis*）是传统的解表散邪良药，《本草纲目》记载："世医治暑病，以香薷饮为首药"，证明其非常适合在夏季作芳香解表用。

现代研究表明，香薷含有挥发油类等多种活性成分，具有增强免疫功能、消炎、镇痛等药理作用，同时对大肠杆菌、金黄色葡萄球菌等具有较强的抑制作用。

蚊虫叮咬止痒油以香薷为君，取其芳香解表之效。

2．清热解毒

蚊虫叮咬后驻留的病原菌会引起肌肤的免疫反应，进而引发不适症状，需以清热解毒（阻断变应原）来有效应对。

藤茶，学名显齿蛇葡萄（*Ampelopsis grossedentata*），是清热解毒之良药，被封为"神茶"。现代研究表明，藤茶提取物对金黄色葡萄球菌、枯草芽孢杆菌、大肠杆菌、绿脓杆菌等具有明显的抗菌作用。

蚊虫叮咬止痒油以藤茶为臣，取其清热解毒之效。

3．止痒消肿

蚊虫驻留病原菌所引起的免疫反应会促使皮肤出现瘙痒和红肿等症状，缓和免疫反应有利于肌肤的止痒消肿和自我修复。

蒺藜（*Tribulus terrestris*）可以有效抑制组胺引起的瘙痒症状，明显抑制组胺引起的毛细血管通透性增高，发挥抗过敏的作用。采用小鼠耳肿胀模型，证明蒺藜具有抑制耳肿胀活性，说明蒺藜具有良好止痒、消肿的功效。

蚊虫叮咬止痒油以蒺藜为佐，取其止痒消肿之效。

4．镇静修复

肌肤遭到蚊虫侵害，容易出现屏障脆弱、敏感的状态，此时需以镇静、抗氧化作用来修复、调理肌肤。

肉豆蔻（*Myristica fragrans*）作为我国传统的中药材，有温中行气的作用，其挥发油中所含的甲基异丁香酚有明显镇静作用，同时肉豆蔻具有良好的抗氧化效果，可使肌肤抵御自由基侵害，促进肌肤完成自我修复。

蚊虫叮咬止痒油以肉豆蔻为使，取其镇静修复之效。

三、蚊虫叮咬止痒油的应用

组胺是过敏反应时释放的一种炎症介质，我们采用磷酸组胺致豚鼠皮肤瘙痒症模型，观察豚鼠损伤皮肤滴加磷酸组胺后的瘙痒反应。

试验在豚鼠受损皮肤处涂抹受试样品，随后滴加磷酸组胺 0.1mL，留置 2min，如无反应每隔 2min 递增浓度，直至出现瘙痒反应为止，计算每组动物的平均致痒阈值（μg）。致痒阈值越大，说明蚊虫叮咬止痒油止痒效果越明显。

图 8-3 结果表明，模型对照组（去离子水）磷酸组胺致痒阈值仅为 38μg，说明磷酸组胺可引起豚鼠皮肤的瘙痒反应，建模成功。

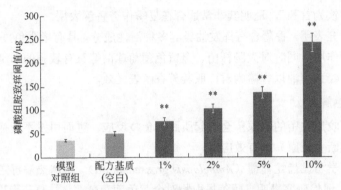

图 8-3　蚊虫叮咬止痒油抑制磷酸组胺引起的瘙痒的致痒阈值

（**表示采用 SPSS Dunnett-t 检验分析，样品组与模型对照组呈极显著差异，即 $P<0.01$）

在涂抹蚊虫叮咬止痒油后，显著提高了豚鼠耐受磷酸组胺的致痒阈值，且在受试浓度范围内呈现一定的量效关系，说明蚊虫叮咬止痒油可有效抑制因组胺引起的瘙痒反应，从而可缓解蚊虫叮咬后的瘙痒症状。

采用豚鼠皮肤脱水模型，观察豚鼠皮肤损伤产生脱水作用后的水分含量。

试验在豚鼠脱毛处皮肤上滴加 150μL 丙酮：乙醚=1：1 混合液，以造成皮肤损伤，10min 后涂抹样品，1 天 2 次，连续 5 天，并于第 5 天给予样品后 20min 测量豚鼠脱毛处皮肤水分含量，比较组间差异，并计算水分含量保护率。

水分含量保护率的计算公式为：水分含量保护率=$(T_n-T_m)/(T_c-T_m)\times100\%$。式中，$T_n$ 为样品组（5%蚊虫叮咬止痒油）数据采集值；T_m 为模型对照组（去离子水代替样品）数据采集值；T_c 为空白对照组（未进行脱水处理，去离子水代替样品）数据采集值。水分含量保护率越高，说明皮肤修复效果越明显。试验结果如表 8-1 所示。

表 8-1　蚊虫叮咬止痒油对损伤脱水皮肤的修复作用（$n=6$）

组别	剂量	皮肤水分含量/%	水分含量保护率/%
空白对照组	—	39.1±6.5	—
模型对照组	—	19.3±3.1[①]	—
样品组（5%蚊虫叮咬止痒油）	0.1mL/cm²	35.7±5.1[②]	83

① 表示采用 SPSS Dunnett-t 检验分析，模型对照组与空白对照组呈极显著差异，即 $P<0.01$。
② 表示采用 SPSS Dunnett-t 检验分析，样品组与模型对照组呈极显著差异，即 $P<0.01$。

表 8-1 表明：模型对照组皮肤水分含量与空白对照组呈极显著差异（$P<0.01$），说明皮肤损伤产生脱水作用显著降低了豚鼠皮肤水分含量，建模成功。

在使用 5%蚊虫叮咬止痒油后，极显著提高了豚鼠皮肤的水分含量（$P<0.01$），说明蚊虫叮咬止痒油可有效修复受损皮肤，平复人体皮肤蚊虫叮咬后的红肿、损伤状态。

人体评价试验（止痒功效、消包功效、肤感及安全性评价试验）采用蚊虫叮咬止痒油（10%添加量）成品，选取了 65 位年龄在 2～60 岁之间受蚊虫叮咬者，其中男 37 人，女 28 人。

1．止痒功效

通过受试者报告止痒时间，评价蚊虫叮咬止痒油的止痒效果。

图 8-4 的结果表明：30%受试者表示可在 1min 内止痒，37%受试者表示可在 5min 内止痒，说明蚊虫叮咬止痒油具有快速止痒效果。

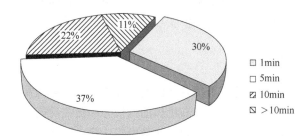

图 8-4 蚊虫叮咬止痒油（10%添加量）止痒时间统计图

2．消包功效

通过受试者报告消包时间，评价蚊虫叮咬止痒油的消包效果。

图 8-5 的结果表明：35%受试者表示可在 0.5h 内消包，22%受试者表示可在 1h 内消包，说明蚊虫叮咬止痒油具有良好消包、修复受损肌肤的功效。

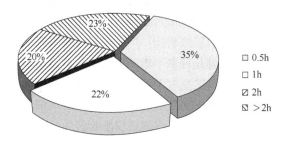

图 8-5 蚊虫叮咬止痒油（10%添加量）消包时间统计图

第四节 营养油的开发与应用

正常生理状态下，皮肤与机体一样营养平衡，皮肤具有健康的光泽、平滑且富有弹性。平衡且全面的营养对皮肤问题的预防和治疗是非常重要的，当皮肤内部某种营养物质不足时，则会引起相应的皮肤问题或疾病。由于社会的快速发展，现代生活节奏不断加快。环境污染、过度紫外线照射、年龄增长、工作和生活的压力导致肌肤所承受的压力越来越大。在肌肤自身处于代谢紊乱及营养失衡的亚健康状态时，皮肤就会变得暗淡、粗糙，甚至出现皱纹。

当肌肤由于外界压力已经处在"亚健康"状态时，过度使用各类美白、祛皱等功效类的护肤品，不但不能很好地起到相应的功效，反而会加重皮肤的负担。此时肌肤最迫切的需求是回归"健康态"，补充均衡的营养物质对改善皮肤"亚健康"状态有着非常重要的作用。

现代人们过多关注美白、祛皱等功效性护肤品，却忽略了皮肤对于营养物质的基本需求。因此开发一款可以均衡肌肤营养、加速肌肤代谢的基础营养类护肤品，保证肌肤健康美丽的根本，是现在护肤品行业产品研究开发急需填补的"空白"。

一、肌肤的营养需求

从营养生理学角度来看，平衡且全面的营养能保证人体正常的生长发育、修补组织、维持体内各种生理活动、提高机体的抵抗力和免疫功能、适应各种环境条件下的机体需要以及延年益寿。皮肤和大多数组织一样，平衡且全面的营养能保证皮肤正常的代谢及生理活动，糖类、脂质、蛋白质、维生素、微量元素等物质也是皮肤细胞结构组成及代谢的重要物质基础。而脂质、维生素及微量元素等营养物质作为影响皮肤稳态的重要物质基础，在皮肤中最易受到外界"压力"破坏而造成失衡及缺失，因此是皮肤护理过程中需要关注的重点。

1．脂肪酸与肌肤健康

人体表皮中含有丰富的脂质，脂质是皮肤的重要构成物质，如：脂肪酸类、磷脂、固醇、脂蛋白等。其中脂肪酸作为重要的物质基础及结构基础，它的主要功能为：一是参与形成正常皮肤的屏障功能，二是作为一些重要活性物质的前体。如亚油酸、亚麻酸、花生四烯酸等几种多不饱和脂肪酸在人体内不能合成，只能通过外源性补充；由于皮肤经常暴露在空气及紫外线中，其中的不饱和脂肪酸极易发生氧化而遭到破坏，从而造成皮肤中必需脂肪酸的缺乏，影响细胞代谢及活性，造成皮肤屏障功能降低，从而引发各类皮肤问题及皮肤疾病。

外用脂肪酸可以修复脂肪酸缺乏引起的各类皮肤问题或疾病，在湿疹患者敷用必需脂肪酸后皮损有所改善；外用不饱和脂肪酸可使红斑鳞屑性皮疹明显改善，有研究显示，在必需脂肪酸缺乏的动物的表皮中可见复层板层膜结构的异常改变，必需脂肪酸参与神经酰胺的合成，影响表皮屏障功能，外用必需脂肪酸可以修复必需脂肪酸缺乏动物及人体皮肤屏障功能的异常。由此可见，外源性补充脂质可以调节由于脂质缺乏及代谢失衡引起的各类疾病。

2．维生素与肌肤健康

维生素大部分不能在体内合成，或合成量不足，不能满足人体的需要，因此依赖于外源性补充；且由于皮肤经常暴露在空气及紫外线中，肌肤中的维生素极易受到自由基攻击而遭到破坏，从而造成皮肤中维生素的缺乏，影响细胞代谢及活性。与皮肤健康密切相关的三种维生素——维生素 A、维生素 C、维生素 E，对维持皮肤稳态具有十分重要的意义。

维生素 A 可以维持上皮组织的正常代谢，防止表皮组织的过度角化，防止皮肤出现棘状丘疹或异常粗糙症状，使皮肤呈现出滋润、柔嫩、亮泽、光滑的良好状态。在维生素 A 缺乏时，可引起上皮组织的改变，如腺体的分泌减少，皮肤、黏膜的上皮细胞萎缩、角质化或者坏死。

维生素 C 具有很强的抗氧化作用，可以帮助减少自由基对皮肤的损害，能调节皮脂腺功能，防止皮肤干燥，有助于减少皱纹并改善皮肤结构。维生素 C 参与体内酪氨酸代谢，减少黑色素生成，以及与黑色素作用，淡化、减少黑色素沉积，保持肌肤弹性与光泽。

维生素 E 是细胞膜及亚细胞结构的膜中磷脂对抗过氧化作用的第一道防线，是细胞膜内重要的抗氧化物和膜稳定剂，通过毛孔、毛囊或角质层进入皮肤，并聚集在微血管的周围，是皮肤营养健康的重要基础物质。

3．微量元素与肌肤健康

与皮肤密切相关的微量元素有锌、铜、铁、硒等，虽然在机体内含量很少，但它们参与体内重要代谢，参与酶系统催化作用，影响多种酶活性，对机体稳定起着十分重要的作用。

微量元素对维持皮肤稳态具有十分重要的作用（见表 8-2），如硒，可以增强 GSP-px 的活性，清除过多的自由基，阻断脂质过氧化的自由基链式反应；还可以提高免疫功能，促进 1L-2 的产生和 1L-2R 的表达，从而调节 T 细胞、B 细胞、自然杀伤细胞和巨噬细胞的活化和细胞因子的分泌，可以治疗由于抗氧化酶含量降低和脂质过氧化物在皮肤局部积累而导致的银屑病。锌，对生物膜的结构和功能有稳定

表 8-2　微量元素与皮肤健康

疾病	微量元素	功能
痤疮	锌	抗炎、抗菌、减少脂质分泌
	铬	减轻炎症及疾病程度
	硒（配合生育酚）	
尿布皮炎	锌	抗炎、抗菌
头皮屑	锌（吡硫锌）	抗菌、抗炎、减少脂质分泌
	硒	
单纯性疱疹感染	锌	抗病毒，减轻爆发程度及频率
光损伤，抗衰老	铜	胶原和弹性蛋白合成
	硅	柔软肌肤
瘙痒	铁	铁缺乏可见瘙痒
牛皮癣	硒和锌的组合	缓解炎症、痒、红肿
	硒（浸泡含硒的温泉）	对牛皮癣患者有效
疮上愈合	锌	抗炎，细胞通信，蛋白合成

作用，对维持细胞的完整性和反应性有重要作用，锌的缺乏也会伴随一系列免疫功能的障碍，如1L-2和自然杀伤细胞活性的减退、免疫应答和巨噬细胞功能的降低等，还会影响表皮的正常角化和黑色素的形成。另外，锌参与皮肤蛋白的合成和胶原的形成，锌缺乏时会延缓伤口的愈合。可见微量元素虽然"微量"，但对于皮肤细胞的正常代谢起到的作用十分重要。

二、营养功能油的设计

本着预防皮肤营养失衡、加速肌肤代谢、抚平因营养失衡导致的肌肤问题的指导思想，选取具有中国特色的天然植物种子作为原料，按照皮肤的营养需求进行组方，制备满足肌肤营养需求的功能油产品。

牡丹是中国的名贵花卉植物，牡丹籽中含有丰富的必需脂肪酸、甾醇类、微量元素等对肌肤有益的营养物质，开发牡丹籽在护肤品中的应用，对于丰富国内化妆品行业的天然植物资源具有重要意义。紫苏在中国种植应用约有2000年的历史，主要用于药用、油用、香料、食用等方面，紫苏籽含丰富的必需脂肪酸、多种生理活性成分及微量元素等，在护肤品中的应用值得我们深入挖掘。葡萄籽、葵花籽因含丰富的脂质，护肤功效良好，近年来被广泛应用到护肤植物原料的开发应用中。

营养功能油是以上述四种天然植物种子（牡丹籽、葡萄籽、紫苏籽、葵花籽）的油提物为基质，同时调整维生素比例，均衡地为皮肤补充多种有益的脂质、微量元素及天然活性成分，并以合成油脂调整产品肤感，设计出的一款富含脂肪酸（尤其是不饱和脂肪酸）、维生素、微量元素等多种营养元素的功能油。

三、营养功能油的应用

研究结果表明，以满足肌肤营养需求为出发点，以四种特色植物种子（牡丹籽、葡萄籽、紫苏籽、葵花籽）油提取液为基质，复配维生素优化制备的营养功能油在：均衡肌肤营养，加速肌肤代谢，促进皮肤修复；改善皮肤粗糙度，润滑肌肤；锁水保湿，滋润肌肤，淡化干纹、细纹等方面具有显著功效。

1. 均衡肌肤营养，加速肌肤代谢，促进皮肤修复

通过皮肤切片观察表皮恢复情况结果来看，样品组受损皮肤使用营养功能油4d后表皮得以恢复 [图 8-6（a）]，而对照组（空白组）受损皮肤 4d 后未能自然恢复 [图 8-6（b）]，可见营养功能油对于受损皮肤角质层具有良好的修复效果。由此可见，给皮肤补充均衡的脂质、维生素及微量元素等营养物质，对于刺激皮肤角质层结构的修复具有很好的促进作用，能有效地修复受损肌肤。

肌肤营养失衡会导致肌肤代谢减慢、有害物质积累、肌肤色素沉积及肤色暗沉。营养功能油可以通过均衡肌肤营养，加速肌肤代谢，减少肌肤中有害物质的积累，达到提亮肤色、改善色素沉积的功效。

(a) 样品组　　　　　　　　　　　(b) 对照组

图 8-6　皮肤修复实验结果

VISIA-CR 交叉偏振光下，面部图像颜色越浅说明皮肤色素沉积越少。通过 VISIA-CR 皮肤测试仪采集的图像（图 8-7）可以看出，经过六周的人体功效测试，志愿者（32 名）使用营养功能油 2 周、4 周、6 周后图像颜色逐渐变浅，说明该营养功能油可以通过均衡肌肤营养、加速肌肤代谢、减少色素沉积、促进皮肤色素代谢改善肤色。

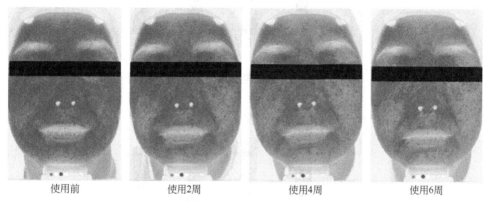

使用前　　　　　　使用2周　　　　　　使用4周　　　　　　使用6周

图 8-7　VISIA-CR 交叉偏振光面部图像采集结果（彩图见文后插页）

2．改善皮肤粗糙度，润滑肌肤

DermaTOP 皮肤成像图颜色深浅越均匀，代表皮肤表面越平滑、粗糙度越小；颜色深浅相差越显著，表明粗糙度越大。皮肤粗糙度 R_t（mm）和皮肤平均粗糙度 R_z（mm）值越小表明皮肤越光滑。

营养功能油可以显著改善皮肤粗糙度。由图 8-8 可知，使用营养功能油后皮肤表面粗糙度得以改善；由图 8-9 和图 8-10 可以看出，志愿者（32 名）使用营养功能油 2 周、4 周、6 周后，皮肤粗糙度（R_t）和皮肤平均粗糙度（R_z）逐渐降低，且使用 6 周与使用前相比具有显著性差异（$P<0.05$）。

通过志愿者使用营养功能油六周内的调查问卷结果（图 8-11）可以看出，使用营养功能油产品润滑肌肤效果良好，产品润滑肌肤即时效果突出，长期使用润滑肌肤效果优异。

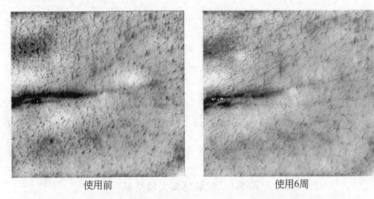

图 8-8 皮肤快速光学成像系统 DermaTOP 纹理度图像采集结果

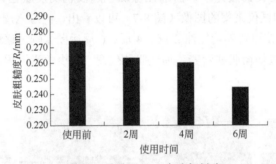

图 8-9 人体功效测试结果——皮肤粗糙度 R_t（mm）

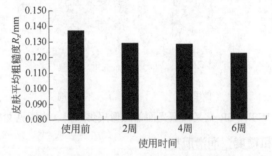

图 8-10 人体功效测试结果——皮肤平均粗糙度 R_z（mm）

皮肤润滑感和皮肤表面粗糙度存在正相关性，仪器测试（图 8-8～图 8-10）和人群自评（图 8-11）结果相互印证了营养功能油可以通过均衡肌肤营养，改善皮肤粗糙度，润滑肌肤。

3. 锁水保湿，滋润肌肤，淡化干纹、细纹

营养功能油能够有效锁水保湿、滋润肌肤。志愿者（32 名）在使用含有 10%营养功能油后，调查问卷自评结果（图 8-12）显示：锁水保湿效果人群即时有效率高达 80%，随着使用时间增加人群有效率增加至 90%；滋润肌肤效果人群有效率高达 90%以上。

172

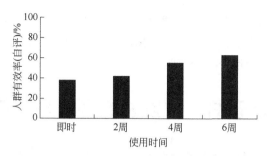

图 8-11 营养功能油润滑肌肤功效自评结果

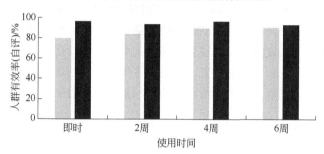

图 8-12 营养功能油滋润肌肤、锁水保湿功效自评结果

▨ 锁水保湿 ■ 滋润肌肤

由图 8-13 可以看出，志愿者在涂抹样品期间，眼角细纹明显淡化，甚至消失。可见营养功能油可以通过均衡肌肤营养锁水保湿、滋润肌肤（图 8-12），最终达到淡化皮肤干纹和细纹的效果（图 8-13）。

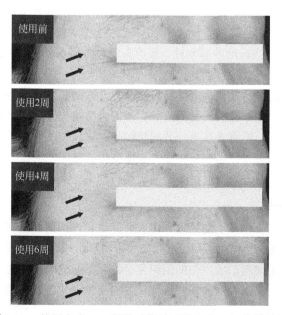

图 8-13 使用含有 10%营养功能油淡化干纹、细纹的效果

皮肤营养不良、干燥会使皮肤失去光泽，最终导致干纹和细纹的产生。仪器评价（图 8-13）和人群自评（图 8-12）数据显示，营养功能油具有锁水保湿、滋润肌肤的作用，并能有效淡化干纹和细纹。

第五节　护发油的开发与应用

健康、靓丽的秀发主要表现在光泽、顺滑、不毛躁、丰盈、强韧的质感。然而，在不良的生活习惯和工作压力的作用下，机体健康和头皮健康受到损害，如营养失衡、血液循环功能下降。日常生活中日照、染烫、不当梳理等因素造成毛发和头皮脂质丢失、毛发和头皮结构发生氧化损伤，甚至炎症性损伤，久而久之，影响到头发光泽度、顺滑、强韧的质感。尤其是毛鳞片作为头发的最外层，毛发受损后表现为毛鳞片的翘起、枯燥、失去顺滑和强韧感，影响头发的光泽和质地。

一、头发简介

1. 头发的结构

头发由内而外分别由毛髓质、毛皮质、毛表皮组成。毛髓质是柔软的蛋白质核心，存在于较粗的白色头发中，功能未知。毛皮质富含角蛋白丝，构成了头发（毛干）的主体，贡献了几乎所有的机械特性，特别是强度和弹性。毛表皮由特定的角蛋白组成，一般为六至八层扁平细胞呈鳞片状层叠排列，又称毛鳞片。

毛鳞片细胞从内向外分别是 b 层、a 层、上皮层。b 层和 a 层主要是蛋白质。上皮层是与纤维表面共价键合的富含 18-甲基花生酸（18-MEA）的脂质层，通常被称为 f 层。f 层具有相当程度的疏水性，保护头发并防止水分流入和流出，对于头发健康至关重要。

毛鳞片具有光滑的外观，能够反射光线，并限制头发之间的摩擦，主要负责头发的光泽和质地。光泽是由头发光滑且完整的表面将光线反射到观察者的眼睛中产生的。正常情况下，观察者从单一方向接收反射光，使头发呈现光泽感。反射光的比例越高，光泽越强烈。当表皮受损，表面变得凹凸不平时，对光线形成漫反射，观察者从广泛的方向上接收反射光，使头发看起来光泽不佳。

2. 头发的脂质

头发的脂质主要存在于毛鳞片，由表面脂质和内部脂质组成。内部脂质包括游离脂质和结构脂质（CMC）。CMC 由脂质和蛋白质组成，可以连续地扩散到纤维中，使表皮细胞和皮质细胞形成均匀的组织复合物，在细胞间起黏合作用。表面脂质（f 层）是头发中唯一连续的结构，在维持头发完整性（包括疏水性和硬挺度）方面发挥关键作用。

3. 影响头发健康的内外因素

（1）内部因素　头发受到代谢、疾病、供血与营养失衡，以及自然老化等相关的内在因素的影响。持续的代谢活动在细胞中产生高活性氧分子（ROS），导致氧化应激，头皮和毛囊组织因而不可避免地老化，活性下降。这是由基质细胞和黑色素细胞中的线粒体以及外界环境所诱导的。

（2）外部因素　环境、机械摩擦、化学、热四种外部因素均可导致毛干"老化"。随着时间的推移，由于环境的累积影响和自身造成的物理和化学损伤等，光泽不可避免地会随着风化（外部因素导致的毛干"老化"）而降低。大多数损伤通过改变脂质和蛋白质的结构影响头发的微观结构，并最终表现为宏观结构或体积的变化。

4. 头发损伤的发生机制

（1）自由基　紫外线辐射、化学制剂（如染发剂）等均会产生自由基，通过分解脂质去除 f 层，导致头发的表面性质显著改变，失去光泽和柔软顺滑的触感，摩擦增加，毛鳞片的保护功能减弱。表面脂质丢失，致使内部脂质和蛋白质暴露。自由基作用于内部脂质（脂质分解），造成游离脂质流失，以及结构脂质（CMC）的弱化和多重断裂，细胞因黏合减弱而脱落。自由基作用于蛋白质，氧化肽骨架中的碳（C），产生羰基（α-酮酸/酰胺）和酰氨基（类似于与衰老有关的蛋白质和线粒体的氧化损伤）；氧化肽骨架中的硫（S），二硫键（S—S）断裂，胱氨酸降解，并建立新的交联，破坏纤维结构。氨基酸的降解造成纤维强度丧失和水的渗透，为溶解氧的进一步光氧化反应创造有利条件。同时，毛鳞片细胞变薄和融合，缺失或脱落，细胞间黏附受损，通过梳理或擦洗，损伤进一步加剧。

（2）机械摩擦损伤　在一些情况下，如头发湿润时，毛皮质会膨胀，毛鳞片的边缘随之翘起，增加了头发之间的摩擦。在过度剧烈的洗发过程中，这将会导致毛鳞片损伤和头发缠结。一旦摩擦增加，梳理和擦洗对头发的损害也显著增加，加速头发的缠结。

（3）热损伤　使用吹风机是最常见的热损伤原因之一。吹风机气流温度通常高达 100℃，一旦内部水分蒸发，头发就会接近此温度。当头发湿润时，热量在水分蒸发时被吸收，头发结构没有发生显著的变化。如果水分以极快的速度蒸发，快速干燥的毛鳞片在膨胀的毛皮质周围收缩，则可能发生物理开裂。而一旦形成裂纹，毛鳞片更容易通过梳理等方式丢失，导致头发光泽不佳和毛躁，头发健康受损。若头发加热到150℃以上，还会发生由热引起的化学降解。

由此可见，外部因素对头发的损伤始于毛鳞片，而毛鳞片的损伤始于脂质层的丢失。在一定程度上，维护脂质层的完整性也就维护了头发的健康。

二、护发油组方设计

中医理论认为"发为血之余"，即发为人体血液所充养，通过头发的疏密、润燥、泽枯、韧脆等状态，可以察知血的盛衰盈亏。隋代《诸病源候论》认为："若血盛则荣于须发，故须发美，若血气衰弱，经脉虚竭，不能荣润，故须发脱落。"头发的营养来源于血，是人体血气盈亏的标志之一，血气充盛则头发茂密色靓且有光泽；血亏则无以余，故而头发失泽。健康、靓丽的秀发正是气血充盈、生机勃发的象征。

护发油是基于中医理论，根据"君、臣、佐、使"组方原则，君以大高良姜（又名红豆蔻），辛温，具有温中燥湿之功，可以温养头皮；臣以红头姜，辛散温通，能助君药温养头皮之效；佐以芝麻，补益滋养。全方共奏温养头皮，补益滋养，改善微循环，滋润修复头皮之效；提亮头发光泽，改善头发干枯、毛躁等现象。

君药：温中燥湿。大高良姜（又名红豆蔻），性温，味辛，具有温中燥湿、温养头皮的功效。现代研究表明，红豆蔻中含有挥发油、苯丙素类、萜类等多种成分，具有清除自由基、防止氧化损伤、舒张血管、改善微循环等功效。

臣药：辛散温通。红头姜，性微温，味辛，具有辛散温通、温养头皮的功效。现代研究表明，红头姜中富含挥发油、姜辣素等成分，具有清除自由基、防止氧化损伤、促进新陈代谢、改善微循环等功效。

佐药：补益滋养。芝麻，性平，味甘，具有补益滋养功效。现代研究表明：芝麻中富含亚油酸、甾醇等成分，可为头发提供必需的营养；芝麻素能够清除自由基、抑制脂质过氧化，还能够舒张血管、改善微循环。

三、护发油的应用

自由基可分解头发的脂质和蛋白质，损伤毛鳞片，导致头发丧失光泽，变得干枯、毛躁；引起头皮氧化损伤，出现炎症反应。清除自由基、防止毛鳞片因氧化受损有利于保持头发的光泽，修护头皮损伤。

DPPH·是一种稳定存在的有机氮自由基，广泛应用于体外抗氧化能力研究。DPPH·有单电子，在517nm处有强吸收，醇溶液呈紫色。自由基清除剂可与DPPH·的单电子配对，使吸收逐渐消失，其褪色程度与接受的电子数量有关，可用分光光度计进行定量分析。

通过DPPH·清除实验，评价护发油的体外抗氧化能力，结果见图8-14。

结果（图8-14）表明，护发油具有良好的DPPH·清除能力，且在受试浓度范围内呈现一定的量效关系。这说明护发油能有效清除自由基，防止头发和头皮氧化损伤。

不当的梳理、擦、洗、吹等日常活动会导致毛鳞片受损，影响头发健康。头发表面的脂质保护膜，有助于减轻头发的物理损伤，维护头发的健康。

取志愿者头发（离体），分别于使用前、使用即时（同一根头发，涂抹护发油样品并晾干）用电子显微镜观察毛鳞片，结果见图8-15。

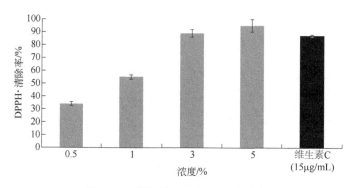

图 8-14　护发油对 DPPH· 的清除率

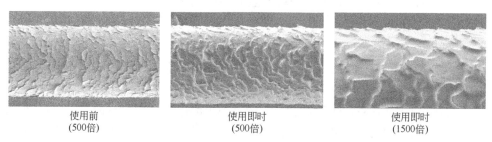

使用前
(500倍)　　　　使用即时
(500倍)　　　　使用即时
(1500倍)

图 8-15　护发油（5%）在头发表面形成保护膜

（由图片可观察到，使用前头发局部有毛鳞片翘起现象，使用后翘起毛鳞片上有物质
附着，且毛鳞片翘起处可见薄膜状物质，说明头发表面形成脂膜）

结果（图 8-15）表明，护发油在头发表面形成脂质薄膜，保护毛鳞片免受物理损伤。

头发的内部脂质在细胞间起黏附作用。脂质流失导致细胞间黏附减弱，表皮细胞脱落，毛鳞片受损。护发油能够补充毛表皮流失的脂质，增强毛表皮黏附性，保护毛鳞片。

选择 17 名志愿者，每天早晚两次，在头发上涂抹含 5%护发油的样品，连续使用 4 周。分别在使用前、使用 1 周、使用 4 周时用电子显微镜观察受试者头发的毛鳞片，结果见图 8-16。

使用前
(500倍)　　　　使用1周
(500倍)　　　　使用4周
(500倍)

图 8-16

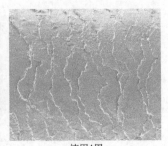

使用前
(1500倍)　　　　　使用1周
(1500倍)　　　　　使用4周
(1500倍)

图 8-16　头发使用护发油（5%）的效果

（由图片可观察到，使用前头发局部有毛鳞片翘起现象，使用 1 周头发毛鳞片翘起得到
改善，使用 4 周头发毛鳞片贴合、无翘起）

结果表明，护发油能够将翘起的毛鳞片抚平。

采用 Glossymeter GL200 光泽度分析仪分析受试者头发的光泽度，光泽度数值
越大，表明头发光泽度越好。

选择 17 名志愿者，每天早晚两次，在头发上涂抹含 5%护发油的样品，连续使用
4 周。分别在使用前、使用即时，以及使用 1 周、使用 2 周、使用 4 周（测试前受试
者不使用护发油）时测试受试者头发同一部位的光泽度，结果见图 8-17、图 8-18。

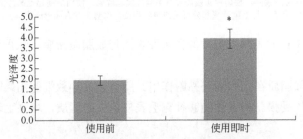

图 8-17　护发油（5%）即时提高头发光泽度的效果

[*表示与使用前相比有显著性差异（方差分析，$P \leqslant 0.05$），$n=17$]

结果（图 8-18）表明，使用护发油后（即时），头发光泽度显著提升。

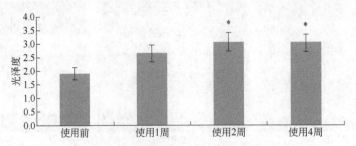

图 8-18　头发使用护发油（5%）对光泽度的长效作用

[*表示与使用前相比有显著性差异（方差分析，$P \leqslant 0.05$），$n=17$]

图 8-19　护发油（5%）可长效提升头发光泽（人体照片）

（由图片可观察到，使用前受试者头发毛躁、暗沉、无光泽，使用后受试者头发滋润、有光泽）

结果（图 8-17～图 8-19）表明，护发油能够润养头发，即时、长效提高头发光泽度。

选择 60 名志愿者，每天早晚两次，在头发上涂抹含 5%护发油的样品，连续使用 4 周，并填写问卷自评产品使用效果。结果见图 8-20、图 8-21。

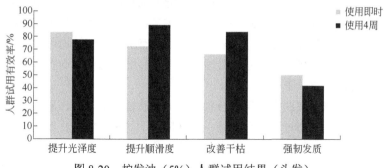

图 8-20　护发油（5%）人群试用结果（头发）

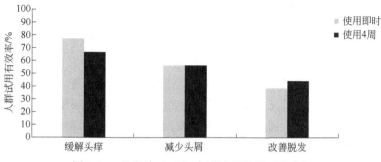

图 8-21　护发油（5%）人群试用结果（头皮）

结果（图 8-20、图 8-21）表明，护发油可有效提升头发的光泽度、顺滑度，强韧发质，改善干枯；并能够温养头皮，缓解头痒、减少头屑、改善脱发。

第六节　干燥护理油的开发与应用

一、皮肤干燥机理

　　皮肤干燥通常指皮肤出现干燥、皮屑、皲裂等表现，同时伴有紧绷、瘙痒、粗糙等感觉，非创伤性仪器测量时可显示皮肤含水量降低。皮肤的干燥并非简单的皮肤缺乏水分，而是皮肤屏障功能紊乱造成的一系列周期循环性症状，这种皮肤屏障功能紊乱造成皮肤角化过度以及轻度的炎症反应。所以常见的粗糙、脱屑、瘙痒等症状都是表皮轻度脱水的结果。角质形成细胞的过度角化，为缓解瘙痒的抓挠、摩擦可能会加剧释放组胺和其他炎症细胞因子继发，引起表皮脱落或二次感染，从而加剧障碍损害，这也是肌肤干燥反复发作的重要因素。

　　皮肤维持自身水分的过程是一个复杂的动态平衡过程，当皮肤长期受到一个或多个干燥因素的影响时，该平衡被扰乱而诱发皮肤干燥。角质层缺水会直接引起皮肤干燥粗糙，并随之产生皮肤变厚、脱屑、瘙痒、炎症等临床症状。

　　秋冬季节性干冷气候是导致皮肤屏障功能紊乱和皮肤干燥的一个重要因素。研究表明，皮肤天然保湿因子（NMF）含量与季节性的干燥程度相关，一般与干燥程度成反比。此外，紫外线照射、与表面活性剂和有机溶剂接触均可导致表皮脂质损失，极易引发皮肤干燥。而随着年龄增加，皮脂和细胞间脂质均有所减少，水分流失增加，也加剧了皮肤干燥。

　　当干燥因素影响皮肤角质层水合状态后，皮肤含水量降低，导致与表皮代谢相关的酶活性降低，代谢过程受到影响。正常情况下，桥粒随角质形成细胞上移，被桥粒酶降解，衰老的细胞从表皮分离和脱落，从而维持细胞的更新和皮肤屏障的稳态。桥粒酶活性降低，桥粒不能正常降解，正常的脱屑过程受到抑制，皮肤表面出现鳞屑。酸性磷脂酶活性降低，细胞间脂质不能正常降解，也会导致角质形成细胞堆积成片状鳞屑。β-葡糖脑苷酯酶、酸性鞘磷脂酶等活性降低，将影响神经酰胺、脂肪酸的酯化，使角质层脂膜结构异化，柔软的脂膜变得僵硬、脆，角质细胞间的黏附力降低，皮肤变得粗糙、易于脱屑。

　　酶活性降低，造成老化的角质细胞之间不能完全脱离，角质层增厚，皮肤表面变得粗糙。过厚的角质层又会加快皮肤内水分的散失，使得表皮的水分含量更低，加剧了皮肤的干燥症状。同时，皮肤更新受到影响，老化的细胞在皮肤表面的滞留时间变长，干燥的表皮更易受外界因素的干扰而影响屏障功能，进而影响皮肤 NMF 产生，降低皮肤水合能力，使皮肤干燥症状循环反复。

　　皮肤水分含量降低，还会加速角质形成细胞的产生，使表皮细胞更换时间缩短，并介导产生和释放炎症因子，导致皮肤角化过度以及轻度的炎症。另外，皮肤干燥时，其物理性状会发生改变，这种变化被角质层下部的神经末梢感受器所感受就会产生瘙痒症状，从而出现敏感。

二、干燥护理油组方设计

中医认为，风胜则燥，燥则肌肤失养。肌肤失于濡养，就会出现干燥、粗糙、脱屑、瘙痒等一系列问题。

根据中医学理论对皮肤干燥的辩证分析，结合"君臣佐使"组方原则，形成了以祛风清热止痒为君，以清热疏风，祛风清热止痒为臣，君臣相须为用，佐以收敛固涩，养阴生津的组方体系。依照组方体系，形成了以牛蒡子、野菊花、地肤子、五味子、绿豆五味草本悉心配伍的组方。

君药：祛风清热止痒。牛蒡子，性寒，味辛、苦，具有疏散风热功效。现代研究表明，牛蒡子中含有木脂素、甾醇、脂肪酸、维生素等多种活性成分，具有良好的抗氧化和抗炎活性，对炎症因子的释放有抑制作用。

臣药：清热疏风，祛风清热止痒。野菊花，性微寒，味苦、辛，具有清热解毒功效。现代研究表明，野菊花的主要活性成分包括挥发油和萜类，具有抗氧化和抗炎镇痛作用。地肤子，性寒，味辛、苦，具有清热利湿，祛风止痒功效。现代研究表明，地肤子中含有萜类、甾类化合物及挥发油，具有显著的止痒、抗炎、抗过敏活性，能够稳定肥大细胞膜，减少组胺、5-羟色胺、白三烯等过敏介质的释放。

佐药：收敛固涩，养阴生津。五味子，性温，味酸、甘，始载于《神农本草经》，列为上品。现代研究表明，五味子的主要活性成分包括木脂素、挥发油，具有显著的清除自由基和抑制脂质过氧化作用，保护细胞免受氧化损伤。

使药：清热消炎。绿豆，性凉，味甘，具有清热解毒功效。其药用历史悠久，各家本草对绿豆清热解毒等功效都极为推崇。绿豆中含有磷脂、维生素等多种功效成分，能够抑制刺激、舒缓肌肤、保湿、增加肌肤弹性，还能刺激细胞生长、抗氧化、抗炎、抗过敏等。

三、干燥护理油的应用

DPPH·是一种稳定存在的有机氮自由基，广泛应用于体外抗氧化能力研究。通过 DPPH·清除实验，评价干燥护理油的体外抗氧化能力，结果见图 8-22。

结果（图 8-22）表明，干燥护理油具有良好的 DPPH·清除能力，且在受试浓度范围内呈现一定的量效关系。这说明干燥护理油具有良好的抗氧化活性。

采用 Corneometer CM825 皮肤水分测试仪分析受试者皮肤的水分含量。数值越大，皮肤水分含量越高，反之，皮肤越干燥。

选择 16 名志愿者，随机选取左右腿，分别在小腿外侧涂抹含 5% 干燥护理油的护肤油（试验组）和不含干燥护理油的基质油（基质组），每天早晚各一次，使用 1 周。分别在使用前、使用 1 周时测试受试者小腿外侧同一部位的水分含量，结果见图 8-23。

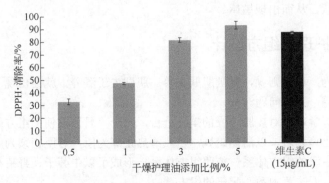

图 8-22　干燥护理油对 DPPH· 的清除率

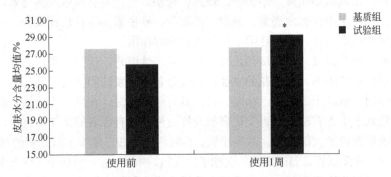

图 8-23　干燥护理油（5%）对皮肤水分含量的影响

[*表示与基质组相比有显著性差异（t 检验，$P \leqslant 0.05$），$n=16$]

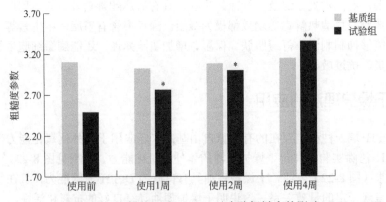

图 8-24　干燥护理油（5%）对皮肤粗糙度的影响

[*表示与使用前相比有显著性差异（Dunnett 分析/秩和检验，$0.01 < P \leqslant 0.05$），
**表示与使用前相比有极显著性差异（Dunnett 分析/秩和检验，$P \leqslant 0.01$），$n=16$]

结果（图 8-23）表明，与使用前相比，试验组皮肤水分含量增大，并高于基质组，而基质组皮肤水分含量无明显变化。这说明干燥护理油可有效提高皮肤水分含量，缓解皮肤干燥。

采用 VisioScan VC98 图像分析仪分析受试者皮肤的粗糙度和皮肤鳞屑水平。皮肤粗糙度用粗糙度参数（skin roughness）表征，粗糙度参数数值越小，皮肤越粗糙；皮肤鳞屑水平用鳞屑指数（skin scaliness）表征，鳞屑指数数值越小，皮肤鳞屑越少。

选择 16 名志愿者，随机选取左右腿，分别在小腿外侧涂抹含 5%干燥护理油的护肤油（试验组）和不含干燥护理油的基质油（基质组），每天早晚各一次，使用 4 周。分别在使用前、使用 1 周、使用 2 周、使用 4 周时测试受试者小腿外侧同一部位的皮肤粗糙度和皮肤鳞屑水平。

结果（图 8-24）表明，与使用前相比，试验组皮肤粗糙度参数数值逐步提高，并在使用 4 周时出现极显著性差异，而基质组粗糙度参数数值无明显变化。这说明干燥护理油可有效降低皮肤粗糙度。

结果（图 8-25）表明，与使用前相比，实验组皮肤鳞屑指数逐步降低，并在使用 4 周出现极显著性差异，而基质组皮肤鳞屑指数无明显变化。这说明干燥护理油可有效改善皮肤鳞屑。

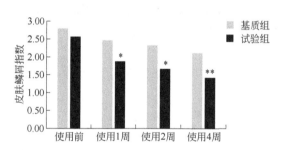

图 8-25　干燥护理油（5%）对皮肤鳞屑的影响

［*表示与使用前相比有显著性差异（Dunnett 分析/秩和检验，$0.01<P\leq0.05$），**表示与使用前相比有极显著性差异（Dunnett 分析/秩和检验，$P\leq0.01$），$n=16$＝

选择 48 名志愿者，每天早晚各一次，全身使用含 5%干燥护理油的身体油，连续使用 4 周，并填写问卷自评产品效果，结果见图 8-26。

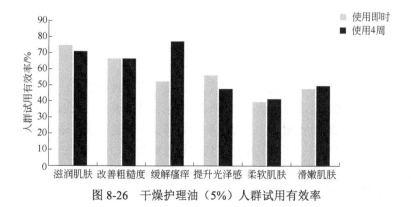

图 8-26　干燥护理油（5%）人群试用有效率

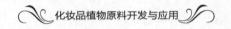

结果（图 8-26）表明，干燥护理油能够滋润肌肤、改善粗糙度、缓解瘙痒，还具有提升光泽感，柔软、滑嫩肌肤等功效。

第七节　抗衰老油的开发与应用

一、皮肤衰老机理

随着年龄增长，激素水平变化，皮肤代谢功能降低，结构性成分合成减少、降解增加，引起皮肤结构变化；在外界有害因素如紫外线、空气污染、社会和生活压力等作用下，皮肤产生氧化损伤，加速皮肤结构变化进程。皮肤出现的这些生理结构变化，及伴随的功能衰退，即为皮肤衰老。皮肤衰老生物学特征表现为表皮层变薄，角质细胞脱落增加，皮肤屏障完整性降低，皮肤含水量下降，皮肤干燥、粗糙、暗淡无华；成纤维细胞活力降低，酶及蛋白合成能力不足，胶原蛋白及弹性蛋白减少，皮肤弹性降低；且弹力蛋白易变性或堆积，皮肤结构完整性下降，皮肤粗糙、松弛。皮肤衰老的现代生理学机理如图 8-27 所示。

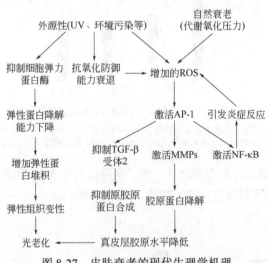

图 8-27　皮肤衰老的现代生理学机理

皮肤衰老过程伴随的变化如下：①物质失衡。营养物质不足；胶原蛋白合成不足或降解加速；基质金属蛋白酶及其抑制剂含量异常；表皮生长因子减少。②代谢功能减弱。细胞生长及代谢活力不足；酶和调节蛋白功能降低，结构合成障碍；营养物质的吸收能力减退；ROS 氧化损伤修护能力减退。③组织学变化。表皮层变薄，细胞脱落增加；细胞周期延长、更新率下降；连接层变薄，乳头层交错减少，疏松；网状结构破坏，排列紊乱；皮肤松弛，弹性降低。

在人体组织的生理活动中，气血二者相互促进、相互转化、相互依存。气是血生成和运行的动力，血是气的物质基础和载体。结合皮肤现代生理学研究成果，可以将气血解释为：气以推动、温煦为主，是维持生命活动最基本的能量，影响肌肤代谢及运行活力；血以营养、滋润为主，能为生命活动提供基础营养，影响肌肤的物质平衡。

二、抗衰老油组方设计

人体生长、发育、壮盛以至衰老的过程中，气血会逐渐由盛至衰，由通畅至懒惰乃至凝泣。气血是构成和维持人体生命活动的两大类基本物质，是人体皮肤经络进行生理活动的物质基础。气血之间，气为血帅，血为气母。气虚血少，瘀血内阻，新血不生，加重虚损，气血两虚不能濡养肌肤，造成肌肤结构及生理功能的衰退，形成"虚瘀致衰"。中医认为气血的虚少和运行迟滞是导致衰老加速的主要原因。

诸多"气血不和"的因素导致肌肤虚损甚至衰老，其中气虚血瘀是非常重要的一个因素。我国一些中医名家甚至提出"气虚血瘀是人体衰老的主要机制"的观点。气血以"流通为贵"，而人体随着年龄的增长，长期受到七情、六淫、外伤跌扑及各种疾病的影响，首先出现气血失调，正常流通受阻，瘀血停滞。由于气虚血瘀的产生和存在，造成气血平衡的破坏，使得脏腑得不到正常的濡养，各种虚损变化随之产生。对于肌肤健康，气血通路的畅通，特别是肌表细小浮络的畅通是气血上荣的关键。血行气畅，气血源源上荣至肌表，肌肤得到充分滋润、濡养，才能保持红润、细腻；相反，如果血瘀气滞，肌肤则失于濡养而苍白无光泽。

由于气血是构成人体与维持人体生命活动的物质基础，气血虚涩，反复往来加速衰老过程。气血流通对于延缓皮肤衰老有十分重要的作用，故在临床抗衰老应用中应以"补益气血"为主要途径，促进血行气畅，达到延缓肌肤衰老的功效。

按照"君臣佐使"的组方原则，以紫芝为君药，取其补益气血之效，气血充足则面色红润、有光泽、肌肤细腻；臣药雪莲养血和血，助君药补益气血之功；佐药人参补益滋养；使药牡丹籽活血化瘀，组方而成。

君药：补益气血。《神农本草经》把紫芝列为上品，谓之补血益气之佳品，抗衰老效果显著。现代研究表明，紫芝能够提高 SOD（超氧化物歧化酶）、CAT（过氧化氢酶）的活性，调控细胞周期抑制因子 P21 mRNA 的表达，从而延缓细胞衰老。

臣药：养血和血。据中医史书记载，雪莲性温，具有养血和血的功效。现代雪莲也有美容护肤的应用，雪莲面膏可加速皮肤的新陈代谢，减少皱纹，使皮肤保持光泽、丰满，延缓衰老。现代研究表明，雪莲能有效清除自由基和活性氧，抑制脂质过氧化，避免过量的自由基损伤细胞。

佐药：补益滋养。人参自古以来拥有"百草之王"的美誉，更被东方医学界誉为"滋阴补生，扶正固本"之极品。现代研究表明，人参通过提高皮肤抗氧化酶活性，改变细胞周期调控因子、衰老基因的表达，激活端粒酶等，延缓细胞衰老，且可明显刺激成纤维细胞活性，促进胶原蛋白合成，延缓肌肤衰老进程。

使药：活血化瘀。古书中关于牡丹治疗血瘀病的记载有很多，牡丹清热凉血、活血化瘀，对于改善肌表气滞血瘀、促进肌肤运行通畅有很好的功效。现代研究表明，牡丹籽油富含必需脂肪酸和维生素，可以为肌肤提供营养，增强屏障功能，改善皮肤水合状态等，也可作为物质输送载体，增加肌肤对活性成分的吸收。

三、抗衰老油的应用

过多的自由基积累是皮肤衰老的重要影响因素，外源性补充活性物质降低自由基水平，减少氧化损伤，是延缓衰老的重要途径。

通过 DPPH·清除实验，评价抗衰老油的体外抗氧化能力，结果见图 8-28。

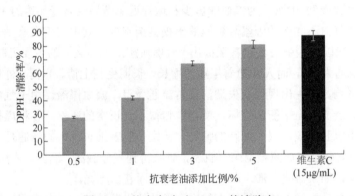

图 8-28　抗衰老油对 DPPH·的清除率

结果（图 8-28）表明，抗衰老油具有良好的 DPPH·清除能力，且在受试浓度范围内呈现一定的量效关系。这说明抗衰老油具有良好的抗氧化活性。

四、人体测试功效评价

选择 16 名志愿者，每天早晚各一次，涂抹含 5%抗衰老油的护肤油，全脸使用，连续使用 8 周。分别在使用前、使用 2 周、使用 4 周、使用 6 周、使用 8 周时，测试受试者脸颊同一部位的皮肤水分含量、经皮水分散失量、黑色素含量、光泽度、皮肤弹性、纹理度、粗糙度、皱纹等指标。

采用 Corneometer CM825 皮肤含水量测试仪分析受试者皮肤水分含量变化情况。皮肤水分含量数值越大，皮肤含水量越高。结果见图 8-29。

采用 Tewameter TM300 经皮水分散失测试仪分析经皮水分散失量变化情况。皮肤水分散失量数值越小，皮肤水分散失量越小，皮肤屏障功能越强。结果见图 8-30。

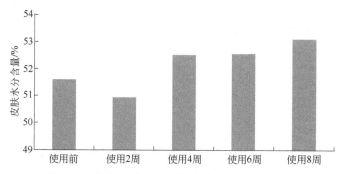

图 8-29　抗衰老油（5%）提高皮肤含水量的效果

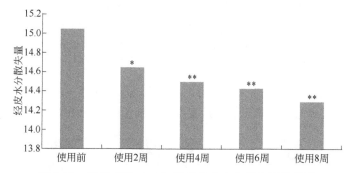

图 8-30　抗衰老油（5%）降低经皮水分散失量的效果

[*表示与使用前相比有显著性差异（SNK 检验，$P \leqslant 0.05$），**表示与使用前相比有极显著性
差异（SNK 检验，$P \leqslant 0.001$），$n=16$]

结果（图 8-29、图 8-30）表明，抗衰老油可以有效提高皮肤水分含量，显著降低经皮水分散失量，这说明其可以改善皮肤屏障功能。

采用 Siametrics 皮内分光光度成像仪分析受试者皮肤黑色素含量变化情况，黑色素含量数值越小，皮肤黑素含量越低。结果见图 8-31。

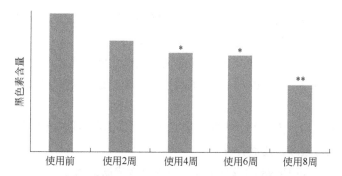

图 8-31　抗衰老油（5%）降低黑色素含量的效果

[*表示与使用前相比有显著性差异（SNK 检验，$P \leqslant 0.05$），**表示与使用前相比有极显著性差异（SNK 检验，$P \leqslant 0.001$），$n=16$]

采用 Glossymeter GL200 光泽度分析仪分析受试者皮肤光泽度变化情况，光泽度值越高，皮肤光泽越好。结果见图 8-32。

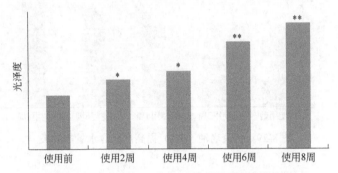

图 8-32　抗衰老油（5%）改善皮肤光泽度的效果

[**表示与使用前相比有极显著性差异（SNK 检验，$P \leqslant 0.001$），
*表示与使用前相比有显著性差异（SNK 检验，$P \leqslant 0.05$），$n=16$]

采用 VISIA 自然光下采集受试者面部图像（图 8-33），分析受试者皮肤表面光泽度变化情况，通过图片可以直观地观察到受试者面部光泽度的高低。

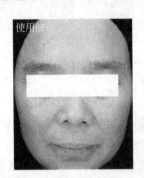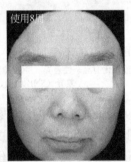

图 8-33　抗衰老油（5%）改善皮肤光泽度的面部效果图

结果（图 8-32、图 8-33）表明，抗衰老油能显著降低皮肤黑色素含量，减少肌肤内黑色素沉积；显著改善皮肤光泽度，提亮肤色。

采用 Cutometer dual MPA580 皮肤弹性测试仪分析受试者皮肤弹性，选取 R7 值和 Q2 值表征皮肤弹性，R7 值、Q2 值越接近于 1，皮肤弹性越好。结果见图 8-34、图 8-35。

结果（图 8-34、图 8-35）表明，抗衰老油可以提高皮肤弹性 R7 值、Q2 值，说明抗衰老油能有效改善皮肤弹性。

采用 VisioScan VC98 图像分析仪分析受试者皮肤的粗糙度变化情况。皮肤粗糙度用平滑度参数（skin smoothness）表征，平滑度参数数值越小，皮肤越光滑。结果见图 8-36。

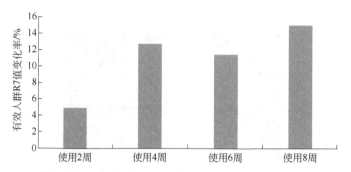

图 8-34 抗衰老油（5%）增加皮肤弹性 R7 值的效果

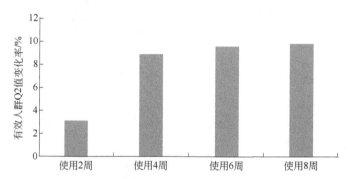

图 8-35 抗衰老油（5%）增加皮肤弹性 Q2 值的效果

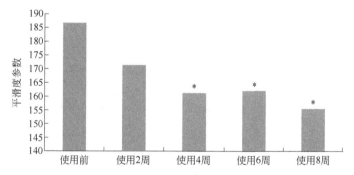

图 8-36 抗衰老油（5%）降低皮肤粗糙度的效果

[*表示与使用前相比有显著性差异（SNK 检验，$P \leqslant 0.05$），$n=16$]

结果表明，抗衰老油可以降低皮肤粗糙度，提高皮肤光滑性。

采用 VISIA 皮肤成像仪自然光下采集受试者面部图像，分析受试者皮肤皱纹变化情况，通过图片可直观地观察到受试者面部皱纹的多少，同时通过分析软件对同一部位的皱纹进行量化比较。结果见图 8-37～图 8-39。

结果表明，抗衰老油可以有效淡化皱纹（有效率 64%）。

选择 51 名志愿者，每天早晚各一次，涂抹含 5%抗衰老油的护肤油，全脸使用，连续使用 8 周，并填写问卷自评产品使用效果。结果见图 8-40。

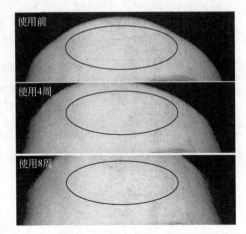

图 8-37　抗衰老油（5%）淡化额部皱纹的效果

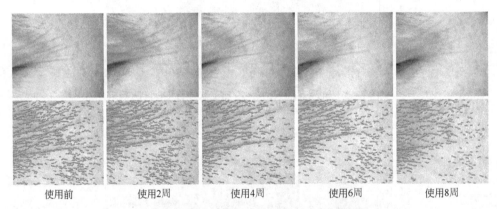

图 8-38　抗衰老油（5%）淡化眼角皱纹的效果

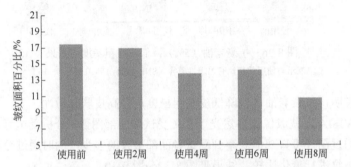

图 8-39　抗衰老油（5%）淡化皱纹的量化数据图

（皱纹面积百分比为图 8-38 中皱纹所占图像面积百分比）

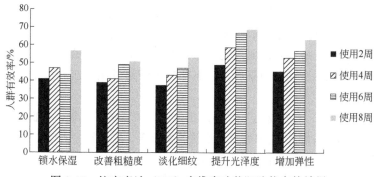

图 8-40 抗衰老油（5%）多维度改善肌肤状态的效果

结果表明，抗衰老油人群试用效果反馈可以有效锁水保湿、改善皮肤粗糙度、淡化细纹、提升肌肤光泽度、增加肌肤弹性。这说明抗衰老油可以多维度改善肌肤状态，延缓衰老。

第八节 美白油的开发与应用

在正常状态下，皮肤表面特征、皮肤血流、水分、色素等各种各样的因素有着错综复杂的交互作用，决定了人体的肤色。在这些复杂因素中，决定肤色的最主要因素是黑色素。黑色素的形成过程，是黑素细胞通过酪氨酸酶将酪氨酸转化为多巴，再转化为多巴醌，进一步经过系列的氧化异构及聚合反应最终形成黑色素。随着年龄增长、皮肤健康状况变化，除黑素细胞代谢随之发生变化外，皮肤营养状态和微循环功能也发生变化，这对肤色变化起到重要作用。另外，在外界有害因素如紫外线、空气污染等作用下，一方面，直接作用于黑素细胞，使黑素细胞合成黑色素的速度和量增加、向表皮细胞输送黑素的过程加速和增量；另一方面，作用于表皮和真皮产生氧化损伤和炎症反应，进一步促进黑素细胞活跃和产生更多黑色素，从而导致皮肤色素沉着。

一、美白油组方设计

传统中医理论认为，人的面色暗沉是由于外邪侵袭、气血津液亏虚、肾阴不足、肝失条达、脾失健运等原因导致；而面部色斑的问题，则是由于肝郁血瘀、脾虚肾亏、气血运行不畅等原因造成。两个方面的病因与治理方法均要注意整体治疗，调节气血、内脏等功能，达到养内荣外的"治本"目的。根据上述理论，美白应该选用祛瘀生新、补气补血、促进代谢、促进血行的药物。

《难经》曰："脉不通则血不流，血不流则色泽去，所以面色黑如漆，此血先死。"《医宗金鉴·外科心法要诀》认为皮肤色素斑"原于忧思抑郁，血弱不华，血燥结滞而生于面上，妇女多有之"。这些均指出气机紊乱，气血悖逆，不能上荣于面，则面生色斑。目前很多医家赞成"无瘀不成斑"的观点，认为气滞血瘀是皮肤色斑发病的关键。不论是气病及血，还是血病及气，最终都导致气滞血瘀。气滞血瘀和脏腑的损伤往往是互为因果的，瘀血停滞于经络脏腑，肌肤失于荣养而产生皮肤色素沉着。

由于久病成瘀，气血运行不畅，脉络瘀阻；或者冲任失调，气血不和，日久气血瘀滞，脉络瘀阻，肌肤失荣而发为皮肤色素沉着。故在临症治疗皮肤色素沉着时，应注重活血化瘀，理气通络，以提高疗效。

根据中医学理论对美白的辩证分析，结合"君臣佐使"的组方原则，形成以活血行气为君、臣（君臣药物相须、相使，共奏活血行气之功），佐药以补益滋养，使药清热解毒的组方体系。依照组方体系，形成了以牡丹子、紫苏子、亚麻子、荞麦子、枸杞子、莲子、水飞蓟子、甘草悉心配伍的美白组方——美白油。

君药、臣药：活血行气。紫苏子，性温，味辛，具有解表散寒，行气和胃的功效；亚麻子，味甘，性平，具有养血祛风的功效。现代研究表明，牡丹子对环氧合酶具有强的抑制活性，能够干扰花生四烯酸级联反应，防止氧化应激，通过抗炎效应调节黑色素合成。牡丹子、紫苏子、亚麻子、荞麦子中富含的多烯酸能选择性激活酪氨酸酶降解酶，降低细胞中酪氨酸酶含量；同时，能够促进表皮更新，清除表皮内的黑色素颗粒。

佐药：枸杞子，味甘，性平，具有润而滋补，兼能退热的功效，《本草汇言》中记载，枸杞能使气可充，血可补，阳可生，阴可长，火可降，风湿可去，有十全之妙用。莲子，味甘，性微凉，具有益肾固精，养心安神的功效。《本经》载其"主补中、养神、益气力"；《滇南本草》载其清心解热。现代研究表明，枸杞子、莲子富含多种营养物质，能够为肌肤提供充足养分，促进弹性纤维和胶原纤维增殖。

使药：水飞蓟子，性寒，味苦，具有清热解毒的功效；甘草，味甘，性平，具有益气补中，清热解毒，调和诸药的功效。现代研究表明，水飞蓟子和甘草能够清除自由基和活性氧，抑制脂质过氧化，减少氧化应激对肌肤的损伤；并通过调节脂氧合酶、环氧合酶活性，发挥抗炎功效。

二、美白油的应用

紫外线辐射、空气污染等因素会导致自由基的产生，从而引发炎症因子的形成，进一步激活酪氨酸酶的活性，使黑素细胞形成黑色素，最终影响肤色。

通过 DPPH·的清除实验，评价美白油的体外抗氧化活性。结果见图 8-41。

结果表明，美白油具有良好的 DPPH·清除能力，且在受试浓度内呈现一定的量效关系。这说明美白油能有效清除自由基，防止自由基对皮肤的损伤。

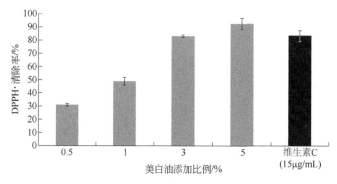

图 8-41 美白油对 DPPH·的清除率

选择 15 名志愿者，每天早晚各一次，涂抹含 5%美白油的护肤油，全脸使用，连续使用 8 周。分别在使用前、使用 2 周、使用 4 周、使用 6 周、使用 8 周时，测试受试者脸颊同一部位的黑色素含量、L 值、b*值、ITA 值并采集面部图像照片。

采用 Mexameter MX18 皮肤黑色素测试仪分析受试者皮肤黑色素含量变化情况。皮肤黑色素含量值表征皮肤黑色素指数，数值越大，皮肤黑色素含量越高。结果见图 8-42。

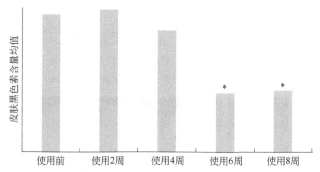

图 8-42 美白油（5%）降低皮肤黑色素含量的效果

[*表示与使用前相比有显著性差异（Dunnett-t 检验，$P \leq 0.05$），$n=15$]

结果表明，美白油可以有效降低皮肤黑色素含量。采用 Chromameter CR400 皮肤颜色测试仪分析受试者皮肤 L*值、ITA 值的变化情况。L*值表示皮肤亮度，L*值越大，颜色越偏向白色；ITA 值（颜色个体类型角）代表皮肤色度总体变化情况，ITA 值越大，肤色越浅，皮肤越明亮。结果见图 8-43 和图 8-44。

结果表明，美白油可以提高皮肤白度和亮度、改善皮肤泛黄。

采用 VISIA CR 面部成像仪分析受试者面部皮肤变化情况。自然光源下成像可以直接观察面部皮肤变化。交叉偏振光源（棕色）下成像可观察褐色斑点及色素沉积情况，图像颜色越浅，皮肤色素沉积越少。紫外光源下可观察紫外斑即由于阳光对皮肤的伤害，在皮下所产生的黑色素凝聚，图像颜色越浅，皮肤黑色素聚集越少。结果见图 8-45。

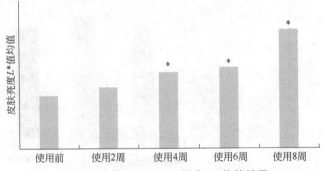

图 8-43 美白油（5%）提高 L*值的效果

[*表示与使用前相比有显著性差异（Dunnett-t 检验，$P \leqslant 0.05$），$n=15$]

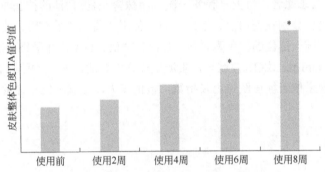

图 8-44 美白油（5%）提高 ITA 值的效果

[*表示与使用前相比有显著性差异（Dunnett-t 检验，$P \leqslant 0.05$），$n=15$]

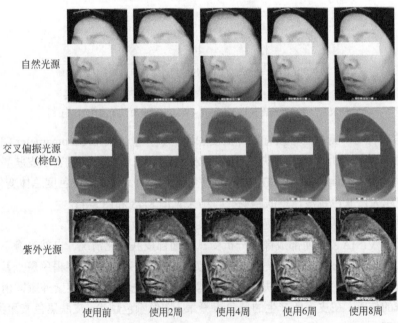

（a）受试者一

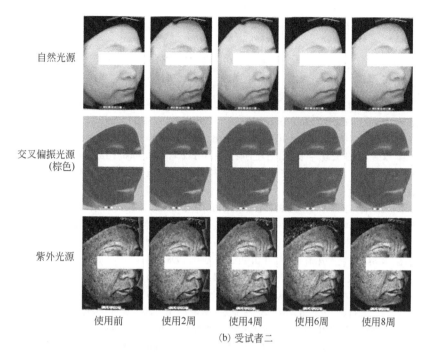

自然光源

交叉偏振光源
（棕色）

紫外光源

使用前　　　使用2周　　　使用4周　　　使用6周　　　使用8周

(b) 受试者二

图 8-45　美白油减少色素沉着、亮白肌肤的效果图

［随着美白油的使用时间增加，自然光源下观察发现受试者皮肤亮度、白度逐渐提高，皮肤泛黄得到改善；
交叉偏振光源（棕色）和紫外光源下观察发现图像颜色逐渐变浅，色素沉积量减少］

结果表明，美白油能够有效减少皮肤色素沉着，提高皮肤亮度和白度，改善皮肤泛黄（经 VISIA CR 成像图片分析，皮肤亮度提升有效率为 87%，皮肤泛黄改善有效率为 67%，皮肤白度提升有效率为 100%）。

选择 15 名志愿者，每天早晚各一次，涂抹含美白油 5% 的护肤油，全脸使用，连续使用 8 周，并填写问卷自评产品使用效果。结果见图 8-46。

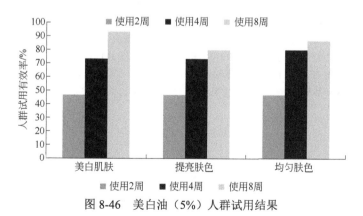

图 8-46　美白油（5%）人群试用结果

结果表明，美白油能够有效美白肌肤、提亮肤色、均匀肤色。

参 考 文 献

[1] 张卫明, 马世宏. 植物源化妆品的开发利用研究进展[J]. 日用化学品科学, 2009, 29(7): 25-28.

[2] 杨嘉萌. 植物提取物在化妆品中的应用及展望[J]. 日用化学工业, 2013, 43(4): 313-316.

[3] 龚千锋. 中药炮制学[M]. 北京: 中国中医药出版社, 2007: 82-301.

[4] 董银卯, 刘宇红, 王云霞. 芦荟保湿性能的研究[J]. 中国农村科技, 2006, 31(8): 35-36.

[5] 任海毅, 董银卯, 孟宏, 等. 芦荟保湿活性成分筛选及皮肤适应性研究[J]. 中国实验方剂学杂志, 2013, 19(3): 252-256.

[6] 李青仁, 王月梅, 丁雪飞. 维生素的护肤功效与应用[J]. 日用化学品科学, 2007, 30(1): 16-17.

[7] 董银卯, 李丽. 科学美白安全有效——复方植物美白剂的开发思路探讨[J]. 中国化妆品, 2015 (2): 40-44.

[8] 谢琳娜, 郑敏. 皮肤美白分子机理研究进展及其应用[J]. 中外医疗, 2008, 27(9): 79-80.

[9] 孙思邈, 刘清国. 千金方[M]. 北京: 中国中医药出版社, 1998.

[10] 高学敏, 党毅. 中医美容学[M]. 北京: 中国科学技术出版社, 2000.

[11] 王一帆, 赖家珍, 龙晓英, 等. 中药美白机制及功效评价进展[J]. 广东药学院学报, 2014, 30(4): 525-529.

[12] 刘晓帅. 荆防散抗炎、抗过敏效应及部分机制的实验研究[D]. 成都: 成都中医药大学, 2008.

[13] 陈小文, 杨慧, 刘玉琳. IL-18 与过敏性疾病[J]. 生命的化学, 2007, 27(5): 441-443.

[14] 庄毅, 潘扬, 谢小梅, 等. 药用真菌"双向发酵"的起源、发展及其优势与潜力[J]. 中国食用菌, 2007, 26(2): 3-6.

[15] 孙静, 马琳, 吕斯琦, 等. 中药发酵技术研究进展[J]. 药物评价研究, 2011, 34(1): 49-52.

[16] 庄毅. 药用真菌新型（双向型）固体发酵工程[J]. 中国食用菌, 2002, 21(4): 3-6.

[17] 史同瑞, 刘宇, 王爽, 等. 现代中药发酵技术及其优势[J]. 中兽医学杂志, 2014(1): 51-54.

[18] 周选围, 陈文强, 邓百, 等. 生物技术在药用真菌资源开发与保护中的应用[J]. 中草药, 2005, 36(3): 451-455.

[19] 刘承煌. 皮肤病理生理学[M]. 上海: 上海科技出版社, 1990: 378

[20] 杨国亮, 王侠生. 现代皮肤病学[M]. 上海: 上海医科大学出版社, 1992: 36

[21] 赵辩. 临床皮肤病学[M]. 第 2 版. 南京: 江苏科技出版社, 1980: 23

[22] 布阮娜, 周升. 必需脂肪酸在美容化妆品中的应用[J]. 日用化学品科学, 2005(8): 45-48.

[23] 吴阮檀, 杜冰, 蔡尤林, 等. α-亚麻酸的生理功能及开发研究进展[J]. 食品工业科技, 2016, 10: 386-390.

[24] 蔺茂强, 朱英华, 刘之力, 等. 表皮通透的屏障功能及其调节[J]. 中国皮肤性病学杂志, 2008 (04): 250-253.

[25] 孔昱. 维生素在美容护肤的运用[J]. 中国民族民间医药, 2009, 12: 101.

[26] 李青仁, 王月梅, 丁雪飞. 维生素的护肤功效与应用[J]. 日用化学品科学, 2007, 01: 16-17.

[27] 穆夫堤, 拉尔夫·马基亚, 刘骥, 等. 维生素与护肤化妆品(英)[J]. 日用化学品科学, 2001(5): 45-48.

附录 中国已使用化妆品植物原料名录

　　本附录从国家有关部门颁发的《已使用化妆品原料名称目录》（2015 年版）等政策性文件中整理出我国迄今在化妆品中已使用的 232 种花类植物名录、87 种药妆食同源植物名录、65 种海洋、藻类植物名录以及药食同源植物使用部位要求，由于内容较多，请扫描下方二维码关注化学工业出版社"化工帮 CIP"微信公众号，在对话页面输入"化妆品植物原料开发与应用"获取附录电子版下载链接。

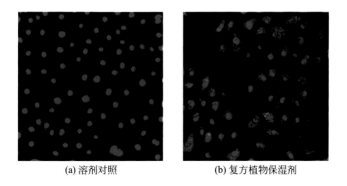

(a) 溶剂对照　　　　　　　(b) 复方植物保湿剂

图 5-5　样品 AQP3 蛋白免疫荧光照片

[图中呈现绿色荧光部分为 AQP3 蛋白表达部位，蓝色荧光部分为 Hochest 染料染色部位（细胞核区）]

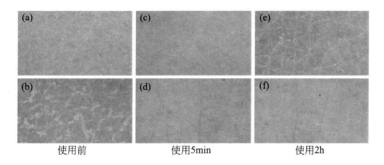

使用前　　　　　　　使用5min　　　　　　　使用2h

图 5-6　植物保湿组合物（5%）对干燥引起的细纹和起屑的抚平作用

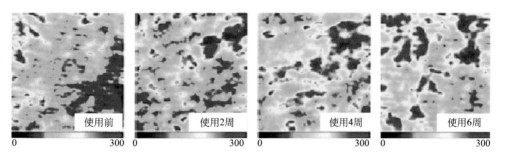

图 5-11　志愿者使用测试样品不同时间时测试区域的图像

（红色部分面积越大，表明微循环血流量越高）

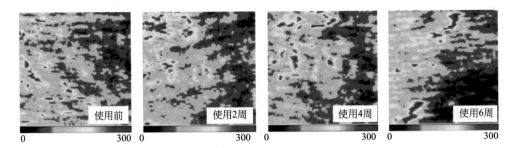

图 5-12　志愿者使用空白基质不同时间时测试区域的图像

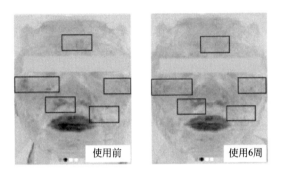

图 5-16　植物组合物美白霜对人体面部皮下瘀滞状态的改善效果

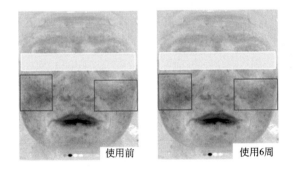

图 5-17　配方基质对人体面部皮下瘀滞状态的改善效果

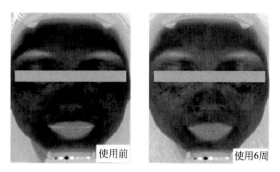

使用前　　　　　使用6周

图 5-18　植物组合物美白霜对受试者面部皮下色素沉积的改善效果

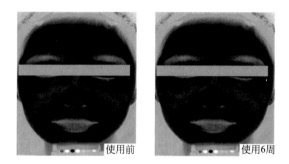

使用前　　　　　使用6周

图 5-19　配方基质对受试者面部皮下色素沉积的改善效果

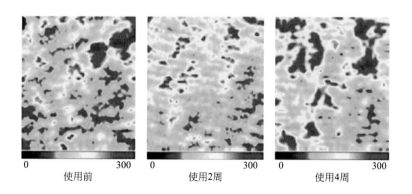

使用前　　　　使用2周　　　　使用4周

图 5-28　受试者使用御养欣妍膏霜前、后肌肤微循环血流量变化情况

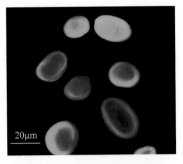

图 6-14　IrriBate 对细胞膜的
保护作用（30min）

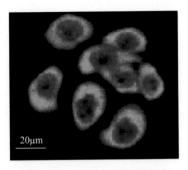

图 6-15　IrriBate 对细胞膜的
保护作用（60min）

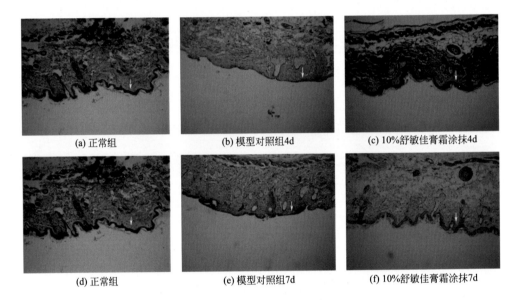

(a) 正常组　　　　　　　　(b) 模型对照组4d　　　　　　(c) 10%舒敏佳膏霜涂抹4d

(d) 正常组　　　　　　　　(e) 模型对照组7d　　　　　　(f) 10%舒敏佳膏霜涂抹7d

图 6-20　小鼠表皮不同时间点组织切片染色图